工程装备电控系统
故障检测与维修技术

杨小强　李焕良　彭　川　主编
赵　玮　任焱晞　赵立强　康丽霞　副主编

北　京
冶 金 工 业 出 版 社
2018

内 容 简 介

本书针对机电一体化、自动控制等专业本科生、研究生和军地装备电气系统维修人员等读者层次，介绍了常见的工程装备电控系统故障检测与维修的方法与技术。结合具体的装备案例，系统地阐述了工程装备电控系统基本原理、故障模式、检测方法与诊断技术，可读性和实用性强。全书共分8章，主要内容包括：绪论、两栖工程装备电控系统故障检测、新型履带式综合扫雷车电控系统故障检测、重型机械化桥电控系统故障检测、布（扫）雷装备电控系统自动测试、抛撒布雷车布雷控制系统故障检测、基于在线测试的工程装备电控设备电路维修测试系统和两栖工程作业车电控系统维修模拟训练平台等设计与研究内容。

本书可作为高等院校有关专业的本科和研究生课程教学教材，以及军队装备维修人员的训练用实习教材，也可供从事本领域的其他技术人员参考。

图书在版编目（CIP）数据

工程装备电控系统故障检测与维修技术/杨小强，李焕良，彭川主编 .—北京：冶金工业出版社，2018.7
ISBN 978-7-5024-7807-0

Ⅰ.①工…　Ⅱ.①杨…　②李…　③彭…　Ⅲ.①工程设备—电子系统—控制系统—故障检测　②工程设备—电子系统—控制系统—维修　Ⅳ.①TB4

中国版本图书馆 CIP 数据核字（2018）第 129630 号

出 版 人　谭学余
地　　　址　北京市东城区嵩祝院北巷 39 号　邮编　100009　电话　（010）64027926
网　　　址　www.cnmip.com.cn　电子信箱　yjcbs@cnmip.com.cn
责任编辑　程志宏　王梦梦　美术编辑　吕欣童　版式设计　孙跃红
责任校对　卿文春　责任印制　李玉山
ISBN 978-7-5024-7807-0
冶金工业出版社出版发行；各地新华书店经销；固安华明印业有限公司印刷
2018 年 7 月第 1 版，2018 年 7 月第 1 次印刷
787mm×1092mm　1/16；18.75 印张；453 千字；289 页
59.00 元

冶金工业出版社　投稿电话　（010）64027932　投稿信箱　tougao@cnmip.com.cn
冶金工业出版社营销中心　电话　（010）64044283　传真　（010）64027893
冶金书店　地址　北京市东四西大街 46 号（100010）　电话　（010）65289081（兼传真）
冶金工业出版社天猫旗舰店　yjgycbs.tmall.com
（本书如有印装质量问题，本社营销中心负责退换）

前　言

随着现代工程装备保障效能的大幅提高，装备中电子设备的数量迅速增多且日益复杂化、智能化，由此带来电气设备、控制系统相关的器件的故障概率不断升高。为解决此问题，除了尽可能提高工程装备的可靠性与维修性之外，还要求装备电气维修人员在电控系统出现故障时能够快速、高效地发现故障部位、故障原因，进行故障排除与修理。因此，掌握常见工程装备电控系统结构组成、工作原理与故障特点，探索各种各样的电控系统故障检测、诊断与维修技术，开发实用、快捷、高效的电控系统故障检测与维修模拟训练系统，以及提高工程装备管理、使用与维修人员电控方面的专业理论知识、故障分析检测水平和维修技能是极为重要的。

根据《军事工程百科全书》的定义，工程装备专业可分为渡河桥梁装备、路面装备、军用工程机械、伪装装备、爆破装备和工程侦察装备等。本书依照部队和地方在工程装备（含工程机械、建筑机械设备）使用维修过程中电控系统的故障现状调研，分类选取了两栖工程装备（工程作业车、装甲路面、装甲破障车）、新型履带式综合扫雷车、重型机械化桥、布（扫）雷装备、抛撒布雷车、登陆破障艇等工程装备，对其电子设备或电控系统的结构组成、工作原理及故障机理的分析，在此基础上提出对电控系统进行故障检测、诊断与排除的战技术指标及要求，介绍电控系统故障检测系统的硬、软件开发技术及系统总体集成过程。最后以两栖工程作业车为典型案例，结合半实物仿真技术、虚拟仪器技术和系统集成技术，论述了该装备电控系统使用与维修模拟实训平台的指标需求、方案设计与应用概况，为提高工程装备电控系统使用维修人员的专业理论知识、故障检测与排除技能做出一定的贡献。

本书内容翔实、新颖实用、针对性强、重点突出，兼具普及性与专业性两个方面。在编写过程中，参考了相关教材、论文及专业著作，对相关文献的作者谨表衷心的谢意。本书由杨小强、李焕良、彭川主编，参与编写的人员还有解放军陆军工程大学的何晓军、李峰、任焱晞、韩金华、李沛、赵玮、虞昌君、刘宗凯、张宏、鲁吉林、康丽霞和中国人民解放军 93552 部队的赵立强等。本书具有较高的实用性，适合机电一体化、控制工程等专业在校本科学生，以及部队的工程装备维修技术人员使用。由于笔者学识和经验所限，书中不足之处，恳请广大读者热心指正。

编　者

2018 年 2 月

目　录

第1章 绪 论

1.1 工程装备电控系统故障检测技术概述

随着高新技术在工程装备中的广泛应用，电子系统在我军通用装备中所占的比重越来越大，其原因，一是单体电子装备的品种数量显著增加，二是各类武器装备系统中所包含的电控部分越来越多，电子系统已经成为我军通用工程装备的重要组成部分。随着我军工程装备由机械化、半自动化向信息化转变，电子系统在战争中的作用越来越突出，电子系统必将成为工程装备的灵魂和效能倍增器。因此，加强工程装备电子系统技术保障，已成为军事装备发展的必然趋势。

当前工程装备电控系统故障检测可分为基于在线测试技术的电路器件测试、基于自动测试系统以及虚拟仪器技术的自动测试技术等，其核心均是将测试技术与虚拟仪器技术、计算机技术、人工智能技术等相结合，以提高故障检测的自动化程度、测试准确度、测试精度和测试效率。

通常而言，电控系统基本的测试方法有两大类，即黑盒法和白盒法。黑盒法也称数据驱动法或输入/输出法。测试者将整个电子设备视为一个黑盒子，完全不考虑其内部结构和内部特性，只是检查是否能顺利完成各项功能。采用黑盒法时，测试只是完全根据被测设备的功能说明进行设计。所以黑盒测试法的缺点在于对于复杂设备只能对功能块进行故障定位，不能做到精确故障诊断及定位。

白盒法也称为一般逻辑法。测试者需要了解设备的内部结构，"打开"其内部，然后根据各部分的结构和特性，按一定的测试顺序分别执行测试。与黑盒法相对，白盒法必然能深入被测设备内部，做到精确的故障定位。但其基本要求是对被测组件有深入透彻的了解，充分分析其内部电路板的结构及功能，才能得到正确的测试结果。

在布扫雷装备一类的工程装备中，电控系统的在线检测可采用黑盒法和白盒法相结合的检测方法。对于战场级维修采用黑盒法，将故障定位到可更换单元。对于基地级维修采用白盒法，将用黑盒法检测故障从战场级更换下来的可更换单元做进一步的检测，以详细确定故障位置。

电控系统按航插进行检验的优点是，其每一针脚都有确定的信号，且每一针脚对应特定的功能，通过测试需求分析详细确定其功能，而且可以确定与其相连的所有控制盒内部元器件，按其针脚排序可建立标准值数据库，包括每一针脚的信号类型、信号方向、信号标准值、对应功能、可能产生故障的元器件等。在检测过程中发现某一针脚信号异常，很快能在数据库中确定其功能和可能的故障原因，便于进一步的故障诊断。

对工程装备电控系统的检测主要分为3种方式，即电控设备的整机性能测试，电控系统按功能分类检测，故障元器件的搜寻与定位。前两种测试方法为黑盒测试法，第三种测试为白盒测试法，分别介绍如下：

（1）电控设备整机性能测试。测试方法以每个控制盒为单位，仿真测试控制盒的全部工作状态，施加激励信号，采集输出信号，与标准值相比较，判断整个控制盒是否发生了故障，如果有故障则根据数据库中的记录确定故障功能、可能原因，然后决定是否需要按功能分类检测或打开控制盒进行故障元器件的搜索和定位。该种检测方法主要适合厂级大修、整体维护和无法判别故障来源的现场维修。

（2）电控设备按功能分类的性能检测。电控设备主要是完成设备的控制功能，一个功能的实现可能要涉及多个控制盒的多个元器件，在使用过程中最直接的故障反应是发现某个功能无法正常使用。按功能进行分类检测可以快速定位故障部位，提高检测效率。在按功能检测中涉及检测排序的问题，比如某个功能失效，其涉及的控制盒有三个，如果将每个控制盒都检测，其工作量很大，检测过程中应该充分运用专家经验，先检测日常经验判断最可能出现故障的那一个，如果检测确定故障是出现在这个盒中，其他两个就可以不必检测。

（3）电子设备的故障元器件的搜索和定位。这一步需要打开故障盒，查找与该针脚相关的各电子元器件，采用故障树定位法逐一排查，确定故障具体位置。硬件设计中的"独立虚拟仪器模块"可以分别提供各个测试模块的测试面板，将其作为独立的测试单元用于故障诊断，操作人员可独立运用各个模块对可疑点进行检测。

1.2 工程装备电子设备故障诊断技术

1.2.1 电子元器件的失效机理

在装备电控系统的控制盒中，主要分布的电路元器件有开关、电阻、继电器、导线、二极管、行程开关、灯泡、保险丝、PLC控制器等，下面介绍其中一些主要元件的原理和失效方式。

1.2.1.1 电阻

电阻在电子设备中使用的数量很多，而且是一种发热元器件，在电子设备故障中由电阻器失效导致的占一定的比例。其失效原因与产品的结构、工艺特点、使用条件有密切关系。

电阻器失效可以分为两大类，即致命失效和参数漂移失效。从现场使用统计来看，电阻器失效的大多数情况是致命失效，常见的有断路、机械损伤、接触损坏、短路、击穿等，只有少数为阻值漂移失效。

电阻器按其构造形式分为线绕电阻器和非线绕电阻器，按其阻值是否可调分为固定电阻器和可变电阻器（电位器）。从使用的统计结果看，它们的失效机理是不同的。

（1）非线绕固定电阻器失效包括：引线断裂、膜层不均匀、膜材料与引线端接触不良、体缺陷等，如碳膜电阻器；此外还会出现电阻膜不均匀、电阻膜破裂、基体破裂、电阻膜分解、电荷作用等，如金属膜电阻器。

（2）线绕电阻器失效包括：接触不良、电流腐蚀、引线不牢、焊点熔解等。

1.2.1.2 接触器件

A 继电器电路工作原理

继电器（Relay）是当输入激励量达到规定要求时，在电气输出电路中被控参量发生预定阶跃变化的一种自动电器。是一种自动和远距离操纵用的电器。继电器广泛地应用于自动控制系统、遥控、遥测系统、电力保护系统以及通信系统中，起着控制、检测、保护和调节的作用，是现代电气装置中最基本的器件之一。所有的继电器都满足如图1-1所示的继电特性。

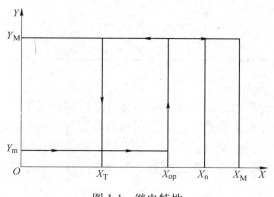

图 1-1　继电特性

X_n—继电器的输入额定值

当输入量 X 从零开始增加时：

$$X < X_{op}, \quad Y = Y_m \tag{1-1}$$

$$X \geqslant X_{op}, \quad Y = Y_M \tag{1-2}$$

当 X 逐渐减小时

$$X > X_T, \quad Y = Y_M \tag{1-3}$$

$$X \leqslant X_T, \quad Y = Y_m \tag{1-4}$$

式中，X_T 为继电器的释放值；X_M 为继电器的最大允许输入值；Y 为输出量。

且有 $X_T < X_{op} \leqslant X_n < X_M$，其中 X_{op} 称为继电器的动作值。

综合扫雷车中所用的继电器均为"有或无"继电器（All-or-Nothing），即在规定条件下，预定由高于动作值或低于释放值的电激励的电气继电器，亦称逻辑运算继电器。图1-2（a）表示了有一对常开常闭触点的逻辑运算继电器，X为输入，B和C为输出，其输入输出逻辑见表1-1。其工作逻辑可以等效为图1-2（b）所示的三态同门电路，其使能端为X。因此，可以用组合逻辑电路诊断的方法对继电器电路进行诊断。

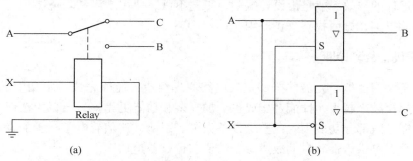

图 1-2　具有常开常闭触点的继电器及其等效逻辑电路

（a）具有常开常闭触点的继电器；（b）等效逻辑电路

表 1-1 继电器逻辑

输 入		输 出	
X	A	B	C
1	1	1	高阻
1	0	0	高阻
0	1	高阻	1
0	0	高阻	0

B 接触件电路失效方式

所谓接触件，就是用机械的压力使导体与导体之间彼此接触，并有导通电流的功能元器件的总称。通常包括开关、接插件、继电器和启动器等。接触件的可靠性较差，往往是电子设备或系统可靠性不高的关键所在。一般来说，开关和接插件以机械故障为主，电气失效为次，主要由于磨损、疲劳和腐蚀所致。而接点故障、机械失效等则是继电器等接触件的常见故障模式。

（1）开关及接插件常见失效机理：

1）接触不良：接触表面污染、插件未压紧到位、接触弹簧片弹力不足或焊剂污染等；

2）绝缘不良：表面有尘埃和焊剂污染、受潮、绝缘材料老化及电晕和电弧烧毁碳化等；

3）机械失效：主要由弹簧失效、零件变形、底座裂缝和推杆断裂等引起；

4）绝缘材料破损：主要原因是绝缘体存在残余应力、绝缘老化和焊接热应力等；

5）弹簧断裂：弹簧材料的疲劳、损坏或脆裂等。

（2）继电器常见失效机理：

1）继电器磁性零件去磁或特性恶化：主要原因是磁性材料缺陷或外界电磁应力过大造成的；

2）接触不良：触点表面污染或存在介质绝缘物、有机吸附膜及碳化膜等，接触弹簧片弹力不足或焊剂污染等；

3）接点误动作：结构部件在应力下出现谐振；

4）弹簧断裂：弹簧材料疲劳损坏、裂纹损坏或脆裂、有害气体腐蚀造成断裂等；

5）线圈断线：潮湿条件下的电解腐蚀和有害气体的腐蚀等；

6）线圈烧毁：线圈绝缘的热老化、线焊接头绝缘不良引起短路而烧毁等。

电子元器件的失效一般是由设计缺陷、工艺不良、使用不当和环境影响造成的，大多数情况下可从以上几方面找到真正原因。

1.2.2 电子设备故障诊断

电子设备是指由电子元器件按一定的电路原理组成、能够完成一定功能的电子装置。由于设备的规模越来越大，性能及构成也更加复杂和功能更完善，设备中任何一个元器件的故障都可能导致部分功能失效或整个设备失灵。因此，伴随着电子技术的发展，对电子电路的可靠性、可维修性和自动故障诊断的要求也日益迫切。

所谓电子系统故障诊断技术，就是根据对电子系统中电子电路的可及节点或端口及其他信息的测试，推断设备所处的状态，确定故障元器件部位和预测故障的发生，判别电子产品的好坏并给出必要的维修提示方法。电子系统的故障诊断几乎与电子技术本身同步发展，其主要任务就是对电路的故障检测和隔离，以快速、准确地确定故障点。电子电路分模拟电路和数字电路两种，也有的将其分为模拟电路、数字电路和数模混合电路三种形式，不过大多数数模混合电路是可以看成数字电路与模拟电路的组合。因此电路故障诊断技术可从数字电路故障诊断和模拟电路故障诊断两方面进行研究。

1.2.2.1 数字电路故障诊断

数字系统故障诊断的基本思想是在输入端加载激励信号，在输出端得到响应，根据激励和响应的组合关系以及电路的拓扑关系确定故障点。其关键是测试向量的生成，即在输入端加载什么样的激励信号，才能使电路内部的故障点反映出来。数字电路的故障诊断包括故障检测和故障定位。目前主要诊断方法有伪穷举测试法和测试码生成法。

A 穷举测试法

指在被测电路的输入端输入所有可能的测试码，观察电路输出是否符合一定的逻辑功能。其基本关系如图 1-3 所示。

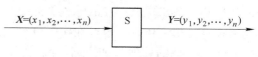

图 1-3 穷举测试法示意图

图中 S 为被测的逻辑电路，输入矢量测试码为 X，输出矢量为 Y，设电路所实现的逻辑函数为 S，则

$$Y = S(X) \qquad (1\text{-}5)$$

若对任何的 X，都有

$$S^*(X) = S(X) \qquad (1\text{-}6)$$

则被测电路 S^* 称为无故障的，若有一组 $X°$ 使得：

$$S^*(X°) \neq S(X°) \qquad (1\text{-}7)$$

则被测电路 S^* 称为有故障的，$X°$ 称为诊断该种故障的矢量测试码。穷举测试法的基本思想是在 n 维布尔空间中，有且仅有 2^n 个测试码，通过对其中的每一个测试码检查与被测电路的输出是否符合预先指定的要求，从而判断被测电路是否存在故障。此处所有的故障都考虑到了，故障检测率为 100%。但是随着原始输入维数 n 的增加，测试矢量的总数急剧增加，当原始输入数达到一定大小时，穷举测试法进行故障诊断是不现实的。对此人们提出了伪穷举测试法。

B 伪穷举测试法

在穷举测试法的基础上设法把电路进行划分，使每一个被划分的电路都能够进行穷举测试，从而使测试数大大减少，使其达到实际可行的目的。

值得提出的是伪穷举法的分块需要根据实际情况来进行，为反映输入矢量间的相互关系，应将有相互影响的输入量尽量分在一组。伪穷举法继承了穷举法生成测试向量过程简单、故障检测率高等诸多优点，又在比较大的程度上降低了测试的时间复杂度，比较适合于对较小规模的组合逻辑电路进行检测。推而广之，如果某电路可以等效为组合逻辑电路，则该电路也可以用伪穷举法对其进行诊断。

C 测试码生成法

测试码生成法也是为了解决穷举测试法测试矢量过多，测试时间过长的缺点。该方法是针对被测电路可能存在的故障，通过布尔差分法或 D 算法等生成特定的测试码，以达到故障定位的目的。

1.2.2.2 模拟电路故障诊断

与数字电路诊断技术相比，模拟电路的故障诊断技术研究一直比较缓慢。其原因是模拟系统由于自身的特点，模拟信号量是大小随时间连续变化的信号，任何一个元件的参数超过其容差时就属故障，因此模拟电路的故障状态是无限的。模拟电路本身的特性决定了它的诊断比数字电路要困难和复杂得多。目前，依据电路的仿真是在实际测试之前还是之后，模拟电路的故障诊断方法可以分为：测前模拟法（SBT）和测后模拟法（SAT）诊断。

A 测前模拟法（SBT，Simulation Before Test）

测前模拟法的典型方法是故障字典法，它是目前模拟电路故障诊断中最具有实用价值的方法。它的基本思想与数字电路的诊断相似，即预先根据经验或实际需要，决定所要诊断的故障集，再求电路存在故障集中的一个故障时的响应（即做电路仿真）。求响应的方法既可在计算机上仿真，也可在实际电路上仿真。然后将所得的响应（通常是端口的电压矢量）进行必要的处理（如压缩、编码等），作为对应故障的特征，将它们编成一部故障与特征对应的字典。在实际诊断时，对被测电路施加与测前模拟时完全一样的激励和工作条件，取得相应的特征，最后在故障字典中查找与此特征对应的故障。

B 测后模拟法（SAT，Simulation After Test）

测后模拟法又分为参数识别技术（或任意故障诊断）和故障证实技术（或多故障诊断）。参数识别技术通过电路的方程组把激励、响应与电路元器件参数联系起来，以便计算出元器件参数值，如果元器件参数值的偏移超出允许的容差范围，则判为该元器件发生故障。这种方法要求在对故障电路测试之后，需进行大量的求解计算工作，因此被划分为测后模拟法。其典型方法有转移导纳参数法、参数估计法和多频测量法。故障证实技术是预先猜测电路中故障所在，然后根据所测数据去验证这种猜测是否正确，如果二者吻合，则认为猜测正确，故障定位工作结束。根据猜测故障的范围，分为 K 故障诊断法、故障定界诊断法和网络撕裂法等。模拟电路故障诊断细致的分类如图 1-4 所示。

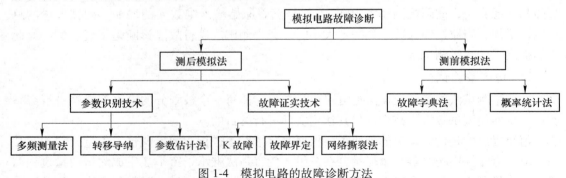

图 1-4 模拟电路的故障诊断方法

1.3 工程装备电控系统故障检测技术的研究概况

1.3.1 电路测试技术的国内外研究现状

电路测试技术最先在工业技术发达的美国兴起，随后在欧洲、亚洲一些国家蓬勃发展起来。20 世纪 50 年代，电路测试技术逐渐引起国外相关行业人员的重视，美国通用公司首次提出了在线测试的概念，并首创了现今常用的测试方式——针床型测试，随后美国的许多国家部门如美国宇航局、美国国防部等，大型企业如惠普、GE、Angilent 等也相继成立故障诊断技术研究中心，并开发了许多实用的诊断和专家系统应用于军工、航空航天和民用等方面。2000 年美国著名学者 Wright R. Glenn 提出多通道复用方法解决数字激励信号产生路数过多，单靠增加通道宽度易造成测试设备成本过高的难题，并应用于军事装备的电路检测。2005 年田纳西大学的 Nourani M. 和 Attarha A. 教授提出将电子设计自动化（EDA）技术应用于电路测试，并研制了具有通用插槽的电路板自动检测设备。2007 年 Angilent 公司推出的 Medalisti5000ICT 系列测试产品，是电路测试领域具有革命性的成果。2014 年美国 FLIR 公司推出了 SC3000 系列等。欧洲一些国家在故障诊断技术方面也有很大发展，20 世纪 60 年代末至 70 年代初，以 R. A. Collacott 为首的英国机器保健中心（U. K. Mechanical Health Monitoring Center）率先开展设备故障诊断技术研究工作，并取得了很好的成效。英国在工业、核电设备的电路故障诊断方面占有一定优势，欧洲其他国家的电子设备诊断技术研究也有不同程度的进展，如德国的智能机械电路诊断技术、挪威的船舶电控系统诊断技术等。日本设备工程师协会、电气和机械协会也成立了专门的电路故障诊断技术研究机构，主要研究民用工业中的电路故障诊断技术。一些大型企业（如新日铁公司）也纷纷开始设备电路故障诊断技术的研究工作，自主开发了商业化的专用电路诊断仪器。

综合国外电路测试设备的发展历程，其功能由少到多，测试对象由简单到复杂，发展过程大致分为以下 4 个阶段：

（1）模拟仪器测试阶段。这个阶段的测试系统基本是以欧姆定律和电磁感应等基本定律为基础的指针式仪器，例如指针式的电流表、电压表、万用表、电位表等，测试功能比较单一、简单，属于电路测试设备的初始阶段。

（2）分立元器件测试阶段。20 世纪 60 年代随着电子管和晶体管的产生，出现了使用电子管和晶体管构建电路组成的第二代测试系统——分立元器件式仪表。

（3）数字化测试阶段。70 年代，集成电路的出现和发展，使得以集成电路为基础的数字化电路测试系统仪器出现。这类仪器如数字万用表、电流表、频率计等，至今仍在广泛应用。

（4）自动化、智能化测试阶段。随着微电子技术、计算机技术的迅速发展，并逐渐应用到电路测试，自动化、智能化测试系统迅速产生和普及。此类测试系统由计算机软件控制，可以实现自动测试和数据的分析处理，也称自动化测试系统（ATE），在规模化的封装测试行业被广泛采用。

国内的电路故障检测技术研究起步相对较晚，走的是引进、消化、吸收，再创新的路子。20 世纪 80 年代，随着改革开放步伐的加快和国内电子产业发展对检测设备的需求的不断增加，陆续从国外引进大量现代化电气设备，如从新加坡引进的创能 BW4040 型电路测试系统。国内自此便开始了测试系统的仿制过程，首台在线测试系统在此阶段试制成功。该测试系统主要特征为具有 40 路数字测试通道，提供测试电源为+5V。此后通过不断摸索和学习借鉴，电路测试技术和设备在国内得到迅速发展，各高校、科研机构和相关企业进行了深入研究。

就国内外的电路故障检测技术发展而言，现阶段电路故障诊断方法主要分为接触和非接触两大类，其中非接触式的故障诊断方法有：

（1）红外热成像检测方法。该方法是基于对热成像的处理实现测试的。电路板上器件发生故障时，其功耗会发生改变，测试时首先对电路板施加测试激励，再对电路进行热成像，最后对热成像进行分析处理定位故障器件。目前这类测试设备国外有美国的 FLIR 公司的 SC3000 系列，Fluke 公司推出的 Ti50 系列等；国内则有电子科技大学研发的 TIP 系列电路故障检测系统，华北光电技术研究所研发的 HR-II 系列热成像电路测试系统等。红外热成像检测的优点是不接触电路板，不会造成电路板的二次损害，且操作方便、检测速度快，通用性较强。但这种方法也存在精度和准确度的缺陷，如现有技术水平还无法解决热成像漂移造成的故障器件定位困难的问题等。

（2）自动光学和 X 射线检测方法。自动光学检测方法是先通过高速照相机对电路进行成像，再通过图像处理技术对电路缺陷及错误进行定位。目前国外主要有美国的泰瑞达（Teradyne）公司、安捷伦（Agilent）公司、英国的 Diagnosys 公司、日本的 SAKI 公司、欧姆龙公司以及韩国的聂赛恩（NEXSCIEN）公司等；国内主要有厦门福信光电集成有限公司推出的 Otek 自动光学检测仪器，东莞神州视觉科技有限公司推出的 ALD700 系列在线光学测试系统等。自动光学检测方法的优点是检测故障速度快，且测试程序开发时间较短，能对电路焊点、焊锡出现的故障进行快速判定，但只能对成像部分的故障进行检测，对无法直接成像的不可见的焊点、缺陷等就无能为力；于是出现了 X 射线检测方法，将探测源换成 X 射线。X 射线具有很强的穿透性，因此能对电路板中不可见的焊点和缺陷进行检测，但这种方法同样无法对电路的性能故障进行检测，尽管如此，这种 X 射线检测方法的应用前景还是令人看好，很多公司都开始采用这一技术，如上海贝尔、青岛朗讯等。

接触式的故障检测方法有：

（1）边缘连接型检测方法。这种方法是将整块电路板作为一个被测件，从电路输入端输入测试矢量，通过分析输出响应来判断和定位电路内部故障。故障的分析判断建立在测试软件对响应的仿真对比上，对软件的仿真能力、测试矢量的速率，以及测试图形的深度有较高的要求。目前国外边缘型诊断系统有 Teradyne 公司的 IntegraFLEX 系列、J750 系列等，国内有北京大华无线电仪器厂、中国船舶重工集团公司测控技术部也开发了基于该技术的测试平台，这类测试平台的优点是测试速率较快，且对操作人员专业素质要求相对较低。但该检测方法对测试软件要求较高，软件开发难度较大，且必须在已知被测电路原理图或者电路网表的前提下进行。

（2）针床和飞针式检测方法。这两种方法原理类似，都是通过探针接触待测电路板上探测点完成测试，不同的是针床是静态而飞针是移动的。针床式测试系统的探针的数目最多可达数千根，基本能将电路板上所有测点通过探针引入诊断系统，目前国外基于这种方法的测试系统有意大利世科（SEICA）公司的 AERIAL 系列、美国泰瑞达公司 Integra 系列、吉瑞德（GENRAD）公司的 Catalyst 系列等，国内有北京星河公司 TD-SCDMA 系列等。这种方法的优点是测试效率较高，通常适合大型企业使用，缺点是针床通用性不强，成本较高。飞针式测试是通过马达驱动探针快速移动，使之与待测电路板上各个器件引脚接触，通过分析测试输出判断器件的好坏。目前国外这类测试系统有世科公司 S20/S24 系列、SPEA 公司的 spea-4040 系列，此外日本 Takaya 公司也有生产，国内有深圳振科达公司的 F-17 飞针测试机等，这类系统与针床式相比，最大的一个优势就是无需制作专门的针床，从而降低了制作成本，软件系统实现相对简单，但测试效率不及针床式测试方法。

由以上可知，非接触式和接触式检测方法各有优势，同时又各有不足。非接触式最大的优势在于不接触被测电路，不会对电路造成二次损害，而其不足在于对成像要求及后期软件的处理要求较高，可靠性还有待进一步提高；非接触式，如上文的边缘连接式和针床/飞针式则测试的可靠性较高，但系统不够灵活，通用性不强，软件开发难度较大，还可能对被测电路造成损害。

1.3.2 自动测试系统的概况

一般意义的自动测试系统（Automated Test System）是指那些采用计算机控制，能实现自动化测试的系统，也就是对那些能自动完成激励、测量、数据处理并显示或输出测试结果的一类系统的统称。这类系统通常是在标准的测控系统或仪器总线（CAMAC、GPIB、VXI、PXI 等）的基础上组建而成的。自动测试系统具有高速度、高精度、多功能、多参数和宽测量范围等众多特点。工程上的自动测试系统（ATS，Automatic Test System）往往针对一定的应用领域和被测对象，并且常按应用对象命名，因此有飞机自动测试系统，导弹自动测试系统，发动机自动测试系统，雷达自动测试系统等。

自动测试系统一般由三大部分组成，即自动测试设备（ATE，Automatic Test Equipment）、测试程序集（TPS，Test Program Set）和 TPS 软件开发工具所组成。

自动测试设备（ATE）是指测试硬件及其他的操作系统软件。ATE 的心脏是计算机，用来控制复杂的测试仪器（如数字电压表、波形分析仪、信号发生器及开关组件等）。这些设备在测试软件的控制下运行，以提供被测对象的电路或部件所要求的激励，然后测量在不同的引脚、端口或连接点的响应，从而确定该被测对象是否具有规范中规定的功能或性能。ATE 有着自己的操作系统以实现内部事务的管理（自测试、自校准等），跟踪预防维护需求及测试过程排序，存储并检索相应的技术手册内容。

测试程序集（TPS）是与被测对象及其测试要求密切相关的。典型的 TPS 由三部分组成：（1）测试程序软件；（2）测试接口适配器（包括接口装置、保持/紧固件及电缆）；（3）被测对象测试所需的各种文件。ATE 中的计算机执行测试软件，控制 ATE 中的激励设备、测量仪器、电源及开关组件等，将激励信号加到被测对象（UUT），测量其响应信号。再由测试软件来分析测量结果并确定可能是故障的事件。因为每个 UUT 有着不同的连接和 I/O 端口，连接 UUT 到 ATE 通常要求有相应的接口设备，完成 UUT 到 ATE 的机械与电气连接，并且为 ATE 中的各个信号点到 UUT 中的相应 U_0 引脚指定信号路径。

开发测试软件要求一系列的工具。这些工具统称为 TPS 软件开发环境，包括 ATE 和 UUT 仿真器、GATE 和 UUT 描述语言、编程工具（如各种编译器等）。不同的自动测试系统所能提供的测试程序集软件开发工具有所不同。

纵观近几年来军用 ATS 的发展，应密切关注以下几方面的发展趋势：

（1）在新型武器装备的研制中贯彻综合诊断支持系统（IDSS）设计思想。即将构成武器装备测试诊断能力的所有相干要素（如可维修性、可靠性、可测性、诊断测试软件及硬件、维修技术图纸资料、维修辅助手段、后勤保障、操作人员和技术培训等）进行充分的综合，并贯穿于整个武器装备和各级维修测试设备的设计与管理过程之中，提高其系列化和标准化程度，以求所研制的测试诊断系统能够获取最大的效能。

（2）注重测试诊断系统的开放式系统结构设计。即建立一个具有开放结构的硬件与软件测试平台环境，允许将不同厂家研制生产的测试模块组合配置成一个测试系统，允许不同的测试诊断软件和测试数据兼容操作，允许对多个测试系统的多种测试诊断信息进行融合处理。

（3）严格制定新的技术标准及测试规范。从目前外军的情况看，除了保持原先已经制定的一些较为成熟的技术标准及测试规范外，近年来在军用 ATS 研制中广泛采用的有关新标准规范主要有，基于 VXI 的测试系统总线互联标准（IEEE-P1155）、基于 ATLAS/Ada语言的测试软件开发环境（IEEE-P1226）、面向测试的设计标准（IEEE-1149）、诊断专家系统（IEEE-P1232）和局部网络标准（IEEE-802.3）等。

（4）应用 IETM 技术提高 ATS 的综合使用效能。即将专家系统、信息处理和辅助决策等多种技术结合在一起，将预防性维护能力和诊断性维修能力结合在一起，以电磁介质将大量的技术说明、图纸资料和备件储备等信息存储在智能化的电子技术手册中，从而建立一个无纸的、人机和谐的武器装备测试诊断环境。

（5）发展测试软件工程技术。即将装备规划与管理机构、装备研制生产厂家、ATS 研制生产单位、维修技术人员、软件设计人员和装备管理与使用等有关技术人员组织起来，以软件工程的思想和方法指导并管理测试软件生存周期的全过程，共同开发维护可移植、可重用的测试诊断软件和标准的测试环境，以适应多级维修体制和多种测试对象的应用要求，最大限度地减少 ATS 研制过程中的测试软件成本费用，缩短研制周期，提高 ATS 的通用性。

1.3.3　虚拟仪器技术对自动测试系统发展的影响

军用 ATS/ATE（Automated Testing Equipment）将沿着模块化、系列化、标准化、小型化、通用化方向发展，对设计验证、生产测试和维修诊断用 ATE 采用一体化研制策略，应用人工智能技术的先进的诊断测试方法，综合诊断支持系统和诊断测试系统的开放式结构，将成为新一代军用 ATE 的研制重点。由于虚拟仪器的基本思想就是利用最少数量的必要硬件，采用灵活的软件方法来实现多种测试功能，它本身就具有通用特征，也很容易模块化、标准化，也直接支持一体化。虚拟仪器对军用 ATE 的影响还突出表现在以下方面：

（1）降低军用 ATE 的生命周期成本。这是由于采用虚拟仪器技术能使 ATE 的硬件数量、备件数量、存储场地、维护人员数量、ATE 的培训要求、ATE 的能耗都大大降低。

（2）改善 ATE 测试精度。在一些场合，采用虚拟仪器方法可得到极高的测量精度，这是由于与分立的仪器组成的系统相比，虚拟仪器减少了信号传递和处理的级别，从而减少了误差。

（3）实现以前不能实现的测量。在现代飞行器或武器系统测试中，有一些波形是很难测量的，困难在于有一些波形非常复杂而且是时变的（动态的）；也有要测的几个关键的波形特征是瞬间同时发生的，既快速又互相独立；有的还是多维的。用分立的台式仪器去测量这些波形十分困难。若采用 VXI 总线虚拟仪器，由于 VXI 总线具有高速数据传输特性，其总线资源间能精确同步、定时及密切协调，可实现上述复杂波形的测量。

总之，虚拟仪器提供了极丰富的 ATE 仪器功能及日益增长的灵活性，而且这些灵活性随着计算机技术的发展而更加丰富。虚拟仪器使 ATE 的生命周期成本大大降低，它在体积和重量方面的优点使其在军用 ATE 上更具吸引力。虚拟仪器的紧凑特性、广而全的仪器功能、实时激励与分析能力使它成为各类测试系统特别是军用 ATE（车间用或现场用）的首选对象。虚拟仪器应用于 ATE 已逐渐成为今天的现实。

1.4　工程装备电控系统故障诊断方法研究概况

在军用 ATS 中，自动测试技术和故障诊断技术是两个不可分割的问题，要提高军用 ATS 的效率必须从故障诊断方法的研究入手。

按照通行的分类原则，故障诊断方法可分为基于解析模型的方法、基于信号处理的方法和基于知识的方法三大类。基于解析模型的方法历史最为悠久，它一般需要根据具体的被测设备确定合适的故障诊断数学模型，例如 Gertler 从定量的系统状态方程角度分析了一个物理系统的故障模型和诊断方法。由于被测系统越复杂，其故障诊断模型的建立就越困难，因此这种方法比较适合于简单系统的故障分析，很难作为针对复杂系统的通用诊断方法来加以研究。基于信号处理的方法回避了抽取诊断对象数学模型的难点，转而直接利用其信号模型，如相关函数和小波分析等方法来实现故障诊断。由于它只是从系统的信号中提取故障信息，缺少对故障诊断对象的定量分析，所以这类方法只能和其他故障诊断方法综合应用，难以独立完成对复杂系统的故障诊断。基于知识的方法也不需要建立系统的定量数学模型，但是它引入了诊断对象的许多信息，特别是可以充分利用领域专家的诊断知识，所以该方法非常适合于实现复杂非线性系统的故障诊断。

1.4.1　基于知识的故障诊断方法

基于知识的方法主要包括神经网络方法、模糊推理方法和专家系统方法。近年来，遗传算法、粗糙集理论等新的人工智能理论与方法逐渐成为基于知识的故障诊断方法新的研究方向。将新的人工智能理论与方法应用于故障诊断的主要目的是完成对故障模式的聚类分析，并对专家系统的知识获取以及根据故障征兆与各故障模式之间的隶属程度实现故障诊断。显然，这些方法是作为故障诊断中数据处理的工具来应用的，无法作为系统级的故障诊断方法来加以研究。因此，我们可以得出如下结论：欲建立系统的、通用的故障诊断方法只能从神经网络、模糊理论和专家系统这三种理论方法来入手。

1.4.1.1　基于人工神经网络（ANN，Artificial Neural Network）的方法

ANN 由大量功能简单而具有自适应能力的信息处理单元——人工神经元按照大规模并行的方式，通过一定的拓扑结构连接而成。由于单个神经元的输入输出之间具有非线性关系，神经元之间的联系也呈复杂的非线性关系，使得整个 ANN 构成了一个复杂的非线性动力学系统。由于 ANN 具有高度的自组织、自学习和自适应能力，使其在非线性系统特别是复杂系统的故障诊断方面具有强大的优势，并在许多实际系统中得到成功的应用。

基于 ANN 的故障诊断是利用神经网络优越的模式分类性能进行诊断，其模型可以分为有指导学习网络和无指导学习网络。有指导学习网络（如 BP 网络、RBF 网络等）如果能找到完备的训练样本集，就能给出一个明确的分类结果。它在实际应用中的主要困难在

于难以得到完备的训练样本集，此外，该类网络的学习和工作过程一般是分离的，加入新的样本将导致整个网络的重新训练，这使得网络的自学习非常不便；无指导网络则是利用网络的自组织特性自治地对输入模式样本进行分类，训练时不需要进行人工干预。由于网络输出的状态和含义在训练前是未知的，而且对网络施以不同的权重进行训练都可能导致输出含义的改变，所以单纯的自组织网络只能作为简单的工况识别器而不能作为故障诊断器。

人们在经典神经网络理论基础上研究了很多新的方法，如模糊神经网络、分级模糊神经网络、神经网络-模糊推理协作系统等。但是，由于 ANN 难以完全克服其知识解释困难以及网络训练时间长、隐层节点数量确定困难且难以处理不确定信息等缺点，所以在故障诊断领域的应用范围不如专家系统广泛。

1.4.1.2　基于模糊理论（fuzzy theory）的方法

模糊理论是为描述处理模糊、不精确的概念和事件而提出的。由于实际因素的复杂性，故障原因与故障征兆之间的关系一般很难用精确的数学模型来描述，且现代故障诊断要求在确定故障部位的基础上进一步预测故障发生的可能性，因此模糊理论被引入故障诊断领域。模糊故障诊断就是利用隶属度概念来描述故障原因与故障征兆，该方法利用经验和模糊统计建立诊断矩阵，再根据模糊逻辑合成算法进行模糊综合评判。

显然，模糊理论作为一种对特殊信息的表达和处理手段，是无法直接应用到故障诊断中去的，它只有与其他故障诊断方法相结合才能发挥出优势。基于模糊理论的模糊专家系统、模糊神经网络等理论方法，已经成为当前故障诊断研究领域的热点和广泛应用的实用工具。其他故障诊断方法同模糊理论相结合，不仅保持了其自身的诸多优点，而且增加了对不确定信息的表达和处理能力，这正是基于模糊理论的综合故障诊断方法的强大生命力所在。

1.4.1.3　基于专家系统（expert system）的方法

基于专家系统的故障诊断方法不依赖于系统的数学模型，而是根据人们长期的实践经验和大量的故障信息知识设计出一套智能计算机程序，以此来解决复杂系统的故障诊断问题。目前该方法在故障诊断中已经得到广泛应用，成为故障诊断技术的一个主要发展方向。

系统级故障诊断是一个十分复杂的过程，设备故障的表现形式多种多样，很难用一个简单的数学模型来表达。在系统运行过程中，如果某一时刻系统发生故障，领域专家一般凭借视觉、听觉、嗅觉或测试设备得到一些客观事实，并根据对系统结构和系统故障历史的深刻了解作出判断，确定故障原因和部位。对于复杂系统的故障诊断，这种基于专家系统的故障诊断方法尤其有效。

总的说来，专家系统具有如下优点：它能够表达领域专家的诊断知识，根据不确定的知识进行推理；可以方便地实现系统的分级诊断，有效降低测试诊断的复杂性；具有很好的解释功能，推理过程具有透明性，有利于用户判别诊断结果的正确性；知识库与推理机分开设计使得系统在结构上具有知识扩充的能力。但是，传统的故障诊断专家系统仍存在一些不容忽视的缺陷：它没有对模糊信息和数据间不确定的映射关系进行处理的能力，无法表达模糊性的诊断知识；不具有自学习的能力，新知识的获取依赖于人工录入；诊断效率低，尤其是当诊断规则数量过多时，系统效率降低得更为明显。

人们已经在传统专家系统的基础上发展了很多新的理论和方法来弥补这些缺陷。例如，为了实现对不确定信息的表示和处理能力，人们提出了模糊专家系统方法并将之应用到故障诊断中。同时，遗传算法、粗糙集理论、神经网络等多种人工智能方法被引入专家系统以实现其自学习功能，增强专家系统的实用性。对于复杂系统，人们普遍采用分层诊断的方法，以解决专家系统中诊断知识的组合爆炸问题。通过分层诊断，专家系统将整个诊断知识分成若干小的知识模块，减少了每次推理所需知识的数量，在很大程度上提高了推理的效率。

当前，专家系统通过各种理论和方法的改进已经成为一种通用、实用和成熟的故障诊断方法。有关专家系统的许多方面也正在进一步深入研究之中。

1.4.2 军用装备故障诊断技术的发展趋势

发展综合智能诊断系统和远程分布式故障诊断系统是军用装备故障诊断领域的大势所趋。当前，随着军用装备复杂程度不断提高，事后维修（BDM，Break-Down Maintenance）和定期维修（TBM，Time-Based Maintenance）两种传统维修方式的故障后果严重、维修费用高等局限性越来越引起世界各国的高度重视和关注。随着状态监测技术、计算机应用技术及维修分析决策技术的发展，基于状态的维修（CBM，Condition-Based Maintenance）得到迅猛发展，军用装备故障诊断技术研究出现了新的动向。

如何充分发挥数据库、互联网等先进计算机技术的资源共享优势来为故障诊断服务，正在成为军用装备故障诊断技术的一个崭新研究领域。人工智能的进一步应用和发展表明，智能系统结合数据库技术可以克服人工智能不可跨越的障碍，因此，在装备智能故障诊断系统中设计结构合理的知识库就可借鉴数据库关于信息的存储、共享、并发控制和故障恢复等技术来不断地改善诊断系统性能。同时，先进计算机技术结合网络技术能够有效弥补传统远程故障诊断方法的不足，解决广大地域内检测诊断系统间的异构性问题，实现军用装备的远程数据采集与故障诊断，大大提高军用 ATS 设备和故障诊断专家知识的利用率，实现军用 ATS 故障诊断系统的通用性。可以预见，随着第三代互联网技术——网格技术进入商用阶段并正在成为一种主流技术，以高性能计算机为诊断主体，以高速网络为信息载体的装备远程故障诊断技术将发生革命性的变化。

采用多传感器信息融合技术对装备进行状态监测是当前军用装备故障诊断技术研究的热点问题。军用装备故障的复杂性、多样性及不确定性决定了其故障诊断实质上是一个多信息融合的过程，只有提取多种故障特征信息并加以融合分析，才能提高军用装备故障诊断的精度和速度。所谓多信息融合就是对来自多个传感器的信息进行多级别、多方面的处理，从而导出有意义的，能够表达装备状态行为的新信息。信息融合技术能够充分利用获得的信息资源，扩大时空覆盖范围，增加诊断置信度，改善诊断系统性能，从而获得准确的系统状态评估。西方发达国家在信息融合技术研究方面投入了巨大的人力物力并取得了丰硕的研究成果，一些采用信息融合技术的军用诊断预测系统已经相继研制成功。

1.4.3 军用 ATS 技术发展现状与存在的问题

我军军用测试、诊断技术相对于设计制造技术而言是一个十分薄弱的环节。

　　从 20 世纪 70 年代中期开始，我军陆续研制和装备部队一批自动检测设备，如火炮性能综合检测仪、雷达性能综合检测修理车和陆军战术导弹性能综合检测系统等。

　　80 年代，我军测试设备和系统转入以 GPIB（IEEE—488）总线和 CAMAC（IEEE—583）总线为主的半自动/自动测试设备和系统阶段。这些自动检测设备的研制和装备部队，提高了我军武器装备测试诊断的水平。但是，由于我军起步较晚，缺乏总体规划，研制经费投入不足以及系统设计思想落后等原因，导致这一时期我军军用检测设备种类繁多，功能单一，未能形成系统的通用化、系列化和标准化。

　　90 年代中后期，随着我军现代化步伐的加快，军用 ATS 技术的发展越来越受到各级首长的高度关注，我军先后制订了统一的军用 ATS 发展规划和规范标准，1995 年颁布了《装备测试性大纲》（GJB 2547—1995）；1998 年颁布了《测试与诊断术语》（GJB 3385—1998）。与此同时，我军开始了新一代军用 ATS 关键技术的研究，并取得了可喜的进展。随着 VXI 和 PXI 总线技术的逐步普及，我军武器系统的地面测试也越来越多地采用 VXI 和 PXI 总线测试系统，空军、海军、炮兵、装甲等各个军兵种先后研制成功了一大批专用/通用军用 ATS 并投入使用，我军军用 ATS 技术已经步入规范化的发展轨道。

　　当前，我军军用 ATS 技术的发展不可避免地存在一些问题，下面分为三个方面对这些问题和本书的解决方案进行阐述：

　　（1）军用 ATS 技术理论研究。不可否认，我军军用 ATS 技术具有后发优势，我们可以在 ATS 研发过程中直接参考和选用国际成熟标准和货架产品，这符合标准化通用 ATE 的发展趋势，但是它导致了我军军用 ATS 技术的理论研究相对落后。主要表现在硬件平台的搭建比较倾向于使用现成 COTS 产品，疏于对测试设备硬件标准化问题的研究，对自主研发数据采集卡和嵌入式控制器的投入较少，特别是测试适配器组件的开发还停留在专用型设计思想；软件系统开发过程中，由于缺乏对通用测试语言 ATLAS 比较深入的研究，导致缺乏专用测试描述语言对测试流程进行规范、统一的描述；对 IVI 信号接口标准的研究较少，使得面向信号的 TPS 开发和研制力度不够，尤其是对 TPS 的可移植性和互操作性方面的研究工作还非常欠缺。本书将针对这些问题，重点对某类工程装备电子设备通用 ATS 硬件集成过程中的适配器组件开发以及软件开发过程中的测试描述语言开发与面向信号的 TPS 开发进行研究。

　　（2）军用 ATS 研发状况。我军军用 ATS 技术的发展起步较晚，为了尽快缩小与先进国家的差距，各军兵种都在积极开发属于自己的测试系统，整个军用测试行业目前处于一个蓬勃发展但疏于全局规划的时期，各研发单位相互交流不够，重复性工作较多，导致军用测试领域出现了各军兵种各自为战的情形，这一情况较大的束缚和限制了我军军用 ATS 整体实力和核心竞争力的提高。同时，现有军用 ATS 尚存在很多不足之处，主要表现在 ATS 数量多、品种杂、单个系统体积庞大、功能单一、机动性差、通用性和复用性不强，大多数军用 ATS 操作复杂，尤其是缺少人机操作界面，交互性较差，且可靠性和可维修性一般，维护费用过高。本书将针对这些问题，建立具有较强开放性与通用性的某类工程装备电子设备通用 ATS，在对通用 ATS 信号接口的设计中充分利用国际成熟标准，统一下发信号接口定义，为各型工程装备适配器组件开发确定统一规范，以有利于研究成果的相互借鉴和使用，为进一步提升我军军用 ATS 的整体实力和核心竞争力作出有益的尝试，同时根据基层部队实际情况设计具有较强互动性和丰富帮助功能的软件界面。

（3）装备故障诊断方法的研究与应用。近年来，由于对台军事斗争准备的需要，我军各军兵种纷纷加强了对主战装备故障诊断技术的研究，但是，全军尚未形成通用、实用、易用的装备故障诊断方法，而工程兵系统对工程装备故障诊断系统的开发相对滞后。本书将针对这些问题，对工程装备故障传播模型进行研究，建立某类工程装备电子设备故障诊断专家系统和基于网格技术的工程装备远程故障诊断平台。

军用 ATS 技术水平是一个国家国防能力的体现，更是一个国家国防现代化的重要标志，未来十年是我军实现军用 ATS 技术跨越式发展的重要机遇期。跟踪新一代军用 ATS 技术的发展潮流，研究新一代军用 ATS 的关键技术，将会显著缩小我军与外军的差距。我们必须紧紧抓住这一战略机遇期，赶超世界军用 ATS 先进水平，提高我军武器装备的技术保障能力，为打赢未来高技术条件下的信息化战争做好准备。

1.5　习题

1-1　简述工程装备电控系统故障特点，及其与汽车等车辆电控系统故障的异同。

1-2　试说明虚拟仪器技术如何应用于工程装备电控系统的故障检测、诊断与维修过程中。

1-3　简述工程装备电控系统故障检测的方法，分析其发展趋势。

1-4　试论述军用 ATS 技术的特点、发展现状及其将来在军用装备电子设备故障检测中的应用前景。

1-5　试论述军用装备故障诊断技术的发展方向。

第2章　两栖工程装备电控系统故障检测

两栖工程装备主要包括两栖装甲路面、两栖工程作业车和两栖装甲破障系统，是我军具有两栖作战能力的主要的作业装备。本章以两栖装甲破障车为例，论述研究该装备故障检测系统的背景及意义。该装备用于战时或演习中克服海滩、岛礁、沼泽等地域的障碍物，为登岛或登陆首梯次两栖部队提供通路保障。其主要任务包括登陆地域扫雷、击毁阻截墙、扫除经过道路障碍等。装备的主要作业装置包括车辙式机械扫雷犁、火箭发射式阻绝墙爆破装置、两栖装甲底盘、闭式功率控制液压系统、基于嵌入式工控机和 PLC 的电控系统、安全通道标识装置、爆破式扫雷装置和其他附件组成。

两栖工程装备状态检测与故障诊断系统为陆军装甲兵、工程兵、炮兵、海军陆战队等部队的装备维护基站以及基层修理或使用单位提供了可用于两栖装备保养、维护、检修、诊断的智能化辅助测试维修系统，满足部队对两栖工程装备电气控制系统技术状态的检测和故障诊断的需求，可对电气控制系统进行战备完好性检测和故障诊断，故障定位到独立设备和板级可更换单元（或组合）。

2.1　两栖工程装备电控系统结构组成及故障分析

以两栖工程作业车电控系统为例，进行两栖工程装备的结构组成、主要功能的总结梳理，根据各部功能实现特点和要求，分析电控系统机理和常见故障检测步骤方法，提出两栖工程作业车电控系统使用与维修训练的重点内容和方向，为两栖工程装备电控系统的故障检测、维修等系统的开发提供方向指导和理论基础。

2.1.1　电控系统组成与功能解析

两栖工程作业车通过电控系统控制作业装置液压系统，实现推土、挖掘、夹取、起重等多种作业，电控系统在实现对液压系统动作控制的同时，还将作业装置液压系统中的油温、油位、系统工作压力、推土先导压力和挖掘先导压力等性能参数，通过 CAN 总线传送到显示终端以虚拟仪表的方式进行显示和超限报警。两栖工程作业车电控系统的技术状态对两栖工程作业车整车战技术性能具有决定性影响。

2.1.1.1　电控系统结构组成

两栖工程作业车电控系统主要包括虚拟仪表、作业装置电控系统和监视系统。

A　虚拟仪表系统

虚拟仪表系统主要用于实时集中监测装备关键部件的重要性能参数（如装备行驶速度、装备运行摩托小时、发动机及传动箱的冷却系统和润滑系统的温度、底盘及上装液压系统的压力和温度等）。

虚拟仪表系统一方面将装备关键部件的重要性能参数通过 CAN 总线传送到显示终端以虚拟仪表的方式进行显示；另一方面，在行驶或作业过程中，若装备出现设备状态异常，提供自动报警提示，并可通过操作，将重要的参数（行驶里程、摩托小时、作业时间）和报警内容上传给上位机，以供数据管理和备案。

B 作业装置电控系统

作业装置电控系统主要由可编程控制器通过采集与其连接的手柄、功能按钮等相应设备输入的信号以及接收总线上的发动机、传动箱、底盘及上装液压系统等相关数据，通过控制软件进行分析、运算，将处理后的作业控制信号输出至相应的执行器，最终实现推土、清障、挖掘、夹抓等作业功能。

C 监视系统

监视系统主要是通过监视系统摄像头将视频信号反馈给驾驶舱和作业舱，供作业人员作业时参考。

两栖工程作业车电控系统结构较为复杂，技术含量高，且主要在濒海地区使用，使用和维护保养要求较高。

2.1.1.2 电控系统主要组成功能解析

两栖工程作业车电控系统硬件组成主要包括中央控制盒、驾驶舱操纵显示盒、作业舱操纵显示盒、推土手柄盒、挖掘手柄盒、监视控制盒、监视摄像头、连接线缆以及感知车辆现场状态的传感器和完成作业的执行器等，具体如图 2-1 所示。

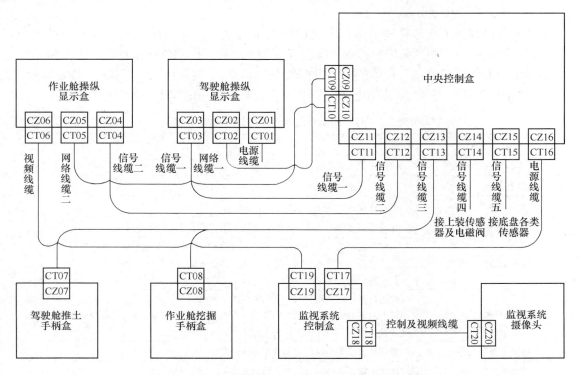

图 2-1 两栖工程作业车电控系统组成及互联示意图

　　A　中央控制盒

　　中央控制盒是两栖工程作业车电控系统的核心部件,盒内装有主控计算机,一方面用于采集与其连接的手柄、功能按钮等相应设备输入的信号以及接受 CAN 总线上的相关数据,通过控制软件对实现各种作业功能的控制信号进行逻辑运算,并输出到相应作业装置液压系统的电磁阀和指示单元,驱动液压系统工作和指示相应的工作状态,实现各种作业功能;另一方面,用于将采集到的底盘和上装的所有状态信息进行分析运算,并将处理后的最终数据通过 CAN 总线传送到显示终端以虚拟仪表的方式进行显示。

　　为完成上述功能,中央控制盒主要通过 CZ09~CZ16 插座与外围电器设备进行信号传输,通过"3A"保险座、"运行"指示灯、"6A"保险座等进行保护和状态指示,如表 2-1 所示。

表 2-1　中央控制盒外围器件功能解析

外围器件名称	功　　能
CZ09~CZ16 插座	多针航插,用于系统的信号传输
"3A"保险座	内置 3A 可熔断保险丝,用于虚拟仪表系统的过流保护
"运行"指示灯	用于虚拟仪表系统的控制器运行指示,在底盘传感器供电电源短路时,该指示灯闪烁指示
"6A"保险座	内置 6A 可熔断保险丝,用于作业装置电控系统的过流保护
"运行"指示灯	用于作业装置电控系统的控制器运行指示,当上装传感器供电电源短路时,该指示灯闪烁指示

　　B　驾驶舱操纵显示盒

　　驾驶舱操纵显示盒是系统与操作人员的交互平台之一,其面板上安装有各类操纵开关,用于配电或下达不同的操作指令;安装有终端显示和不同颜色的指示灯,用于给操作人员提供必要的现场信息。具体包括"虚拟仪表"开关、"监视系统"开关、"作业电控"开关、"推土作业"开关、"冷却电磁阀"开关等,其具体功能如表 2-2 所示。

表 2-2　驾驶舱操纵显示盒外围器件功能解析

外围器件名称	功　　能
"虚拟仪表"开关	控制虚拟仪表系统总电源的通断
"监视系统"开关	控制监视系统总电源的通断
"作业电控"开关	控制作业装置电控系统总电源的通断
"推土作业"开关	在油源电磁阀互解锁关系允许的情况下,控制推土油源电磁阀和推土手柄得失电
"冷却电磁阀"开关	与作业舱操纵显示盒面板上的"冷却电磁阀"控制开关一起控制冷却电磁阀的得失电,只要两个开关中任一开关接通,冷却电磁阀就得电,但需同时断开,冷却电磁阀才能失电
"油源阀互解锁"开关	控制挖掘油源电磁阀和推土油源电磁阀的解锁与互锁关系。与作业舱操纵显示盒面板上的互解锁开关中的任一开关改变控制位置时,都可以改变油源电磁阀的互解锁关系;系统上电时,默认为互锁
"虚拟仪表"指示灯	指示虚拟仪表系统总电源处于接通状态
"监视系统"指示灯	指示监视系统总电源处于接通状态
"作业总电源"指示灯	指示作业装置电控系统总电源处于接通状态

外围器件名称	功　能
"推土作业"指示灯	指示推土油源电磁阀处于工作状态,此时可进行推土作业
"冷却电磁阀"指示灯	指示冷却电磁阀处于工作状态
"油源阀互锁"指示灯	指示挖掘油源电磁阀和推土油源电磁阀处于互锁状态。此时,只允许一个油源电磁阀得电
"油源阀解锁"指示灯	指示挖掘油源电磁阀和推土油源电磁阀处于解锁状态。此时,两个油源电磁阀均可根据对应控制开关进行得失电操作
"挖掘"指示灯	指示挖掘
"I级报警"指示灯	用于指示车辆处于I级报警状态(指装备严重故障,应立即停车检查)
"II级报警"指示灯	用于指示系统处于II级报警状态(指系统中的状态参数值有异常,但不影响正常工作)
"总电源"保险座	内置10A可熔断保险丝,用于系统的过流保护
"CZ01"、"CZ02"和"CZ03"插座	用于系统的供电和信号传输
驾驶舱显示终端	用于操作人员监视车辆及作业状态,下部的F1~F8为翻界面和指令输入按键

C　作业舱操纵显示盒

作业舱操纵显示盒主要是作业电控系统与操作人员的交互平台之一,作业舱操纵显示盒上安装有各类操作开关,用于配电或下达不同的操纵指令;安装有显示终端和不同颜色的指示灯,用于给操作人员提供必要的现场信息。具体包括"虚拟仪表"开关、"监视系统"开关、"作业电控"开关、"推土作业"开关、"冷却电磁阀"开关、"油源阀互解锁"开关等,如表2-3所示。

表 2-3　作业舱操纵显示盒外围器件功能解析

外围器件名称	功　能
"显示终端"开关	在驾驶舱操纵显示盒面板上的"作业电控"开关或"虚拟仪表"开关接通状态下,接通本开关,作业舱显示终端得电,断开时失电
"挖掘作业"开关	在油源电磁阀互解锁关系允许的情况下,控制挖掘油源电磁阀和挖掘手柄得失电
"左回转限位"开关	控制回转接近开关的有效和失效量(得失电)。置"解除"位时,回转接近开关无效,否则,有效。无效时,以红色的"限位解除"指示灯进行指示,该开关默认状态下应置于"限位"位
"回转接近"开关	在回转平台左转时,在其回转轨迹上,左回转机械限位前设定的电控自动限位开关,当左回转到回转接近开关的有效检测位置时,本系统将禁止左回转控制输出(即对应比例电磁阀失电),对左回转有自动作用。若回转平台需进一步左转时,可通过该"左回转限位"开关的控制,使回转接近开关失效,解除自动限位
"大臂作业灯"开关	控制大臂上的工作照明灯的得失电
"喇叭"开关	是本系统中底盘喇叭的控制开关,作业前或作业过程中用以提示、告警
"显示终端"指示灯	表示显示终端开关接通,作业舱显示终端正常供电
"限位解除"指示灯	灯亮时,表示左回转限位接近开关失电,左回转限位不起作用,此时回转动作一定要慢,注意作业安全

外围器件名称	功　　能
"作业总电源"指示灯	指示作业装置电控系统总电源处于接通状态
"推土作业"指示灯	指示推土油源电磁阀处于工作状态，此时可进行推土作业
"冷却电磁阀"指示灯	指示冷却电磁阀处于工作状态
"油源阀互锁"指示灯	指示挖掘油源电磁阀和推土油源电磁阀处于互锁状态，此时，只允许一个油源电磁阀得电
"油源阀解锁"指示灯	指示挖掘油源电磁阀和推土油源电磁阀处于解锁状态，此时，两个油源电磁阀均可根据对应控制开关进行得失电操作
"挖掘"指示灯	指示挖掘
"Ⅰ级报警"指示灯	用于指示车辆处于Ⅰ级报警状态（指装备严重故障，应立即停车检查）
"Ⅱ级报警"指示灯	用于指示系统处于Ⅱ级报警状态（指系统中的状态参数值有异常，但不影响正常工作）
"CZ04"、"CZ05"和"CZ06"插座	用于系统的信号传输
作业舱显示终端	主要用于操作人员监视车辆及作业状态，下部的 F1~F8 为翻界面和指令输入按键

D　推土作业手柄

推土手柄盒主要是用于控制铲刀动作。推土手柄盒面板安装的摇杆手柄用作比例电液系统的控制驱动，向控制器输入模拟控制信号。具体包括"左摆"、"右摆"、"前推"、"后拉"、"右点动按钮"等，如表 2-4 所示。

表 2-4　推土作业手柄功能解析

外围器件名称	功　　能
左摆	控制铲刀展开成一字形，左摆量越大，铲刀展开速度越快
右摆	控制铲刀收缩成 V 字形，右摆量越大，铲刀收缩速度越快
前推	控制推土铲刀下降，前推量越大，铲刀下降速度越快
后拉	控制推土铲刀上升，后拉量越大，铲刀上升速度越快
右点动按钮	控制推土铲刀的浮动阀，使铲刀处于浮动状态，此时铲刀不能进行上升、下降控制
"CZ07"插座	用于系统的信号传输

E　挖掘作业手柄

挖掘手柄盒主要用于控制挖掘作业装置的动作，挖掘手柄盒面板安装有两个摇杆手柄，用作比例电液系统的控制驱动，向控制器输入模拟控制信号。具体包括"左手柄前推"、"左手柄后拉"、"左手柄左摆"、"左手柄右摆"、"右手柄前推"、"右手柄后拉"、"右手柄左摆"、"右手柄右摆"、"左点动开关"、"右点动开关"等，如表 2-5 所示。

表 2-5　挖掘作业手柄功能解析

外围器件名称	功　　能
左手柄前推	控制伸缩臂伸出，前推量越大，伸出速度越快
左手柄后拉	控制伸缩臂缩回，后拉量越大，缩回速度越快

外围器件名称	功　　能
左手柄左摆	控制回转平台左转，左摆量越大，左转速度越快
左手柄右摆	控制回转平台右转，右摆量越大，右转速度越快
右手柄前推	控制大臂下降，前推量越大，下降速度越快
右手柄后拉	控制大臂上升，后拉量越大，上升速度越快
右手柄左摆	控制挖斗挖，左摆量越大，挖土速度越快
右手柄右摆	控制挖斗卸，右摆量越大，卸土速度越快
左点动开关	控制夹爪夹
右点动开关	控制夹爪放
"CZ08"插座	用于系统的信号传输

2.1.2 电控系统故障机理分析

电控系统故障模式与装备存储、使用环境密切相关，两栖工程作业车主要存储于濒海条件，用于伴随两栖机械化部队登陆作战，其存储和使用环境主要为海洋大气环境。电控系统除正常的失效原因，如使用、操作不当造成的接插件等器件损坏，以及线路故障等；还要考虑环境因素的重大影响，即盐雾、水汽对线路、接插件、接头以及电子器件腐蚀所造成的器件损坏、短路和断路失效等，以及温差、振动、电压波动和脉冲干扰等所造成的故障和损坏。

2.1.2.1 电控系统故障原因分析

两栖工程作业车设计、试验、定型过程中虽然已经考虑到了装备存储、使用环境和操作特点可能对电控系统造成的故障因素，并进行了针对性的防护设计，但是以下几个方面的原因，仍然极易造成电控系统的故障和失效：

（1）线路复杂、接插件多，易产生腐蚀性损坏。两栖工程作业车电控系统由多个显示盒、控制箱以及手柄盒组成，箱组与箱组之间，多以较长线路通过航插连接，另外，内部电路之间，也存在较多的接插件。一方面由于检修需要，经常插拔极易造成接触面磨损；另外，接触面间的微小缝隙接触盐雾、水汽极易产生化学腐蚀；同时，为确保接触可靠，以保证良好的导电性，接触面无法采取复杂的防护措施。

（2）各组成部分安装位置分散，线路容易被腐蚀破坏。两栖工程作业车电控系统分布于整车各个部分，其主要部件多处于驾驶舱、作业舱，为确保操作便捷，预留人员操作空间，需要将主要部件布局于合理位置，势必造成各部件安装环境复杂、位置分散、点多线长，较长的线路极易受到盐雾、水汽的腐蚀，同时防护难度大。

（3）内部电路工艺精细，腐蚀防护难度大。两栖工程作业车电控系统显示盒、控制箱以及手柄盒内部使用的元器件数量多、焊点多，制造焊接工艺较为精细，机械强度和耐腐蚀能力偏低。对单个元器件、焊点等有效防护难度大，考虑设备保存、使用于盐雾、水汽环境极易导致元器件和焊点腐蚀和损害。

（4）为保证散热和维护方便，显示盒、控制箱以及手柄盒等密封性不够强，内部器件易被腐蚀破坏。为避免箱体内器件过热损坏，箱体设计时要考虑散热性，同时还要方便维修人员进行内部电路维护，势必导致机箱密封性不够强，盐雾、水汽甚至海水均可能侵入箱体内部，对箱体内元器件和线路造成腐蚀破坏。

（5）电控系统器件、线路种类和数量偏多，腐蚀防护和控制操作难度大。电控系统中一旦某个组成部分或元器件损坏，极易导致整个系统失效，但由于多种原因，设计时难以对电控系统使用的各种器件和线路进行统一。

（6）故障排除和维修操作造成的人为性故障。在修理过程中，两栖工程作业车电控系统由于电器设备多、线路复杂，若操作人员不熟悉装备，很容易引发故障，所以人为因素是故障发生不可忽视的主要因素之一。

（7）机械部分故障发展造成的渐进性故障。两栖工程作业车电控系统中机械部分故障存在渐进发展的特点，一般发生突发性故障的概率比较小。大部分机械故障的发生都是源于线路老化、连接部件松动、穿壁结构防护损坏、操作配合不当等小问题，随着故障源较长时间的积累，逐渐达到故障发生临界状态时，将以各种故障现象与症状表现出来。

（8）突发性事件造成的故障。两栖工程作业车电控系统的故障其中很大一部分是由于电子元器件的损坏、连接部件的松脱、电路的突然短路或断路等突发原因引起。

（9）由于故障的传递与扩展造成的关联故障。两栖工程作业车电控系统的零部件存在很大的关联性，某一个零部件的故障可能不会马上影响整装的使用，但是如果不及时对故障进行排除，任由故障进行传递和扩展，势必造成周围零部件与系统关联故障，甚至影响到整个装备。如发电机二极管损坏，会造成发电机不发电；蓄电池不能得到及时充电而性能下降，甚至损坏。

根据维修实践资料统计，两栖工程作业车电控系统常见故障及排除方法如表2-6所示。

表2-6 两栖工程作业车电控系统常见故障及排除方法

序号	故障现象	故障原因	排 除 方 法
1	系统掉电	1. 电路短路，造成电源保险丝熔断； 2. 供电线路短路	1. 进行电路检修，排除短路故障后，更换保险丝； 2. 进行电路检修，恢复电路正常连接
2	控制失败	1. 连接到受控设备的电缆断路； 2. 受控设备损坏； 3. 属于禁止操作状态； 4. 开关无信号输出； 5. 通讯接口工作不正常	1. 检查电缆，排除电缆断路故障； 2. 检查受控设备； 3. 停止误操作； 4. 排除开关故障； 5. 检查通讯接口工作状态
3	仪表无指示	1. 与传感器连接的电缆断路； 2. 传感器电缆连接器松动； 3. 通讯接口异常； 4. 传感器没有信号输出或损坏； 5. 中央控制盒主板损坏	1. 检查传感器电缆，排除断路故障； 2. 重新插接传感器电缆连接器； 3. 检查通讯接口； 4. 更换传感器； 5. 更换中央控制盒主板
4	视频无显示	1. 与光电周视镜连接的电缆松动或断路； 2. 光电周视镜没有信号输出或损坏	1. 检查电缆并排除； 2. 更换光电周视镜
5	无远近变焦调节	1. 调节开关损坏； 2. 控制盒损坏	1. 检修调节开关，并排除故障； 2. 更换控制盒

2.1.2.2　电控系统故障特点分析

根据两栖工程作业车电控系统的组成特点和故障原因分析，结合近年来该型装备电控系统维修数据统计，归结起来电控系统故障种类主要包括电源、电机类故障，线路故障，开关、连接器、继电器、接触器故障，电子电路故障以及电感器件故障。

A　电机类故障

无论是启动机还是发电机，都是电机，都可看成动、静两组电感器件（线圈）借助于电磁场的相互作用而构成的统一体。同时还有碳刷等接触器件、整流与机械器件等组成。电机的故障机理主要取决于电感器件和接触器件的故障机理，即线圈老化与内部短路、线头断路、接触表面腐蚀、烧蚀与接触阻抗等。

a　电机故障统计分析

电机故障部位主要集中在线圈、绝缘圈、碳刷、滚动轴承等部位，根据近年来该类故障统计数据，得到其故障部位分布如表2-7所示。

表 2-7　电机故障部位分布百分比

故　障　现　象	所占比例/%
线圈短路、烧坏	18
绝缘下降	17
碳刷、整流部分接触不良	25
滚动轴承故障	25
转子不平衡	6
轴套磨损	2
其他	7

b　电机老化分析

电机主要受电气老化、热老化、机械老化和环境因素引起的变化等四个方面因素的作用而逐渐老化，造成绝缘下降，内部短路。

（1）电气老化。绝缘材料在高压环境下，材料表面或者内部都比较容易发生放电效应，长时间地反复作用造成绝缘材料受到侵蚀，绝缘性能下降。

（2）热老化。绕线外层合成树脂系列绝缘材料在温度升高时分子间发生一系列分解、挥发、氧化等过程，结果是绝缘性能下降、材料变脆。

（3）机械老化。电机工作时的热循环影响、外部电磁环境变化和不规律受力情况等因素，造成绝缘材料与导电体发生反复变形，加快了电机绝缘性能的下降。

（4）环境因素引起的变化。电机存储、使用环境中存在的高粉尘、高油污、高温湿度、腐蚀性气（液）体、放射性等不利因素，也比较容易加剧电机老化。

c　电机接触器件故障分析

碳刷、滑环等接触器件在工作中，接触面之间的循环造成最明显的故障是接触元件损坏和这些元件接触不良。以及由于反复循环工作，使接触件持续暴露于可能的腐蚀性污染物之中。这些循环除了会产生接触面上的物理磨损外，还会使界面电阻加大，工作期间接触温度升高和电气连接恶化。

B　导线和线束故障

导线和线束有导线断裂和绝缘退化两种主要的失效机理。

a　导线断裂

导线断裂一般都是由于机械应力作用或在设备寿命周期内受其他额外的机械因素作用造成的。这些因素包括冲击、振动、炮火和加速度等。导电线断裂最常见的原因是加工工艺不良、组装工艺不当或机械强度差等。对尺寸较小的铜导线，其机械强度较低是断裂的主要问题。无论是对小尺寸还是大尺寸导线，为避免断裂都应在连接器上适当消除应力。

b　绝缘退化

绝缘退化一般是由于温湿度恶性变化间接作用下绝缘体物理性状发生改变造成的。这些因素包括机械弯曲、振动、高温、低温、高湿和霉菌等。一方面当导线和线束周围环境温度升高或者降低超过绝缘体额定承受值时，绝缘体将发生软化或脆化，性状发生变化的绝缘体受到机械弯曲、振动等冲击，就会产生破裂；另一方面高湿度环境和伴随滋生的霉菌也是绝缘体腐蚀的主要恶化机理。

C　开关、连接器、继电器、接触器故障

a　开关、连接器等故障分析

插、拔循环是开关、连接器等的主要故障恶化因素。由于这种循环造成最明显的故障是接触元件损坏和这些元件接触不良。许多连接器，尤其是电线型连接器，因为在使用、维护中要反复插拔，因而使接触件持续暴露于可能的腐蚀性污染物之中。这些循环还会产生接触界面上的物理磨损。结果是界面电阻加大，工作期间接触温度升高和电气连接恶化。

开关所承受的化学作用会因高温而加速，开关触点和接地之间的绝缘电阻会随温度升高而降低；高温还会使触点和开关机构的腐蚀速度加快；机械冲击会使衔铁变形，以至在受到冲击时不能保持定位；高频振动将使弹性元件疲劳或产生共振作用，如果开关触点闭合，便会使触点反跳造成闭合不严，使电气设备无法正常工作。

因此，插、拔循环还会提高电器连接器的失效率，高温、机械重接、高频振动会加速接触器件的损坏。

b　继电器、接触器故障分析

继电器、接触器频繁接合与分离，会使触点产生磨损；分离时的火花又会使触点烧蚀而氧化，如果再受环境污染，将加快触点氧化和烧蚀，造成触点的接触不良。

D　电子电路故障

电子电路故障主要是由于高温、潮湿盐雾、振动冲击、电磁脉冲等引起。

（1）高温环境。在高温作用下，潜在的缺陷如体缺陷、扩散不良或杂质分布不均匀、氧化物缺陷、裂纹、导线焊接缺陷、污染物（包括湿气）和最后密封缺陷等将加速失效。接触处的膨胀系数差异形成热与机械应力，将加速潜在的制造缺陷。

（2）潮湿盐雾。在潮湿环境里，包装内的湿气会直接引入腐蚀过程并激化一些污染物如剩余气离子，它可能是影响长期工作可靠性的最重要的单项因素，导致器件内的材料退化所需的湿气量可以少到一层水分子。砂尘会造成湿气积聚并引入污染物从而加速腐蚀影响。而盐雾会加速湿气影响，如果气密不良则会造成严重的腐蚀污染问题，可能造成线头腐蚀。

（3）振动冲击。冲击会加速潜在缺陷造成的失效，这些缺陷包括本体材料裂纹、定位偏离和叠装错误、电阻率梯度、极板和模片之间产生气隙和裂纹、接点缺陷、气密部位缺陷等。振动与冲击的破坏主要是器件永久变形、扩大裂缝、破坏插座之间的密封，使性能不稳定和调零困难、元件松弛、读数不准、内部线路断开、导线损坏、电器损坏等。

（4）电磁脉冲。在强电磁脉冲环境里，靠近设备表面敷设的电线（电缆、天线、数据传输线等）可能会受到电磁脉冲的作用而产生浪涌电流，造成烧蚀、击穿、工作不稳或无法工作等不良影响。

E 电感器件故障分析

对于电感器件，绝缘材料的选择与防短路是最重要的问题。短路通常是绝缘损坏的结果。绝缘损坏是由于化学变化及温度、湿度和与周围气体的反应导致的加速恶化。

绝缘材料的热老化机理复杂而且随材料成分和工作条件而变化。主要的恶化过程包括：

（1）绝缘材料成分挥发；

（2）氧化。氧化会造成交叉耦合和断裂，或产生挥发性物质；

（3）化学分子的聚合作用。聚合会降低绝缘材料的韧性；

（4）水解分裂。这是在热和其他因素影响下与湿气起反应造成的，会导致分子分解，构成成分的化学分解，形成恶化产物，典型情况是释放出盐酸，转而使分解进一步催化。

2.2 电控系统故障检测资源需求分析

两栖工程装备故障检测系统的检测对象为两栖工程装备，用于装备电子设备的技术状态检测和故障诊断。对不同的装备其需求有所区别，本书在研究每个被测对象需求的基础上，归纳出其共同之处与不同点，为故障检测系统的方案确定提供依据。

2.2.1 两栖装甲路面

两栖装甲路面共安装有独立电子设备（或单元）17 个，设备关系如图 2-2 所示。

其中，TCR-96A 车载电台、GSN-208BS 两栖机械化部分队指挥控制系统和底盘虚拟仪表为装甲车辆通用电子设备，与其他电子设备关联不大，故不作为电控系统修理的选项。另外，作业观测系统只是一个带云台的 CCD 摄像头，比较简单，故也不作为本书研究内容。因此，两栖装甲路面故障诊断仪的检测对象主要是上装作业控制器、内（外）操纵盒及其输入（传感器）输出（执行元件）单元。

两栖装甲路面的主要测试对象及对测试资源的要求见表 2-8。

表 2-8 两栖装甲路面测试对象及对测试资源的要求

序号	对象名称	数量	定位要求	主要测试内容	对测试资源要求
1	作业控制器	1	独立设备	I/O 口，A/D 精度，总线数据	PO＝1，DO＝8，AO＝4，DI＝16，CB＝1
2	操纵盒	2	独立设备	按键开关，总线数据	PO＝1，CB＝1
3	作业状态开关	10	独立设备	开关状态，电缆线	PO＝1，DI＝8

续表 2-8

序号	对象名称	数量	定位要求	主要测试内容	对测试资源要求
4	液压阀电路	16	独立设备	电磁阀状态，电缆线	PO＝1，DO＝16，DI＝16
5	冷却风扇	1	独立设备	电机状态，电缆线	PO＝1，DO＝1，AI＝1
6	温度传感器	1	独立设备	输出电压，电缆线	PO＝1，AI＝1
7	压力传感器	1	独立设备	输出电压，电缆线	PO＝1，AI＝1
8	油位传感器	1	独立设备	输出电压，电缆线	PO＝1，AI＝1
合　计				PO＝1，DO＝16，DI＝16，AO＝4，AI＝4，CB＝1	

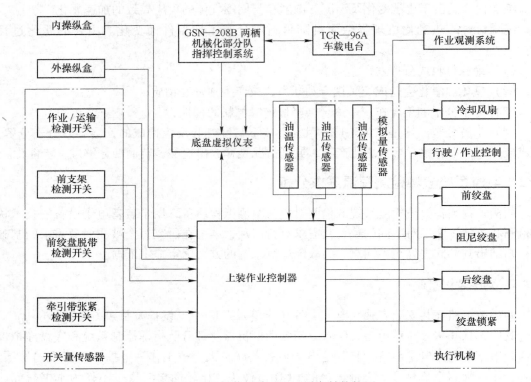

图 2-2　两栖装甲路面电子设备结构框图

2.2.2　两栖工程作业车

两栖工程作业车共安装有独立电子设备（或单元）15 个，设备关系如图 2-1 所示。

同样，车载电台、GPS 系统和底盘虚拟仪表为车辆通用电子设备，与其他电子设备关联不大，故不作为本书研究的内容。监视系统只是一个带云台的 CCD 摄像头，比较简单，故也不作为本书研究的内容。因此，两栖工程作业车故障诊断仪的检测对象主要是作业控制器、上装作业操纵器及其输入（传感器）输出（执行元件）单元。两栖工程作业车测试对象及对测试资源的要求见表 2-9。

表 2-9　两栖工程作业车测试对象及对测试资源的要求

序号	对象名称	数量	定位要求	主要测试内容	对测试资源要求
1	作业控制器	1	独立设备	I/O 口，A/D 精度，总线数据	PO＝1，DO＝9，AI＝4，DI＝11，CB＝1
2	推土操纵器	1	独立设备	输出电压，电缆线	PO＝1，AI＝2
3	挖掘操纵器	1	独立设备	输出电压，电缆线	PO＝1，AI＝5，DO＝2
4	推土开关状态	1	独立设备	开关状态，电缆线	PO＝1，DI＝1
5	挖掘开关状态	6	独立设备	开关状态，电缆线	PO＝1，DI＝6
6	冷却开关状态	1	独立设备	开关状态，电缆线	PO＝1，DI＝1
7	传感器	4	独立设备	输出电压，电缆线	PO＝1，AI＝4
8	报警/限位开关	4	独立设备	开关状态，电缆线	PO＝1，DI＝4
9	液压阀电路	17	独立设备	电磁阀状态，电缆线	PO＝1，DO＝17，AI＝17
合　计					PO＝1，DO＝28，DI＝15，AI＝28，CB＝1

2.2.3　两栖装甲破障系统

两栖装甲破障车安装的电子设备采用中心控制方式，主控制部分包括主控的计算机和辅控的控制器，外围电路包括传感转换模块、驱动模块、发火检测模块以及各转接模块等，其主要分布在 3 个机箱中，共计 8 块设备板卡，如图 2-3 所示。

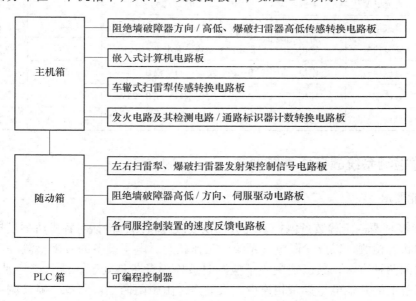

图 2-3　两栖装甲破障车电子设备

由于两栖装甲破障车的电子设备属于中等复杂程度，在研制中未留有专用的检测接口，电控系统中的各个模块或执行单元在工作时逻辑关系比较复杂，互相之间的信号交互与接口匹配关系复杂，在进行故障检测时对单个机箱或模块进行全面检测与处理存在一定的困难。因此两栖装甲破障车检测诊断系统只对各上装的装置的主控机构的重要模块进行功能故障检测。两栖装甲破障车电子设备检测所需资源见表 2-10。

表 2-10　两栖破障车测试对象及对测试资源的要求

序号	对象名称	定位要求	主要测试内容	对测试资源要求
1	PLC 箱	独立设备	各装置开关量控制信号； 液压系统的部分电气控制信号	DO = 30 DI = 32
2	主机箱	独立设备	主控计算机及外围电路工作状态； 各线性控制的传感转换模块的工作状态； 发火电路回路导通； 通标定时定距输出工作信号	PO = 1 AO = 24 DI = 12 AI = 6
3	随动箱	独立设备	各装置驱动模块工作状态	AI = 12 AO = 12
合　计			PO = 1，DO = 30，DI = 44，AO = 36，AI = 18	

2.2.4　两栖工程装备电子设备检测资源需求

根据上述分析，可以确定两栖工程装备故障检测系统对测试资源的需求见表 2-11。

表 2-11　两栖工程装备故障检测系统测试资源需求

序号	激励信号	类型	范　围	路数	备　注
1	直流电源	电源	22~30V，10A	1	供电
2	开关信号	输入	低电平：<3V，高电平：>15V	44	数字输入
3	开关信号	输出	低电平：<3V，高电平：>15V	30	数字输出
4	直流信号	模拟	0~±5V 或 0~±11V 或 0~24V	28	A/D
5	直流信号	模拟	0~±5V 或 0~±11V 或 0~24V	36	D/A
6	总线信号	总线	CAN1.1 或 2.0B，250kb/s	1	按协议要求提供

2.3　故障检测系统战技术性能要求

2.3.1　功能要求

（1）能够对两栖工程装备电控系统进行在线故障检测，包括对各模块的模拟、数字与电源信号的状态检测，以此诊断电气系统的工作状态。电子设备的故障检测一般有在线检测和离线检测两种方法，其区别主要是检测时被检测设备是处于在线状态还是离线状态，即是否与装备上的其他电子设备相连接。很显然，由于两栖工程装备故障检测系统主要用于总装配后的电子设备故障检测，各电子设备已经相互连接成一个整体状态，采用在线检测是最佳方案。而且，由于各电子设备的互相关联，离线检测有时还不能判断某一电子设备是否能正常工作。在检测内容上，除了电子设备本身外，外围电路也是判断两栖工程装备电气系统是否正常的关键。另外，两栖工程装备普遍采用了 CAN 总线进行数据传递和控制，总线工作状态是否正常也是保证各种电子设备正常工作的必要条件。因此，两栖工程装备故障检测系统的首要功能就是可以在线对系统对状态进行检查并判断其电气系统能否正常运转。

（2）可以提供电控系统故障部位；提供故障定位信息，为排除故障提供参考是研究两栖工程装备故障检测系统的主要目的。只有快速定位故障部位，并为排除故障提供具有向导功能的参考信息，才能在出现故障时为两栖工程装备的使用维修提供一种快速有效的技术保障手段，提高维修保养效率。

（3）具有上装作业状态模拟功能，可对作业控制器和操纵台进行模拟调试和检测。两栖工程装备的主要作战使命是利用其上装（除底盘车外的其他作业机构）完成工程保障任务，根据任务的不同或完成同一任务的不同阶段，上装具有不同的状态，相应地电子设备也有不同的工作状态。为了保证两栖工程装备能可靠地完成其作战使命，必须使电子设备在各工作状态下均能正常工作。但有许多工作状态是不便采用实车达到的，或采用实车时成本会很高。因此，两栖工程装备故障检测系统必须具有上装作业状态模拟功能，通过状态模拟对作业控制器和操纵台等电子设备进行模拟调试和检测，判定其能否可靠地完成其作战使命。

2.3.2 战术性能要求

战术性能要求主要根据战术使用需求确定，要求是故障检测准备与检测时间越短越好，而连续工作时间则越长越好。具体确定如下：

（1）自身运行状态的检测与确定。系统可以自我检查其完好性。

（2）两栖工程装备电控系统技术状态的判断与检测。系统可以对电控系统进行系统的检测，并判断其工作运行状态正常与否。

（3）故障诊断功能。对电控系统的各个模块、部分电路板、部分元件及附件等进行故障检测与判定，确定故障严重程度定位故障元件等。

（4）辅助维修功能。能够指导维修检测人员对电控系统的故障进行维修，从设备拆装、元件更换、安装调试等进行全面的维修指导。

（5）自动记录功能。系统可以自动把测试所得的数据记录下来，也可以作出各种故障特性分析曲线的绘制、趋势分析等。

（6）扩展功能。系统的硬件和软件都使用统一标准，这样就能使得系统的通用性和扩展性更加强大。

2.4 两栖工程装备电子设备故障检测系统总体方案设计

故障检测系统主要为部队维修保障单位提供一套轻便的两栖工程装备电控系统和机械系统进行常见故障检测、诊断、排除和现场维修的可视化指导的系统。硬件系统是整个故障检测系统的核心构成，承担电控系统工况参数的采集、信号调理、转换、存储与传输，以及故障的现场报警、人机交互等功能。硬件平台采用模块化、通用化和集成化的设计思想，机箱与承载部件间采用 PXI 总线架构安装，外置模块与主平台之间则采用 VPC 插接件进行连接，保证可模块和各单元之间连接可靠、整体坚固和拆卸便利。

2.4.1 故障检测系统的通用设计流程

基于虚拟仪器的故障检测软件与一般的软件开发有较大不同，因为虚拟仪器系统的软件和系统硬件有紧密的关系。虚拟仪器系统的设计更像一般的测控系统设计。与通用测控系统设计相同，系统的维护与测试也应在总体设计阶段予以考虑。虚拟仪器的基本设计流程如图 2-4 所示。

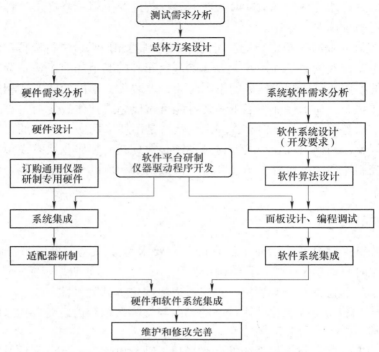

图 2-4　故障检测系统通用设计流程

　　根据图 2-4 所示设计流程，并考虑到两栖工程装备电气控制系统尚未预埋相应的智能传感器，所以只能采用基于 VI（虚拟仪器）的测试技术进行系统诊断。根据两栖工程装备故障检测系统的主要功能要求，建立了该故障检测系统的技术方案。该方案由诊断检测硬件平台、信号接口与调理适配器、接口连接装置和传感器及连接电缆等组成，如图 2-5 所示。

图 2-5　故障检测系统总体技术方案

2.4.2　检测诊断平台

　　检测诊断平台由 PXI 模块化仪器系统、触摸屏、VPC 连接器和防护机箱构成，PXI 模块化仪器系统作为检测诊断平台的控制核心，由主控计算机单元、PXI 模块化仪器和 PXI 机箱构成，如图 2-6 所示。

　　检测诊断平台工作原理框图见图 2-7。主控计算机通过测控软件对测试系统进行管理和控制。PXI 模块化仪器完成 A/D、D/A、数字 I/O、串口和网络（或总线）通信功能，由主控计算机单元给出激励输入信号，通过信号切换开关网络到达信号连接器，再发送到被测电控单元（模块）；而被测模块反馈出来的响应信号再经连接器和信号切换与多路开

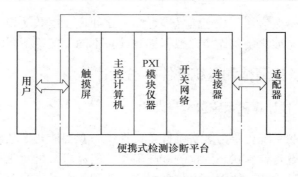

图 2-6　故障检测诊断模块化功能结构

关装置传回主控计算机，最后由故障检测软件对信号进行处理，与数据库中的故障信息进行融合推理诊断后，确定故障状态。

2.4.3　适配器

两栖工程装备故障检测适配器是硬件平台的又一重要组成部分。如前所示，两栖工程装备包括两装甲破障车、两栖工程作业车和两栖装甲路面三种装备，而这三种装备的电子设备是不相同的，因而检测需求也不同。在系统设计时，采用同一个便携式检测平台，根据两栖工程装备的不同设计不同的适配器，与检测平台中安装的程序配合，进行各个装备的电子设备的信号连接与故障检测。

适配器由连接器、信号调理电路、上装模拟器盒测试连接器等组成，如图 2-7 所示。本章内容均以两栖装甲路面电子设备故障检测适配器的设计为例进行阐述。

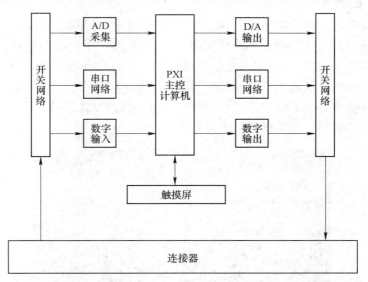

图 2-7　检测诊断平台工作原理

2.4.4　连接器

连接器采用 VPC 连接器与便携式检测诊断平台进行电气连接。通过信号调理电路来对输入的被测模块的模拟信号、数字信号进行归一化处理、模数转换和匹配处理。测试连接器采用航空接插件与被测装备连接，根据被测设备不同，配置不同的接插件。

2.5　两栖工程装备故障检测系统硬件平台设计

2.5.1　便携式检测主控计算机系统选型与设计

电子设备故障检测系统主要为装备维修单位提供一套智能化的故障检测设备，满足使用单位对新装备电子设备技术状态的检测和故障诊断的需求，可对工程装备电子设备进行使用完好性检测和故障诊断，故障可定位到独立设备和板级可更换单元（或组合）。同时，针对识别诊断出的故障可提供可视化的维修辅助指导。该故障检测系统由检测诊断平台、适配器、连接电缆等组成。其中现场检测诊断平台主要包括 PXI 机箱、嵌入式控制器、数据采集卡、接口模块和 VPC 连接器等组成。适配器主要用于信号的多路转换、信号调理与信号转接等，是两栖工程装备被测对象与检测硬件之间连接的桥梁，检测平台硬件结构图如图 2-8 所示。

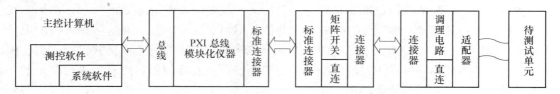

图 2-8　故障检测平台硬件总体结构

2.5.1.1　机箱选型

现场检测诊断平台的机箱选择了 NI PXI-1042 8 槽 3U 机箱。该机箱内置专用电源，能够满足主控制器和其他仪器模块的应用需求。NI PXI-1042 系列机箱包括两种类型，一种的使用温度范围为 0~55℃，可用于常规测试环境下；另一种型号为 NI PXI-1042Q，是一种高精度测试用机箱，机箱本身内部产生的噪声低至 43 dB。本文选用的是其常规环境下使用的机箱，该机箱符合 PXI 规范的所有最新特性，内部设置了触发采集总线、局部测试总线、星形触发总线等，该主机箱的实物如图 2-9 所示。

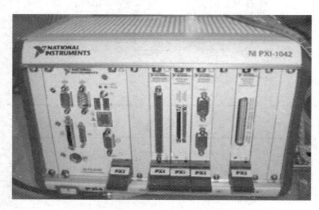

图 2-9　NI PXI-1042 主机箱

其主要特性如下：

（1）操作温度范围扩展到 0～55℃（PXI-1042）。

（2）仅 43dB（A）的低噪声（PXI-1042Q）。

（3）可接受 3U PXI 和 CompactPCI 模块。

（4）符合 PXI 和 CompactPCI 规范。

（5）可拆卸的高性能交流电源。

（6）风扇有 AUTO 和 HIGH 两挡，优化了冷却和噪声性能。

2.5.1.2 控制器的选型

NI 的嵌入式控制器为用户提供了一个高性能的 PXI 嵌入式计算机（位于槽位 1）。当需要一个紧凑而强大的 PXI 控制器时，可以选择嵌入式控制器，该控制器提供了工业标准的计算机技术，采用创新的 3U PXI 尺寸。同时，PXI 控制器使用了标准的计算机组件，包括硬盘、软驱、USB、串口、并口、鼠标、键盘和显示适配器。此外嵌入式控制器使用了微软的 Windows 操作系统，以确保兼容 NI 的其他硬件和其他 PXI 硬件厂商的产品。为了便于检测系统在恶劣复杂的现场环境下的可靠工作，充分发挥 PXI 嵌入式仪器系统的功能，选用了 NI PXI-8187 嵌入式控制器，图 2-10 是 PXI-8187 的实物照片，图 2-11 是其功能框图。

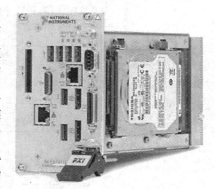

图 2-10 PXI-8187 实物照片

图 2-11 中，PXI-8187 的 Socket478CPU 插槽兼容 Pentium 4 系列处理器；SO-DIMM 单元由 1 个 64 位 DDR SDRAM 内存插槽组成，可支持最高达 1GB；GMCH（Graphics Memory Controller Hub）芯片组连接 CPU、DDR 内存和视频电路；SMB to PXI Trigger 模块提供前面板上的 SMB 和 PXI triggers 之间的信号路由连接；看门狗定时器（Watchdog Timer）模块的定时器可复位控制器或产生触发信号；ICH4 芯片组（I/O Connect Hub）用于连接基于 PCI 总线的 USB、IDE、LPC 和以太网端口；USB 连接器用于芯片组和高速 USB2.0 接口的连接；PXI 连接器（PXI Connector）用于 NI PXI-8187 控制器和 PXI/Compact PCI 背板之间的信号连接；Super I/O 模块代表了 NI PXI-8187 控制器提供其他外围器件，该控制器设置有两个串口、1 个 ECP/EPP 并行接口和 1 组 PS/2 键盘鼠标接口。

PXI-8187 是一种高性能的系统控制器，集成了标准的计算机 I/O 设备，包括视频、1 个 RS-232 串口、1 个并口、2 个高速 USB2.0 端口、10/100M 以太网端口、键盘鼠标、PXI 触发端子和基于 PCI 的 GPIB 控制器。PXI-8187 的 CPU 主频为 2.5GHz。

2.5.1.3 数据采集模块选型

A PXI 模块简介

可用于测试系统数据采集的 PXI 模块可分为两大组成部分，即信号测量单元和传感器的激励信号源。常用的有 A/D 转换器、D/A 转换器、数字多用表（Multimeter）、计数器（Counter/Timer，100MHz 和 1.2GHz）、信号发生单元、数字化仪（Digitizer 最高达 2GS/s）、程控功率源、程控电阻、程控离散输出和温度表等。下面以几个典型模块为例进行简要

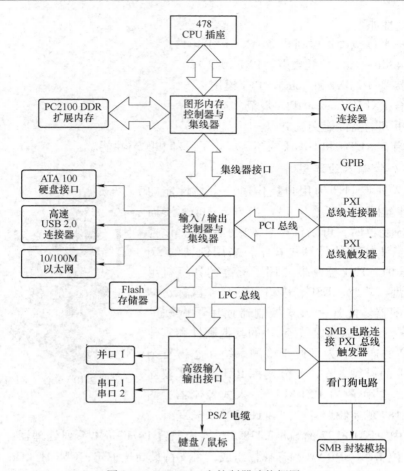

图 2-11 PXI-8187 主控制器功能框图

介绍。

a NI PXI-6280 系列多功能数据采集卡

NI PXI-6280 是一款高精度多功能 M 系列数据采集（DAQ，见图 2-13）板卡，经优化可提供 18 位模拟输入精度，该精度相当于 $5\frac{1}{2}$ 位的直流测量。NI—PGIA 2 放大器技术以其优化的高线性和 18 位快速建立时间的特性，确保了测量的精确度。其可编程低通滤波器能降低高频率噪声并减少频率混叠。该卡的外形如图 2-12 所示。

PXI-6280 是在高压和电子噪音环境下测试、测量、控制和设计应用程序的理想选择。PXI-6280 可从编码器、流量计和近接传感器中读取信息，并对阀门、泵和继电器进行控制。

带隔离的 M 系列设备包括了 M 系列的高级技术，如 NI-STC 2 系统控制器、NI-PGIA 2 可编程仪器放大器和 NI-MCal 校准技术，从而提高了性能和精度。

该卡的主要性能参数及特点如下：

（1）隔离性能包括：瞬态安全、去噪、降低接地循环、抑制共模电压。

（2）驱动软件：M 系列设备可在多种操作系统上使用，有 3 个驱动软件可供选择，包括 NI-DAQmx、NI-DAQmx Base 和测量硬件 DDK。NI M 系列设备与传统的 NI-DAQ（Legacy）驱动程序不兼容。

图 2-12 NI PXI-6280 系列多功能数据采集卡　　　图 2-13 NI PXI-4220SC 系列多功能 DAQ 卡

（3）应用软件：与 LabVIEW、LabWindow/CVI 和 Measurement Studio 等最新开发软件均保持兼容。

（4）主要技术指标：

1）测量类型：数字、正交编码器、电压、频率；

2）PXI 总线类型：可兼容 PXI 混合总线；

3）操作系统/目标：Linux、Mac OS 与 Windows；

4）模块宽：1U；

5）RoHS 兼容：是；

6）隔离类型：无；

7）模拟输入：16（单端通道），8（差分通道）；

8）模拟输入分辨率：18bits；

9）最大电压范围：−10~10V；

10）精度：980μV；

11）灵敏度：24μV；

12）最小电压范围：−100~100mV；

13）精度：28μV；

14）灵敏度：0.8μV；

15）量程数量：7；

16）同步采样：无；

17）板载内存：4095 样本（Samples）；

18）信号调理：低通滤波；

19）模拟输出：无；

20）双向数字 I/O 通道：24；

21）定时方式：硬件/软件；

22）逻辑电平：TTL。

b　NI PXI-4220 SC 系列集成信号调理功能的多功能采集卡

NI PXI-4220 是功能齐全的数据采集模块，具有 2 路 16 位输入，可用于 1/4 桥、半桥和全桥传感器，如应变仪、测压元件和压力传感器，如图 2-13 所示。每通道的桥路配置、激励、放大和滤波均完全可编程。而且 NI PXI-4220 还提供了同步采样保持功能来消除通道间的相位延迟。PXI-4220 的每个输入通道都包括一个便于和桥式传感器连接的 9 针 DSub 接头以及通过消除增益和补偿误差来提高测量精度的可编程分路和零位校准电路。

此外，PXI-4220 的设计适合搭配 NI LabVIEW 图形化系统设计平台和 NI-DAQmx 驱动与测量服务软件。在 LabIVEW 中，DAQ 助手（DAQ Assistant）可以通过菜单式窗口配置模块并采集数据，无需手动对模块进行编程。

主要性能指标如下：

（1）双通道，每通道均可为 1/4、1/2 和全桥传感器编程。

（2）每通道两个分路校准电路以及可编程桥路零位调整电路。

（3）每通道 4 极可编程 Butterworth 滤波器（10 Hz，100 Hz，1 kHz，10 kHz，旁路）。

（4）通过 PXI 背板以及每通道可编程增益（1~1000）实现自动模块同步。

（5）实现设备配置、自动代码生成和简易测量的 NI-DAQ 驱动软件。

B　数字 I/O 模块选型

根据测试信号中开关量的检测需求，选择面向 PXI 系统的 NI PXI-6509 工业 96 通道数字 I/O 接口卡进行数字信号的测量，如图 2-14 所示。PXI-6509 具有 96 条双向数字 I/O 线，能够高电流驱动（24mA）并无需使用跳线。使用 PXI-6509 可在 5V 数字电平下输入和输出，并可在每通道高达 24mA 的电流下直接驱动固态继电器（SSR）等外部数字设备。每个端口（8 条线）能进行输入或输出配置，且输出时无需外接电源。如开启可编程上电状态，能在软件中配置 PXI-6509 的初始输出状态，保证了与工业激励器（泵、闸、发动机、继电器）接通时操作的安全和无故障。

图 2-14　NI PXI-6509 数字 I/O
模块实物照片

在计算机或应用程序出现故障时，PXI-6509 采用数字 I/O 看门狗切换至可配置的安全输出状态，从而保证一旦其与工业激励器接通，便能对故障状况有所检测并进行安全恢复。借助变化检测，当数字状态发生改变时（无需轮询），该数字 I/O 模块可通知并触发应用软件。可编程输入滤波器可通过可选软件数字滤波器，用于消除故障/尖脉冲并为数字开关/继电器去除抖动。

PXI-6509 的主要技术特性如下：

（1）96 条双向数字 I/O 线，5V TTL/CMOS（数字线的方向可选，以 8 位端口为基础）。

（2）高电流驱动（24mA 漏极或源极电流）。

（3）可编程 DO 上电状态，DIO 看门狗，改动检测，可编程输入过滤器。

（4）最高生产效率和性能的 NI-DAQmx 软件技术（NI-DAQmx7.1 及更高版本）。

（5）具有制造测试和工业控制应用高级特色的低价位解决方案。

C 模拟信号采集模块

根据检测需求，模拟信号的检测与激励选用了 M 系列数据采集卡 NI PXI-6259，提供了 32 位模拟输入，最高采集频率 1.25MS/s；4 路模拟输出，48 路双向数字输入输出通道，如图 2-15 所示。

PXI-6259 是一款高速 M 系列多功能 DAQ 板卡，在高采样率下也能保证高精度。该卡融入了 NI 产品的许多高级特性，如 NI-STC2 系统控制器、NI-PGIA 2 可编程放大器等。其主要特点如下：

图 2-15 NI PXI-6259 实物照片

（1）4 通道 16 位模拟信号输入；48 通道双向数据线（Digital I/O），定时/计数器分辨率为 32 位。

（2）采样频率：单通道最大 1.25MS/s；多通道最大：1.00MS/s。

（3）定时分辨率：50ns。

（4）定时精度：50ppm。

（5）输入方式：DC 耦合。

（6）输入范围：±0.1V，±0.2V，±0.5V，±1V，±2V，±5V，±10V。

（7）最大模拟工作电压：±11V 模拟地。

（8）共模抑制比：100dB。

（9）最小信号带宽（-3dB）：1.7MHz。

（10）输入缓冲大小：4095 样本。

（11）扫描存储量：4095 输入。

（12）采用了 NI 公司专利的通道校准技术，提高了测试时的精度。

D PXI 数字仪器模块

数字仪器模块常用于半导体测试、LCD 显示控制、磁盘驱动控制、总线仿真、帧捕捉和通信等领域。目前的 PXI 数字仪器模块有静态数字 I/O、光电隔离静态 I/O 和动态数字 I/O 三种类型，支持最高测试速率达 100MHz、矢量深度达 513Mb、总线宽度达 512 通道。

NI PXI-7813R 数字 RIO 模块是一款典型的、具有 Virtex-II 三百万门 FPGA 的 R 系列数字 RIO，该模块提供了用户可编程的 FPGA 芯片，适合板载处理和灵活的 I/O 操作，如图 2-16 所示。用户可借助 NI LabVIEW 图形化程序框图和 NI LabVIEW FPGA 模块，配置各项功能。该程序框图在硬件中运行，有助于直接及时地控制全部 I/O 信号，实现各项优越性能。该模块的主要技术指标如下：

（1）160 条数字线，可配置为速率高达 40MHz 的输入、输出、计时器或自定义逻辑。

（2）Virtex-II 三百万门 FPGA 可通过 LabVIEW FPGA 模块进行编程。

（3）用户定义的触发、定时、板载决策，分辨率为 25ns。

（4）借助板载 FPGA 块存储器和 DMA 数据读写生成高速数字模式。

（5）I2C、SPI、S/PDIF、RS232 和其他数字通讯协议相关范例。

2.5.1.4 多路开关模块的选型

故障检测硬件平台的信号切换开关模块选择 NI PXI-2530B 模块，如图 2-17 所示。NI

PXI-2530B 可作为高密度多配置的多路复用器或矩阵开关使用。NI PXI-2530B 具有 4 种多路复用器配置及 3 种矩阵配置，为复杂系统或高通道系统提供了绝佳的解决方案。其多路复用器包括 128×1（1 线）、64×1（2 线）、32×1（4 线）或 8 组 16×1（1 线）的模式。矩阵则包括 4×32（1 线）、8×16（1 线）或 4×16（2 线）的模式。通过选择恰当的接线盒即可完成此类配置。PXI-2530B 达到了簧片继电器的速度，是 NI PXI-4070 $6\frac{1}{2}$ 位 FlexDMM 等高速测量设备的理想前端元器件。

图 2-16　NI PXI-7813R 数字 I/O 模块

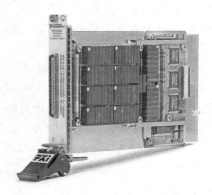

图 2-17　NI PXI-2530B 多路开关模块

其主要特性如下：

（1）最大切换电压：60V（DC），30V（AC，rms）。

（2）最大输入电流：0.4A。

（3）最大切换功率：10W。

（4）直流通道输入电阻：<2Ω，typical。

（5）7 种多路复用器/矩阵配置。

（6）900 通道/秒的最大切换速度；60V（DC）或 30V（AC，rms）最大电压。

（7）矩阵包括：4×32（1 线）、8×16（1 线）和 4×16（2 线）。

（8）400mA 最大电流。

（9）多路复用器包括：128×1（1 线）、64×1（2 线）、32×1（4 线）和 8 组 16×1（1 线）。

2.5.1.5　串口通讯模块的选型

控制计算机与适配器之间选择了串行通讯模式，因此 PXI 机箱内专门配置了串行通讯卡，所选择的是 NI PXI-8430 卡。

NI PXI-8430 是一款用于与 RS232 设备进行 1 Mbit/s 高速通信的高性能 16 端口串行接口，如图 2-18 所示。高性能的 RS232 接口有 2 端口、4 端口和 8 端口可供选择。NI PXI-8430 能以 57 波特至 1000000 波特的可变波特率进行数据传输，对于非标准波特率可达 1% 精度，标准波特率下可达 0.01% 精度。借助高性能 DMA 引擎，不仅能实现高数据处理能力，而且对 CPU 占用较小。使用超线程与多核处理器的强大能力，

图 2-18　NI PXI-8430 串口通讯卡

利用最先进的 PC 技术，可实现更快速更高效的性能。PXI-8430 能够维持全部 16 个端口的满载荷同步工作。NI 还提供了易用且强大的软件，从而极大地缩短了通过 PXI-8430 来进行串口通信的系统开发时间。另外，PXI-8430/16 提供的新型集成化分支电缆（breakout cable）可取代传统 PXI-8420 上的中断盒（breakout box）。

2.5.2　适配器硬件设计

2.5.2.1　适配器简介

适配器是 PXI 模块化仪器测量系统与两栖工程装备被测单元之间的连接桥梁，为两者提供电气连接、信息交换和测试匹配功能。适配器能实现信号的双向隔离、放大和变换功能，使传感器或被测对象信号转换为标准化、可接收的测试信号，同时将测试系统输出的激励、驱动信号变换处理为与被测对象要求相应的信号形式，达到提高故障检测系统的通用性、适应性和稳定性，满足两栖工程装备各个系统测试信号接口的特殊需求。

适配器由机箱、面板、调理电路、连接插座等组成，如图 2-19 所示。

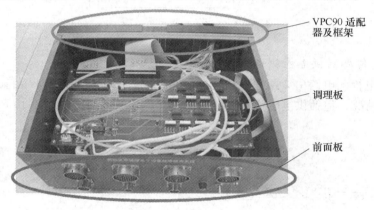

VPC90 适配器及框架

调理板

前面板

图 2-19　适配器示意

根据适配器使用场合（平台检测或便携式检测）的不同，在适配器内部设计了两套并行的调理电路，两套电路的电源部分、信号调理部分是公共使用的。调理电路板置于图 2-19 所示的机箱内。

当适配器与基于 PXI 计算机系统构建的检测平台相连接时，所有电信号通过面板插座、适配器内部调理电路、VPC90 系列接插件连接到 PXI 计算机系统的各个资源板卡的端口。适配器内部共用 2 块信号调理板进行测试信号调理。下层板主要包括电源控制电路、PLC 箱信号调理电路、控制箱信号调理电路。上层板主要包括随动箱、显控台的信号调理电路以及便携式检测所需的电源、数据通讯电路等。

当适配器与便携式计算机相连接时，便携式计算机作为上位机与适配器内的数据通讯模块进行数据通讯。数据通讯模块负责检测数据的交互，通过串口通讯与上位机进行信息交换，通过 I^2C 总线对各专用处理模块进行控制，从而实现对受测信号的相应处理。

2.5.2.2　单片机电路设计

单片机电路（如图 2-20 所示）采用了 MICROCHIP 公司的中级单片机 PIC16F877，其外围电路十分简单，只要一个频率合适的石英晶体就可，上电复位都可由单片机完成。该单片机采用 DIP40 封装。

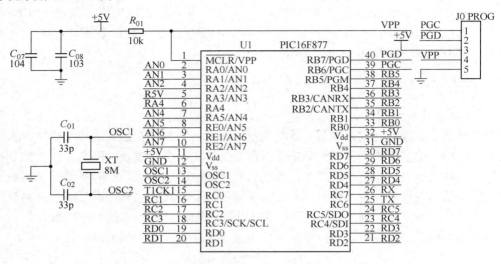

图 2-20　检测单片机电路

2.5.2.3　传感器供电检测电路

传感器供电检测电路由 2 路完全相同的电路组成，用于检测虚拟仪表输出到底盘传感器的 2 路供电情况，包括供电电流和供电电压。图 2-21 是其中的 1 路，由 R_{101} 和 U3A 构成

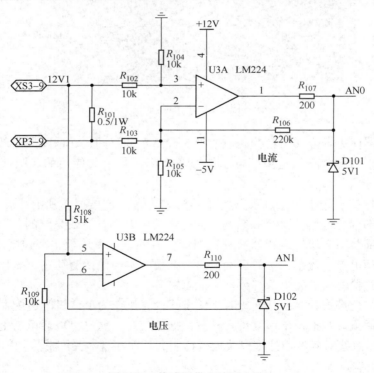

图 2-21　传感器供电检测电路

的 I/V 变换器将虚拟仪表输出的 12V 电压的电流进行采样，同时由 U3B 组成的射极跟随器把电压采样，一同送入单片机的 10 位 A/D 转换器。通过检测传感器的供电情况来判断传感器的工作是否正常。

2.5.2.4 操纵盒供电检测电路

操纵盒供电检测主要检测从作业控制器供往操纵盒的电源电流和电压，以获得操纵盒的电源消耗情况，借此来判断操纵盒的工作是否正常。该检测电路采用了一个与接近开关的供电电流检测相同的 I/V 变换电路和一个分压电路构成，如图 2-22 所示。

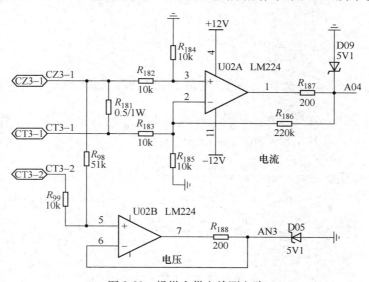

图 2-22 操纵盒供电检测电路

2.5.2.5 车速里程传感器信号检测与模拟

车速里程传感器信号检测与模拟主要检测底盘车速里程传感器是否有正确的信号（频率为 0~2450Hz 的脉冲对应 0~100km/h 的车速）输出，同时在上装状态模拟检测时需要提供相应的模拟脉冲给作业控制器，以判断作业控制器是否正常。

车速里程传感器信号检测与模拟采用了简单的电平变换电路，如图 2-23 所示。车速里程传感器输出频率为 0~2450Hz，幅度约为 10V 脉冲信号经 CZ5-1 送入由 Q31 构成的电平变换器，转换为低电平为 0V 高电平为 5V 的标准信号，送入单片机的 RA4 端口；同样，由单片机产生的脉冲信号经由 Q32 和 Q33 组成的电子开关，转换为幅度约为 24V 的脉冲给作业控制器，模拟底盘车速信号。

2.5.2.6 接近开关检测电路

接近开关检测电路用于两栖装备作业状态开关的检测与信号模拟，由 8 路完全相同的电路组成，每路包括 2 个开关量输入检测、1 路电流检测和 1 路开关量输出变换，如图 2-24 所示。

从接近开关或作业控制器输出的开关量信号经 R_{08}/R_{09}（R_{10}/R_{11}）分压后送入后面的 74LS244 数据锁存器，并由单片机读取；接近开关的供电电流经 R_{01} 取样、U01A 放大后送 A/D 转换器，以获取接近开关的供电情况；接近开关的输出可通过由 Q01 和 Q02 等组成

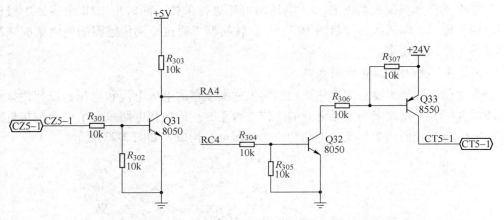

图 2-23　车速里程传感器信号检测与模拟电路

的电子开关模拟输出。这样，在单片机的控制下可在线获得接近开关的工作状态，并在实装开关有故障时能由单片机模拟输出正确的开关状态。

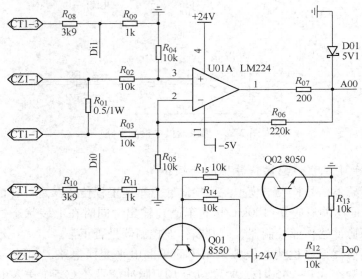

图 2-24　接近开关检测电路

2.5.2.7　模拟量传感器检测电路

模拟量传感器检测主要检测传感器的供电电流和传感器的输出信号（电压），前者采用了一个与前面相同的 I/V 变换电路，可以判定传感器的工作是否正常，后者则采用了一个射极跟随器，以减小对原电路的影响，可以用于比较作业控制器的 A/D 转换部分是否正常。

2.5.2.8　阀回路电流检测

阀回路电流检测也是 I/V 变换器，由 8 个相同的电路构成，分别用于检测插装阀、回转马达阀、拔销阀、前绞盘阀、后绞盘阀、阻尼绞盘阀和阻尼锁紧阀的回路电流。通过检测阀回路电流的大小，就可以判定作业控制器输出到阀电磁线圈的电路是正常（电流在正常范围内）或开路（电流小）或短路（电流大）。

2.5.2.9 脉冲信号调理电路

脉冲信号调理电路与上装电子设备检测板中的车速里程传感器信号检测与模拟电路相同，采用了简单的电平变换电路，只是调理的信号不仅有车速信号，还有发动机转速信号，两者通过信号切换电路进行切换。

2.5.2.10 温度传感器信号调理电路

温度传感器信号调理电路是一个 R/V 变换器，将来自信号切换电路的发动机水温或油温传感器信号（电阻型，$1000\sim1570\Omega$ 对应 $0\sim150℃$）变换为 $0\sim5V$ 的电压，送入单片机进行 A/D 转换，如图 2-25 所示。

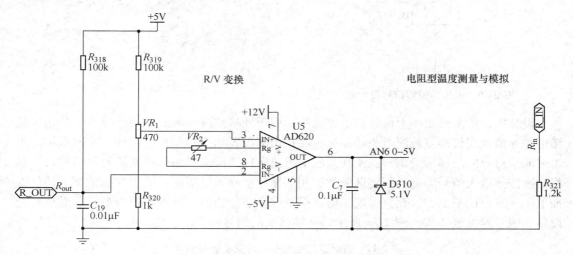

图 2-25　温度传感器信号调理电路

2.5.2.11 模拟信号产生电路

模拟信号产生电路产生相应的正确信号，包括电压型、电阻型和频率型信号给虚拟仪表，以测试虚拟仪表的准确性。如图 2-26 所示，电压型信号产生电路采用了两片高精度稳压电路 TL431A，将 $+12V$ 电压降压为两个 $+2.5V$ 的电压 V_{ref} 和 R5V，前者为 2.5V，可用以模拟电压型信号；后者为 $+5V$，作为单片机 A/D 转换器的参考电压使用。

电阻型信号产生电路十分简单，只有一个精度为 1% 的精密电阻，见图 2-25 中的 R_{321}。该电阻模拟温度传感器在温度为 79℃ 时的阻值。

频率型信号由单片机产生。利用单片机产生 1000Hz 和 2000Hz 的方波，分别模拟底盘车速传感器在 40.8km/h 和发动机转速传感器在 720r/min 的信号。

2.5.2.12 信号接口电缆

信号的接口电缆有两种类型，一种负责与传感器直接相连，一般是购买传感器时所附带的电缆，在电缆与适配器接头的一端加工出防水型密封接头，另一端与传感器连接。另一种是自制电缆，其一端与适配器面板连接，在其上标识有序号，以与适配器正确连接。另一端是经特殊设计的 XC 型防水插头，与工程装备上的被测电子设备连接，如图 2-27 所示。

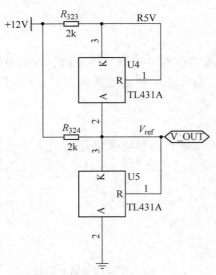

图 2-26　电压型模拟信号发生器

图 2-27　信号连接电缆

　　设计中，适配器面板上设计有电缆插座，用于插接被测对象的各种电缆。为防止因插错电缆导致检测仪器或被测对象的损坏，除在内部设置相应的保护电路外，在面板设计上也采取了对应的防插错措施。一是在插座上方清晰标示出插座编号和被测对象名称；二是将插座按照输入信号类型进行划区分类，相邻插座型号尽量不同，减少误插概率，即便误插了，一般也插不上去，充分实现了防误插及综合防护功能。适配器插座型号、对应被测设备、编号等见表 2-12。图 2-28 所示是电缆接头的编号标签示意图。

表 2-12　适配器插座型号、对应设备和编号

序号	对应设备	型　号	芯　数	插座编号
1	限位开关（输入）	XCH27F19ZD1	19	SP1
2	模拟量传感器（输入）	XCH22F10ZD1	10	SP2
3	操纵盒（输入）	XCH22F14ZD1	14	SP3
4	虚拟仪表接口（输入）	XCH18F7ZD1	7	SP4
5	执行元件（输入）	XCH36F40ZD1	40	SP5
6	GPS 通信串口（输入）	XCH18F5ZD1	5	SP6
7	底盘仪表传感器（输入）	XCH27F24ZD1	24	SP7
8	通信串口	XCH14F4ZD1	4	SP8
9	限位开关（输出）	XCH27F19ZD1	19	SP9
10	模拟量传感器（输出）	XCH22F10ZD1	10	SP10
11	操纵盒（输出）	XCH22F14ZD1	14	SP11
12	虚拟仪表接口（输出）	XCH18F7ZD1	7	SP12
13	执行元件（输出）	XCH36F40ZD1	40	SP13
14	GPS 通信串口（输出）	XCH18F5ZD1	5	SP14
15	底盘仪表传感器（输出）	XCH27F24ZD1	24	SP15
16	电源插座	XCH18F4ZD1	4	SP16

图 2-28 适配器电缆编号标签

2.5.3 通信协议

2.5.3.1 适配器与控制器通信指令

控制计算机与适配器之间通过 RS-232 串行口通讯，波特率 57600，报文以 ASCII 码形式实现。

A 控制计算机发给适配器的报文

a 查询端口报文

报文格式：

$ S<CRLF>

b 设置数字输出端报文

报文格式：$ DN, X1X0, B<CRLF>（N = 0，1，2，3；X = 0~15）

含义：设置序号 N 的单元输出端口 X 的输出值为 B，B 为 '0' 或 '1'。当 B = '2'，该 ID 号的扩展模块输出全部清零，当 B = '3'，该 ID 号的扩展模块输出全部置位。

c 设置模拟输出端报文

报文格式：

$ AN, X, Y1Y2<CRLF>（N = 4，5；X = 0~7）

含义：设置序号 N 的单元输出端口 X 的输出值为 Y1Y2，Y1Y2 为 16 进制 ASCII 码，满幅输出 0x1F（32）级。例子中，第 5 路输出 0X1E。最大延时 $31 \times 3.2\mu s = 100\mu s$。

d 设置采样速率报文

报文格式：

$ RY1Y2Y3, D1D2<CRLF>

含义：Y1Y2Y3 为采样速率 10 进制 ASCII 码，D1D2 为速率倍除 10 进制 ASCII 码。

示例：$ R020, 10<CRLF> 设置为 20/10 = 2（Hz），实际单板使用速率应小于 100Hz，六块采样卡应小于 20Hz。

e 设置模块采样允许报文

报文格式：

$ EX0X1X2X3X4X5<CRLF>

含义：1 允许采样，0 不采样。

B 适配器发给控制计算机的报文

适配器定时上发给控制计算机采样值。

a　适配器加电时向控制计算机发送初始化报文

报文格式:

$ OK<CRLF>

b　适配器回答自检报文

报文格式:

$ S，X1X2X3X4X5<CRLF>

Xi ='1'表示单片机 i 通信正常，Xi ='0'表示扩展模块 i 通信异常

c　适配器定时发出端口数值报文

报文格式:

$ DN，Xd0Xd1Xd2Xd3Xd4Xd5…Xdk-2Xdk-1<CRLF>（N=0，1，2）

含义：回报序号 N 的单元数字输入端口的值，k 为数字输入端总数。

d　适配器定时上发模拟采样报文

报文格式:

$ AN，X11X12，…Xj1Xj2<CRLF>（N=4，5）

示例：$ A4，28，61，A5，34，55，66，33，23<CRLF>

含义：回报序号 N 的单元当前模拟采样端口的值，满幅输入 0XFF（256 级），j 为模拟输入端总数。

e　适配器定时发出端口 100Hz 脉冲占空比报文

报文格式:

$ C3，Y1Y2，H11H12，L21L22<CRLF>

含义：回报 3 号模块中序号为 Y1Y2 的口的脉冲占空比，H11H12 为高电平时长，L21L22 为低电平时长，单位 0.05ms，16 进制 ASCII 码。

2.5.3.2　适配器内部 I2C 通讯

I^2C 通讯以二进制码形式实现，采用 7 位地址码，100KHz 时钟（标准速率），其报文帧格式如下:

I^2C 地址的规定:

选取 7 位地址，有 6 个扩展模块构成 6 个 Slave 端，地址为 0001001x～0001101x；x 为 R(1)/W(0)，地址分配见表 2-13。

表 2-13　扩展模块 I^2C 地址分配

扩展模块位号	地　　址	十六进制
A2	00010010	写 0x12
	00010011	读 0x13
B1	00010100	写 0x14
	00010101	读 0x15
B2	00010110	写 0x16
	00010111	读 0x17

扩展模块位号	地 址	十六进制
A1	00011000	写 0x18
	00011001	读 0x19
C2	00011010	写 0x1A
	00011011	读 0x1B
C1	00011100	写 0x1C
	00011101	读 0x1D

Master 加电后延时向 Slave 询问，Slave 回答，确认可用地址。

Master 剖析上位机设置信息，并分发相应的扩展模块。定时轮流询问各扩展模块的逻辑或 AD 状态，并送上位机。Master 将各 Slave 传来的数据进行合成，串口发送给主机，再查询下一 Slave，发送 0xa 和 0xd，一次查询结束。

2.6 两栖工程装备电控系统故障检测系统软件平台开发

控制计算机软件为三型两栖装备共用，基于 Windows XP 系统，采用 Labwindows/CVI 程序语言进行开发，这里主要介绍与两栖装甲路面检测有关的部分。该开发工具在仪器控制、虚拟面板设计、信号分析与处理、硬件访问方面具有强大功能。

检测诊断软件平台采用系统管理控制、检测功能模块、板卡硬件驱动和诊断维修数据库等相结合的多层次的模块化结构体系，数据库可根据需要进行补充、增添相应的元素，完善检测诊断软件的诊断维修性能，软件层次清晰、移植性好、开放性强，具有较好的软件升级性能。

2.6.1 软件平台的特点与选择

2.6.1.1 软件开发环境介绍

虚拟仪器系统的核心技术是软件技术，一个现代化测控系统性能的优劣很大程度上取决于软件平台的选择与应用软件的设计。

目前，能够用于虚拟仪器系统开发比较成熟的软件开发平台主要有两大类：一类是通用的可视化软件编程环境，主要有 Microsoft 公司的 Visual C++、Visual Basic 和 Inprise 公司的 Delphi 和 C++ Builder 等；另一类是一些公司推出的专用于虚拟仪器开发软件编程环境，主要有 Agilent 公司的图形化编程环境 Agilent VEE、NI 公司的图形化编程环境 LabVIEW、文本编程环境 LabWindows/CVI 和 Measurement Studio 工具套件。

在这些软件开发环境中，面向仪器的交互式 C 语言开发平台 LabWindows/CVI 具有编程方法简单直观、提供程序代码自动生成功能及有大量符合 VPP 规范的仪器驱动程序源代码可供参考和使用等优点，是国内虚拟仪器系统集成商使用较多的软件编程环境。Agilent VEE 和 LabVIEW 则是一种图形化编程环境或称为 G 语言编程环境，采用了不同于文本编程语言的流程图式编程方式，十分适合对软件编程了解较少的工程技术人员使用。

此外，作为虚拟仪器软件主要供应商的 NI 公司还推出了用于数据采集、自动测试、工业控制与自动化等领域的多种设备驱动软件和应用软件，包括 LabVIEW 的实时应用版本 LabVIEW RT、工业自动化软件 BridgeVIEW、工业组态软件 Lookout、基于 Excel 的测量与自动化软件 Measure、即时可用的虚拟仪器平台 VirtualBench、生理数据采集与分析软件 BioBench、测试执行与管理软件 TestStand，还包括 NI-488.2、NI-VISA、NI-VXI、NI-DAQ、NI-IMAQ、NI-CAN、NI-FBUS 等设备驱动软件，以及各种 LabVIEW 和 LabWindows/CVI 的扩展软件工具包。虚拟仪器开发人员可以根据实际情况选择 NI 公司的软件开发环境，见表 2-14。

表 2-14　软件平台开发环境选择指南

软件环境	LabVIEW	LabWindows/CVI	Microsoft Visual Studio（Measurement Studio）
易用性	最好	更好	更好
测量与分析能力	最好	最好	好
驱动软件集成特性	最好	最好	好
培训和支持	最好	最好	更好
平台无关性	最好	更好	更好
数据和报告显示特性	最好	更好	好
防过时特性	最好	最好	更好

综合考虑各种因素，本书选择 LabWindows/CVI 作为故障检测仪的软件开发平台。

2.6.1.2　LabWindows/CVI 语言特点分析

LabWindows/CVI 是 NI 公司提供的一个完全的 ANSI C 虚拟仪器开发环境，可用于仪器控制、自动测试、数据处理等。该平台以 ANSI C 为核心，将功能强大、使用灵活的 C 语言平台与用于数据采集、分析和显示的测控专业工具有机地结合起来。它的交互式开发平台、交互式编程方式、丰富的功能面板和函数库大大增强了 C 语言的功能，为熟悉 C 语言的开发人员建立自动化检测系统、数据采集系统、过程控制系统提供了一个理想的软件开发环境。

LabWindows/CVI 软件把 C 语言的有力与柔性同虚拟仪器的软件工具库结合起来，包含了各种总线、数据采集和分析库，同时，LabWidows/CVI 软件提供了国内外知名厂家生产的三百多种仪器的驱动程序。LabWindows/CVI 软件的重要特征就是在 Windows 和 Sun 平台上简化了图形化用户接口的设计，使用户很容易地生成各种应用程序，并且这些程序可以在不同的平台上移植。

LabWindows/CVI 的最新版本是 LabWindows/CVI 2017，但应用比较广泛的是 LabWindows/CVI 2013 和 2015，其中 LabWindows/CVI 2015 基于新开发的 LabWindows/CVI 优化编译器，包含了 Clang 3.3，Clang 是 LLVM 编译器基础架构的 C 语言编译器前端。LabWindows/CVI 2013 首次引入 LLVM，这是一种业界标准的编译器基础架构，为编程人员提供了经优化且开箱即用的代码。Clang 3.3 可通过增加错误和警告消息来高亮显示薄弱环节，帮助开发人员确保代码的可靠性。

LabWindows/CVI 2015 专为高稳定性而开发，包含了超过 50 个漏洞修复和改进，提供了强大的开发平台来构建重要的测试测量应用。开发人员利用 LabWindows/CVI 2013 包含的 OpenMP 和网络流等所有新功能来提高应用程序的性能，而无需大幅修改代码。通过最新编译器和并行编程技术，LabWindows/CVI 2015 可让开发人员专注于程序逻辑和 I/O 的开发。LabWindows/CVI 2015 的其他主要特性如下：

（1）执行优化编译器。在 LabWindows/CVI 2013 中，编译器使用了具有 Clang C 前端的 LLVM 编译器基础架构。这个编译器可生成经优化的代码，这意味着不再需要使用外部优化编译器来优化代码。

（2）基于 OpenMP 的灵活多线程执行。可移植且可扩展的 OpenMP API 可帮助开发人员无需大量编辑即可轻松并行执行现有代码。OpenMP（开放式多处理）是一套编译器指令及相关子句、应用程序编程接口（API）和环境变量的集合，可帮助用户创建多个线程上执行的应用程序。OpenMP 模型可允许用户完成以下任务：

1）定义代码的并行区域和创建执行并行区域的线程组；

2）规定同一组中不同线程之间的任务共享方式（循环迭代）；

3）规定线程间可共享的数据以及每个线程专用的数据；

4）同步线程、防止并发访问共享数据，并定义由单个线程专门执行区域。

（3）无损的网络数据流。网络流 API 为分布式 LabWindows/CVI 或 LabVIEW 应用提供了无损的单向点对点通信通道。利用网络流，用户能在网络上或在同一台计算机上共享数据。网络流是一种易于配置、紧密集成的动态通信方法，适用于应用程序之间的数据传输，具有可与 TCP 相媲美的吞吐量和延迟特性。网络流也增强了连接管理，如果由于网络故障或其他系统故障导致连接中断，网络流可自动恢复网络连接。网络流利用缓存无损通信策略来确保写入网络流的数据即使在网络连接不顺畅的环境下也不会丢失。

（4）高性能数据流盘。NI 技术数据管理流（TDMS）文件格式是将测量数据保存到磁盘上的最快速、最灵活方式。开发人员长期以来一直使用 LabWindows/CVI TDMS API，在数据流盘时将定时信息和自定义属性关联到测量数据上。将数据存储为 TDMS 文件省去了设计和维护自定义数据文件格式的需要，同时获得了记录详细、易于查询且可移植到任意平台的数据集。

（5）强大的构建系统。LabWindows/CVI 构建功能可减少花在等待构建完成的时间，使开发人员能够继续进行代码编辑，同时在后台构建项目。构建系统专门针对提高构建速度和需要并行构建多个独立源文件的项目进行优化，以便用户充分利用多核处理器的优势。

（6）强大的源代码浏览。LabWindows/CVI 中提供了丰富的编程体验，为用户提供了直观控件、导航和源文件信息。程序员可以使用源代码窗口中工具栏的下拉列表来查看和定位到源文件的函数。此外，开发人员可以在编辑文件的同时生成源代码浏览信息，这样开发人员可以在编程的同时实时浏览代码，而不需要先编译。该选项是 LabWindows/CVI 环境的一个全局功能，源代码浏览信息包含于发布和调试配置中。

（7）批量格式和自动代码缩进。为了帮助开发人员创建更简洁、易读的代码，LabWindows/CVI 提供了定制批量格式和自动缩进工具。选择选项→编辑器首选项，然后单击格式选项按钮来指定括号风格和缩进选项。为了保持一致性，开发人员可以选择普通缩进和括号风格，并使用预览窗口来预览自定义选择的格式样例。如果指定自动缩进的代码行，可选择源窗口中的文本行，然后选择编辑→格式选择。如果是自动缩进整个文件，则选择编辑→格式文件。

（8）发布的软件依赖关系支持。在创建发布时，开发人员可以选中或忽略任何包含软件依赖关系的 NI 安装程序组件的软件依赖关系。产品的软件依赖关系是指产品可能需要或不需要的组件，根据应用程序的特定需求而异。通过"编辑安装程序"对话框的驱动和组件选项卡可选择软件依赖关系。

2.6.1.3　故障检测软件功能

该软件具有人机交互、设备测试、故障分析、维修辅助以及记录保存等功能。

（1）人机交互功能：用于输入作业信息、选择被测设备、进行操作提示、显示测试流程、查看历史记录等。

（2）设备测试功能：用于向被测设备输出有关激励或调试信号，接收被测设备输出的响应信号或其他特征信号。

（3）故障诊断（分析）功能：进行设备测试后，根据检测到的响应信号的有无、时序、量值等情况，对被测设备的某项功能、性能作出正常与否的判断，对有故障设备给出故障定位。

（4）维修辅助功能：依据信号测试和故障分析的结果，给出修复设备故障的操作提示或进一步对故障进行测试分析的建议。

（5）记录保存功能：检测诊断软件对每次检测的操作信息、测试过程、分析结果等都予以记录和保存。保存的记录可以查询、删除。

2.6.2　软件系统的设计流程

2.6.2.1　程序结构设计

传统的监测类软件开发方式，其弊病是：当用户的需求有一点细小的变化时，也需要软件开发者修改软件代码来实现用户需求的变更。如此一来，用户对软件没有自主管理的权利，软件开发者也陷于无穷无尽的代码修改中，给用户和软件开发者都带来了很大的麻烦。

在本软件的设计中，考虑到上述问题，通过引进工作流的设计理念，解决了上述问题。在工作流的设计理念方式下，整个监测软件的运行依靠信息流和工作流进行，充分优化了工控机的内存资源和进程管理，程序在事件触发和工作流程的有机协调下有序运行，保证了正常状态信息的显示、出现异常时的故障报警和对故障的实时检测与分析。故障检测软件的设计思路与总体方案如图 2-29 所示。

2.6.2.2　软件平台功能设计

根据上述设计思路，基于 Win32API 消息发布机制、虚拟仪器技术和模块化设计技术进行了软件的功能设计。如图 2-30 所示，系统软件 5 个功能模块和故障信息数据库构成，即主控模块、故障检测模块、历史数据模块、专家诊断模块、综合数据库模块等。其功能模块结构图如图 2-30 所示。

故障检测功能模块既可进行选定的各个液压系统测点的实时参数采集、故障判断和存储记录功能，也可指导操作维修人员进行故障的现场诊断、排除与维修任务。

历史数据功能模块主要给用户提供查询检索记录的历史数据，并提供了条件筛选功能，可根据用户提供的选择条件检索历史数据，也可删除测试数据的记录；对记录的故障

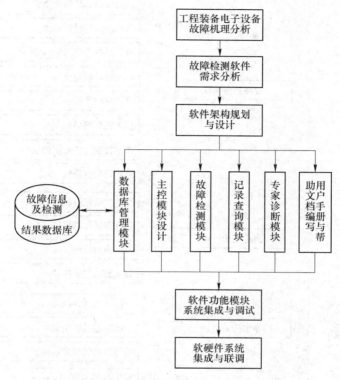

图 2-29　软件设计思路与流程

数据信息，可提供相应的故障维修指导。

专家诊断功能模块可利用神经网络等技术进行故障的离线分析和诊断，同样提供了故障维修的功能。

综合数据库模块主要分为静态数据库和动态数据库两大部分，用来存储故障诊断的标准数据、系统在线采集的状态数据和故障维修指导信息。

2.6.2.3　主调模块的开发

主调模块是整个系统软件的核心，也是故障检测程序的主体支撑框架。该模块主要完成主界面的生成、消息回调函数的设定、数据库链接的创建和外设触发事件、控件动作事件、Windows 消息等的响应处理等功能。整个故障检测软件的各个模块均在此模块的管理调度之下。其功能框图如图 2-31 所示。

由于故障检测软件系统运行界面包括故障检测、故障维修、数据库编辑、维修过程指导等诸多窗口界面，触发和加载这些窗口界面的线程较多，如何能够高效、准确地调用和显示相应的界面窗口是编程时要注意的问题。在程序模块开发中，应用了 Windows 消息处理技术，各个功能模块与主调模块之间通过 Windows 消息进行互动，从而避免了程序设计过程中频繁地处理各个窗口的加载、撤销等任务，提高了程序运行的效率、稳定性和鲁棒性。

A　Windows 消息产生与回调技术的实现

主调模块主要处理程序运行初始界面的加载、初始化和 Windows 消息的安装任务。程

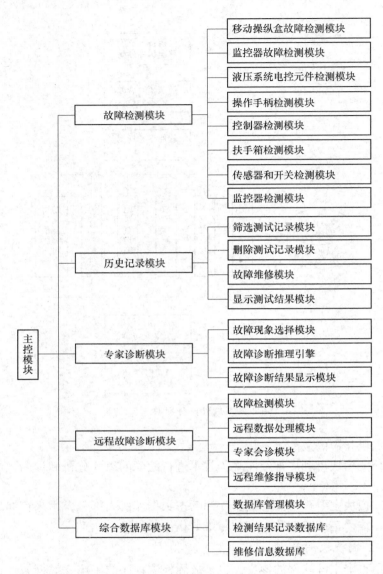

图 2-30　软件功能模块结构图

序运行过程中每一种检测对象的选择操作都会触发 Windows 消息机制发出相应的消息，回调函数根据消息参数值调用对应的检测程序模块，执行装备被测单元的信号检测、故障诊断和维修指导等操作。安装消息技术的回调函数为 InstallWinMsgCallback（panelHandle，WM_CLOSE，MyCallback，VAL_MODE_INTERCEPT，NULL，&postHandle），该函数是 LabWindows/CVI 语言中为发送给面板的特定的 Windows 消息安装回调函数，函数的输入/输出参数可参见相关参考文献。

　　当在程序中运行 InstallWinMsgCallback（）函数以后，就为 Windows 消息设置了相应的回调函数，此时，对应的回调函数必须按指定参数格式进行设置。在本程序中该函数的定义如下：int CVICALLBACK WinMsgDelay（int panelHandle，int message，UINT ＊ wParam，

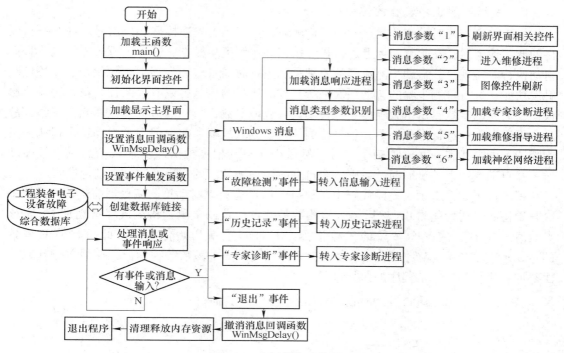

图 2-31 主调模块功能框图

UINT ∗ lParam，void ∗ callbackData）。当面板接收到 Windows 消息后，就执行此函数，并根据所传递参数的（message）值进入相应的执行分支。

各个功能模块在运行过程中，调用 Windows 消息处理函数 SendMessage（）来向主调模块发送消息参数，该函数的功能是将指定的消息发送到一个或多个窗口，并为指定的窗口调用窗口程序，直到窗口程序处理完消息再返回。程序设计时，将 SendMessage（）函数的参数按上述协议设定好后，所发送的消息参数由主调模块识别后，调用或显示相应的界面窗口，实现故障检测、维修与数据编辑等功能，SendMessage（）函数的参数及其说明见表 2-15。

表 2-15　SendMessage（HWND hWnd，UNIT Msg，WPARAM wParam，LPARAM lParam）函数

项目	类型	参数名称/返回值代码	描　述
输入参数	HWND	hWnd	其窗口程序将接收消息的窗口的句柄
	UINT	Msg	指定发送的消息，本程序中为预定义常量 WM_DELAY
	WPARAM	wParam	指定附加的消息指定信息，本程序中，此参数用以识别操作类型。其取值范围为 1~6，分类表示刷新界面相关控件等操作过程，参见图 2-31
	LPARAM	lParam	指定附加的消息指定信息，本程序中直接指定为常量 5678
返回值	LRESULT	status	0	表示函数执行正常
			负值	表示函数执行失败

　　B　故障检测程序流程的控制技术

　　故障检测系统对被测单元进行故障检测时，按提示首先连接好相应信号电缆并进行硬件的调试检查后，在检测面板上点击相应按钮并按照提示操作，即可进行故障检测流程的自动执行。实现这一自动检测流程的原理是利用定时器（timer）及其回调函数，采用定时触发功能，进行检测步骤的自动顺次进行。检测流程的执行可以分为两种，第一种是检测仪根据需要确定是否发出激励信号并自动读入故障参数，与标准值进行比对确定正常或故障，不需要人工进行干预；第二种是检测仪自动读入故障参数，但需根据提示由检测人员判断读入参数状态，并输入确定信号，然后程序自动根据检测人员输入信息做出故障断送，并自动执行下一步诊断。以下以全自动故障检测功能的实现方法对其进行说明。

　　程序代码如下所示，该段代码中，TestCount 动态记录自动检测流程当前次数，其第一次开始检测时初始化为 0，然后读入检测数值并进行范围检测随检测进程自动加 1，至该参数值为 3 时完成一个参数的完整检测，并将其重新初始化为零，此时检测对象数（TestStep）也加 1，表明完成一个参数检测并开始下一个参数的检测。程序段关键代码后面都加有注释，描述了程序的执行过程。

```
void U24Test1（int TstCtrl, double LowerLimit, double UpperLimit）
{
//参数定义
double Val;
char Read[20] = {0}, DispRead[20];
TestCount++;
switch（TestCount）
{
    case 1://第 1 次检测
        SetTableSelection（panelU24, PANEL_U24_TABLE, MakeRect(TestStep,1,1,4)）;//
在检测流程表中定位到第 4 列即检测结论位置
        GetCtrlAttribute（panelU24,TstCtrl, ATTR_CTRL_VAL,&Val）;//获取检测值
        sprintf（Read,"%.1f",Val）;　//将数值量转化为字符形式
        if((Val>LowerLimit)&&(Val<UpperLimit))　//判断测量的参数值是否正常
            {
                SetTableCellAttribute（panelU24, PANEL_U24_TABLE, MakePoint（3, TestStep),
ATTR_CTRL_VAL, Read）;//将参数值(字符化)写入表格检测结果单元
    //在结论单元写入诊断结论（"正常"）
    SetTableCellVal（panelU24,PANEL_U24_TABLE,MakePoint(4,TestStep),"正常"）;
            }
        else //故障
            {
                SetTableCellAttribute （panelU24, PANEL_U24_TABLE, MakePoint （3, TestStep),
ATTR_CTRL_VAL, Read）;//将参数值(字符化)写入表格检测结果单元
    //在结论单元写入诊断结论（"故障"）
    SetTableCellVal（panelU24, PANEL_U24_TABLE, MakePoint(4,TestStep),"故障"）;
            }
```

```
        break；
    case 3：//第三次检测
        TestCount＝0；  //检测次数清零,为下一个参数检测做好准备
        TestStep++；  //检测步数加1,表明要开始下一个参数检测
        break；
    default：
        break；
    }
}
```

2.6.2.4 数据库设计

记录的查询和故障维修分别依赖于数据库 Rec. mdb 和 Repair. mdb。数据库格式为微软的 ACCESS 格式。程序通过 CVI/SQL 工具箱,用 SQL 语言实现对记录的保存、分类和查询。

A 记录查询

在模块 Rec 中调用 Rec. mdb 数据库实现记录查询功能。Rec. mdb 中有两类表格:一个索引表 TESTREC 和记录数据表。索引表各项有对应检测发生的日期和时间,记录数据表名和索引表项一一对应。这样通过索引表项可查询到相应的记录项。

在模块 RecSel 中,通过对检测时间、检测人员、检测类型和被检设备的选择,从索引表中选出符合条件的项,并显示出来。这样方便了对记录的检索。

索引记录表结构见表 2-16,其设计视图如图 2-32 所示。

表 2-16 索引记录表 TESTREC

列　名	UUT	TESTTYPE	TESTDATE	TESTTIME	PERSON
数据类型	文本	文本	文本	文本	文本
长度	20	20	20	20	20
允许空	否	否	否	否	否
说明	被测单元编号	测试类型	测试日期	测试时间	测试人员

在进行数据库编辑、查询等操作前,首先要进行数据库的连接,连接函数为 DBConnect,其功能为打开一个指向数据库的连接使得 SQL 指令能够执行。调用 DBConnect 函数与调用 DBNewConnect 和 DBOpenConnect 函数的功能是相同的。DBConnect 函数的输入参数为 connectString,其类型为 char [ ]（字符串）;返回参数为 connectionHandle,类型为 int,表示指向数据库的连接句柄,可供其他函数作为调用参数。对于 ADO 连接的数据源属性描述见表 2-17,而 ODBC 数据源的连接属性描述见表 2-18。

表 2-17 ADO 据源连接属性

属性	描　述
提供者	用于连接的 ADO 提供者名称,如果未指定则连接使用默认的 ODBC 提供者
数据源	用于连接的数据源名称,例如,微软 Access 数据库注册为一个 ODBC 数据源

续表 2-17

属性	描　述
用户 ID	打开数据库连接时的用户名
密码	打开数据库所用的密码
文件名	预测连接信息的特定提供者文件

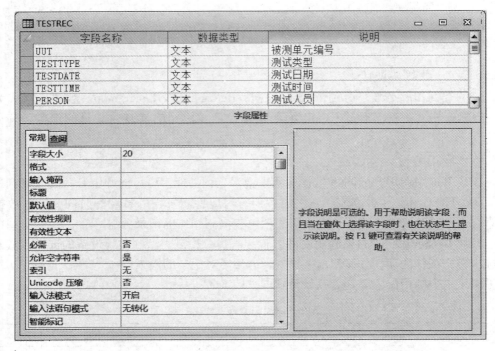

图 2-32　TESTREC 记录表设计视图

表 2-18　ODBC 连接属性

属性	描　述
DSN	用于连接的 ODBC 数据源名称。任何情况下，DSN 都是应该指定的唯一参数
DLG	当使能（DLG=1）该参数时，显示一个对话框，允许用户连接字符串信息
UID	用户 ID 或用户名称
PWD	数据库密码
MODIFYSQL	该参数设为 1，表示支持 ODBC 兼容 SQL；设为 0，表示支持基础数据库的本地 SQL

B　故障维修

故障维修的主要程序代码均包含在 Repair 模块中。该模块首先调用维修数据库 Repair.mdb，该数据库文件中含有多个数据库，分别对应不同的检测对象的维修指导信息。以传感器和开关检测数据库为例，该数据库包含 3 个表，即 U23A、U23B 和 U23C，如图 2-33 所示，U23A 的记录项为对应序号的故障现象，U23B 的记录项为故障现象对应的原因分析以及故障代码，U23C 的记录项则为对应的故障代码的维修步骤与维修内容及维修图片路径记录。

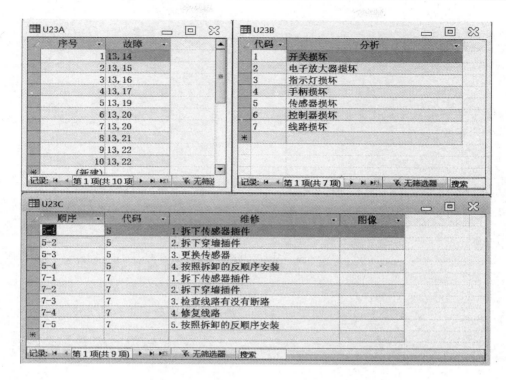

图 2-33 维修记录数据库

程序执行时，加载数据库并进行检索调用和显示，程序代码段如下所示：

```
void Repair(int panel,int control,char *TableA,char *TableB,char *TableC)
{
int RowNum,i;
    GetNumTableRows (panel, control, &RowNum);
    if(((RepairMARK==0)&&(RowNum>0))
    {
    RepairMARK=1;
    PickErrCode(panel, control ,TableA,ErrCode);
    if (strcmp(ErrCode,"")! =0)
        {
        RepairMARK=1;
        panelRepair = LoadPanel (panel, "Repair. uir", PANEL_REPA);
        DisplayPanel (panelRepair);
        ErrDisp(panelRepair, PANEL_REPA_TABLE ,TableB, ErrCode);
        RepairDisp(TableC);
        PicDisp();
        }
    else
        {
```

```
                    MessagePopup（"信息"，"检测未发现故障,无需维修!"）;
                    RepairMARK = 0;
                    }
              }
      }
```

维修指导图片的显示程序代码如下所示:

```
void PicDisp( ) //显示图片
      {
          Point CellPoint;
          char PicName[50] = |0|,Dir[50] = |0|;
          int PicRes;
          GetActiveTableCell（panelRepair, PANEL_REPA_TABLE_REPAIR, &CellPoint）;//从故障维
修表中取得当前项
          GetTableCellVal（panelRepair, PANEL_REPA_TABLE_PIC, MakePoint（1, CellPoint. y），
PicName）;    //从隐含图像表中取得当前图像名称
          strcpy( Dir,projectDir);
          strcat( Dir," \\pic\\");
          strcat( Dir,PicName);
          strcpy( PicName,Dir);
          if( FileExists( PicName,&PicRes))
          {
          DisplayImageFile（panelRepair, PANEL_REPA_PICTURE, PicName）;
          SetCtrlAttribute（panelRepair, PANEL_REPA_TEXTMSG, ATTR_VISIBLE, 0）;
          }
          else
          {
          DeleteImage（panelRepair, PANEL_REPA_PICTURE）;
          SetCtrlAttribute（panelRepair, PANEL_REPA_TEXTMSG, ATTR_VISIBLE, 1）;
          }
      }
```

2.6.3　故障检测程序模块设计

2.6.3.1　程序主界面设计

主调模块的前面板即为状态监测与故障诊断程序的主界面，主要由标题栏、检测项目选择与设置相关控件、命令按钮区域等几部分组成。其中左上角的树形控件的动作将产生Windows 消息，而下部的几个命令按钮的操作将产生事件，然后程序通过消息和事件触发机制控制其他程序模块的运行。主调模块的运行界面风格如图 2-34 所示。

主界面左侧树形控件主要用于故障检测时选择工程装备电子设备中的待检测单元，包括手柄、控制器、扶手箱、传感器和开关、监控器、液压系统和移动操纵盒等 7 个待测单元。具体检测时，应将该软件的计算机通过硬件适配器与工程装备电子系统连接，根据适配器的激励和响应信号的状态对相关的电控系统元器件和回路故障进行故障判定、排除和

维修指导。主界面上的测试所涉及单体文本框和测试前准备文本框主要用来显示进行故障检测时，与回路测点有关的电子设备待测对象，以及检测前应进行的准备工作的提示。主界面询问的命令按钮在点击进触发按键事件时，程序响应该事件使系统执行相应的进行，从而转入对应模块。

图 2-34　程序主界面

2.6.3.2　故障检测功能模块

在进行故障检测前，需先行使用信号测试电缆等连接适配器、检测平台（计算机）和被测电子设备单元，构建检测回路。如选择扶手箱检测对象，其界面如图 2-35 所示。

故障检测功能模块界面按统一模式设计，图 2-36 以传感器与故障检测界面为例予以说明。

检测界面分三个大区：图形显示区、流程和结果显示区和操作区。

图形显示区显示当前各信号状态。采用的显示方式统一规定如下：被测二态数字信号或状态信号用圆形指示灯显示，亮为逻辑"1"，灭为逻辑"0"；三态状态信号用圆形指示灯显示，用绿、红和黑三色显示；二态激励信号用方形指示灯显示，亮为逻辑"1"，灭为逻辑"0"；模拟信号输入输出采用数显控件完成；用文本框显示传输的 ASCII 字符。

流程和结果显示区采用表格的形式给出检测的每一步骤，并给出检测结果和结论。此格式便于存储和维修指导的处理。

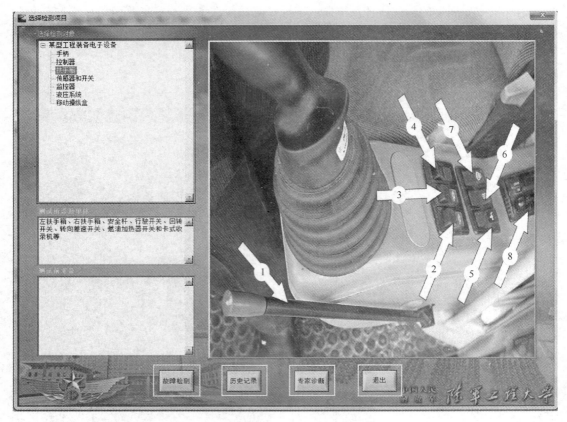

图 2-35 扶手箱检测界面

操作区采用六个按键"检测开始"、"检测终止"、"故障诊断"、"记录保存"、"记录显示"和"返回",有效事件均为单击左键。

2.6.3.3 检测记录查询功能模块

在检测诊断系统的顶层界面点击"历史记录"或在各设备检测界面点击"记录显示"均可进入如图 2-37 所示的记录查询界面。左侧为记录索引表,显示所有记录下的检测条目索引。点击选择要查的相应检测条目,双击所要查询的条目或点击"显示测试"结果,所选条目的内容将显示在右侧测试记录栏内。点击"删除测试记录",可删除该条记录;点击"故障维修",进入故障诊断界面,点击"返回",返回上级界面;点击"筛选测试记录",可通过对日期、被测设备号、检测类型和测试人员的选择列出符合条件的记录索引而非全部索引。

2.6.3.4 维修指导功能模块

维修指导界面分为故障分析列表、维修指南和维修指导图片三栏,如图 2-38 所示。由检测到的故障信号和维修信息数据库中的相应的数据表 A 对比得到故障代码,再和表 B 对比,得到故障分析列表。用户选择了故障分析表中的项,对照维修信息数据库中相应的表 C,得到维修指南和维修指导图片的文件名,程序将相应的图片显示出来。

图形显示区

流程和结果显示区

操作区

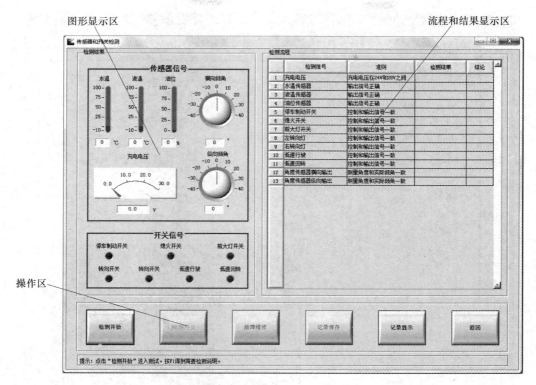

图 2-36 故障检测界面

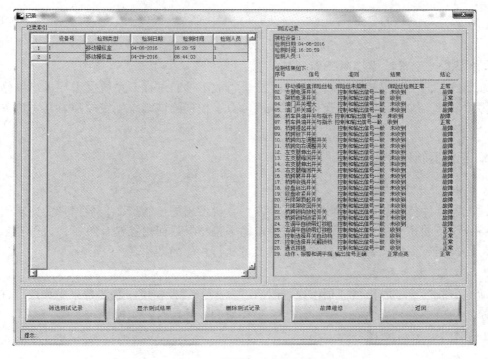

图 2-37 检测记录查询界面

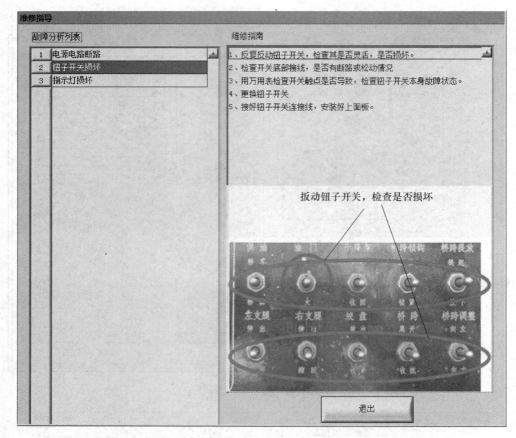

图 2-38　维修指导界面

2.6.3.5　专家故障诊断界面

在前述界面上点击故障诊断按钮，系统进行故障诊断过程，系统会引导操纵维修人员按故障诊断和排除步骤，逐步查找和测试故障点，根据测试结果确定故障，其示例界面如图 2-39 所示。

2.6.4　适配器软件设计

2.6.4.1　软件功能

适配器软件负责从串口接收并响应控制计算机发出的控制指令，根据指令要求采集被测装备或设备的相应信号，打包后通过串口将采集结果返回给控制计算机；或解包输出相应信号到被测装备或设备，让被测装备或设备执行相应的动作。

2.6.4.2　软件组成

适配器软件主要有串口通信模块、CAN 总线数据收发模块、开关量采集模块、开关量输出模块、模拟量采集模块、脉冲信号采集模块和脉冲信号产生模块等组成。

2.6.4.3　控制流程

A　作业控制器检测

a　控制器供电检测

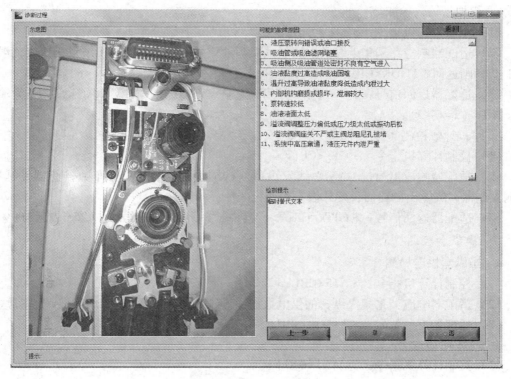

图 2-39 专家诊断界面

（1）控制计算机指令：$ A03<CRLF>。

（2）适配器响应：采集控制器供电的电压，当 A03 = 22~30V 为正常。

（3）适配器返回信号：$ AI03OK<CRLF>为正常；$ AI03NO<CRLF>为异常。

b 总线通信检测

（1）控制计算机指令：$ CAN0<CRLF>。

（2）适配器响应：模拟操纵盒发 ID = 01h 的 EEh、FFh 和 EDh 到作业控制器，如控制器能返回 ID = 11h 的相同数据则正常。

（3）适配器返回信号：$ CAN0OK<CRLF>为正常，$ CAN0NO<CRLF>为异常。

c 开关量输入检测

（1）控制计算机指令：$ DIT<CRLF>。

（2）适配器响应：向控制器开关量输入口输入 0xAA 和 0x55 的开关量，然后检测 ID = 11h 的数据并进行比较，相同则正常。

（3）适配器返回信号：$ CAN0OK<CRLF>为正常，$ CAN0NO<CRLF>为异常。

d 开关量输出检测

（1）控制计算机指令：$ DOT<CRLF>。

（2）适配器响应：模拟操纵盒解锁依次发高电平输出，检测控制器输出电平及阀电流 A08~A14 和 AN4。正常返回$ DOxOK<CRLF>，其中 x 为输出口编号。

（3）适配器返回信号：$ DOxOK<CRLF>为输出口 x 正常；$ DOxNO<CRLF>为输出口 x 异常（x = 0~7）。

e　模拟量输入检测

（1）控制计算机指令：＄AIT ＜CRLF＞。

（2）适配器响应：采集上装的油压、油温和油位并与控制器的转换结果相比较，误差小于 10％则返回＄AIxOK＜CRLF＞。

（3）适配器返回信号：＄ANIxOK＜CRLF＞为输入口 x 正常；＄ANIxNO＜CRLF＞为输入口 x 异常（x＝0~2）。

f　路长计数检测

（1）控制计算机指令：＄CTT＜CRLF＞。

（2）适配器响应：通过 CAN 总线发出可前行铺设信号后，模拟车速传感器发脉冲，检测控制器总线输出的路面长度计数是否变化。

（3）适配器返回信号：＄CTTx＜CRLF＞，其中 x 为路长计数百分比（255 表示 100％）。

B　操纵盒检测

a　操纵盒供电检测

（1）控制计算机指令：＄A15＜CRLF＞。

（2）适配器响应：采集操纵盒的供电数据，电压 22~30V、电流 10~35mA 为正常。

（3）适配器返回信号：＄A15OK＜CRLF＞为正常；＄A15NO＜CRLF＞为异常。

b　总线通信检测

（1）控制计算机指令：＄CAN1＜CRLF＞。

（2）适配器响应：模拟控制器发解锁信号给操纵盒，能收到操纵盒发出的 ID＝01h 的 CAN 信号为正常。

（3）适配器返回信号：＄CAN1OK＜CRLF＞为正常；＄CAN1NO＜CRLF＞为异常。

c　按键开关检测

（1）控制计算机指令：＄KEYT＜CRLF＞。

（2）适配器响应：使操纵盒进入解锁状态，然后由检测人员按动操纵盒上的按键开关，将操纵盒开关信号返回控制计算机，其中 B1~B13 要操纵盒先开机才能测试。

（3）适配器返回信号：＄KEYB0B1…B13＜CRLF＞，其中 B0~B13 定义如下：B0—操纵盒电源，0 表示开，1 表示关；B1—作业方式，0 表示铺设，1 表示撤收；B2—拔定位销开关，0 表示按下，1 表示松开；B3—拔支架销开关，0 表示按下，1 表示松开；B4—作业回转开关，0 表示按下，1 表示松开；B5—运输回转开关，0 表示按下，1 表示松开；B6—前绞盘放绳开关，0 表示按下，1 表示松开；B7—前绞盘收绳开关，0 表示按下，1 表示松开；B8—阻尼绞盘放绳开关，0 表示按下，1 表示松开；B9—阻尼绞盘收绳开关，0 表示按下，1 表示松开；B10—后绞盘放绳开关，0 表示按下，1 表示松开；B11—后绞盘收绳开关，0 表示按下，1 表示松开；B12—阻尼绞盘锁紧开关，0 表示按下，1 表示松开；B13—动车开关，0 表示按下，1 表示松开。

C　开关量传感器检测

a　供电电流检测

（1）控制计算机指令：＄KIT＜CRLF＞。

（2）适配器响应：采集开关量传感器的供电电流并判断其是否在正常范围内。

（3）适配器返回信号：$ AIxOK<CRLF>为传感器 x 正常；$ AIxNO<CRLF>为传感器 x 异常（x=00~02）。x=00 为作业/运输状态检测开关供电；x=01 为支架销/张紧检测开关供电；x=02 为备用。

b 开关输出检测

（1）控制计算机指令：$ KOT<CRLF>。

（2）适配器响应：采集 Di0~Di7 的值并返回$ DKB0B1…B7<CRLF>给控制计算机，其中 B0~B7 为 1 表示传感器输出高电平；为 0 表示传感器输出低电平。B0~B7 定义如下：B0—支架销检测开关，B1—运输状态检测开关，B2—作业状态检测开关，B3—脱带检测开关，B4—张紧检测 1 开关，B5—张紧检测 2 开关，B6—油滤堵塞检测开关，B7—备用。

（3）适配器返回信号：$ DKB0B1…B7<CRLF>，其中 B0~B7 为 1 表示传感器输出高电平；为 0 表示传感器输出低电平。

D 模拟量传感器检测

a 供电电流检测

（1）控制计算机指令：$ MIT<CRLF>。

（2）适配器响应：采集模拟量传感器的供电电流并判断其是否在正常范围内。

（3）适配器返回信号：$ AIxOK<CRLF>为传感器 x 正常；$ AIxNO<CRLF>为传感器 x 异常（x=05~07）。x=05 为油温传感器供电；x=06 为油压传感器供电；x=07 为油位传感器供电。

b 输出电压检测

（1）控制计算机指令：$ MVT<CRLF>。

（2）适配器响应：采集模拟量传感器的输出电压值并返回给控制计算机。

（3）适配器返回信号：$ Axy<CRLF>，其中 x 为传感器编号（x=0~2），y 为转换结果（十进制）。定义如下：x=0 为油温传感器，y 的单位为 0.1℃；x=1 为油压传感器，y 的单位为 0.1MPa；x=2 为油位传感器，y 的单位为 0.1%。

E 执行元件电路检测

执行元件电路检测即为回路电流检测。

（1）控制计算机指令：$ FIT<CRLF>。

（2）适配器响应：模拟操纵盒解锁依次发高电平输出到阀，检测阀电流是否在正常范围内。

（3）适配器返回信号：正常返回$ VIxOK<CRLF>，开路时返回$ VIxKL<CRLF>，短路时返回$ VIxDL<CRLF>。其中 x 为输出口编号，定义如下：x=00：插装阀，x=01/02：后绞盘（放绳/收绳），x=03/04：拔销油缸（定位销/支架销），x=05/06：阻尼绞盘（放绳/收绳），x=07/08：回转马达（作业/运输），x=09/10：前绞盘（放绳/收绳），x=11：阻尼锁紧阀。

F GPS 检测

GPS 检测即为定位信息检测。

控制计算机读取 GPS 串口数据并定位信息格式合法即正常（显示定位信息）。GPS 输出数据格式如下：

@ @ EamdyyhmsffffaaaaoooohhhhmmmmvvhhddtntimsdimsdimsdimsdimsdimsdimsdimsdsC<CR><LF>

注：@@Ea 之后和校验以及 C 之前的数组中所存放的是二进制数。其中：

日期：

m	月	1..12
d	日	1..31
yy	年	1980..2079

时间：

h	小时	0..23
m	分	0..59
s	秒	0..60
ffff	秒的分数部分	0..999,999,999(0.0..0.999999999)

位置：

aaaa	纬度(mas)	−324,000,000..324,000,000(−90°..90°)
oooo	经度(mas)	−648,000,000..648,000,000(−180°..180°)
hhhh	椭球高度(cm)	−100,000..1,800,000
mmmm	不用	0

速度：

vv	速度(cm/s)	0..51,400(0..514.00m/s)
hh	方向(正北为 0,分辨率为 0.1°)	0..3,599(0.0..359.9)

几何因子：

dd	当前 DOP(0.1 分辨率)	0..999(0.0 至 99.9DOP,0=不能计算,位置保持或定位正确)
t	DOP 类型	0　PDOP(3D)/天线正常
		1　HDOP(2D)/天线正常
		64　PDOP(3D)/天线短路
		65　HDOP(2D)/天线短路
		128　PDOP(3D)/天线开路
		129　HDOP(2D)/天线开路
		192　PDOP(3D)/天线短路
		193　HDOP(2D)/天线短路

卫星可见性及跟踪状态：

n	可见卫星数	0..12
t	跟踪卫星数	0..8

对 8 个接收通道中每一个：

i	卫星标识符	0..37
m	通道跟踪模式	0..8(0=码搜索;1=码捕获;2=AGC 设置;3=频率捕获;4=位同步检测;5=电文同步检测;6=卫星时间有效;7=星历表捕获;8=定位有效)
s	信号强度	0..255
d	通道状态标志,每一位代表下列之一:	

第 7 位(最高位):用于定位;

第 6 位:卫星动向警报标识;

第 5 位:卫星反欺骗标识设置;

第4位:报告卫星处于非正常状态;

第3位:报告卫星精度下降(>16m);

第2位:备用;

第1位:备用;

第0位(最低位):奇偶检验误差

与通道有关的数据结束:

s 接收器状态标志,每一位代表下列之一:

第7位(最高位):定位分布模式;

第6位:坏几何因子(DOP大于20);

第5位:三维定位;

第4位:备用;

第3位:捕获卫星/位置保持;

第2位:备用;

第1位:可见卫星数不足(少于3颗);

第0位(最低位):坏历书

C 校验和

信息长度:76字节

G 底盘仪表检测

a 传感器供电检测

(1) 控制计算机指令:$ DGP<CRLF>。

(2) 适配器响应:测量虚拟仪表输出的12V电压和电流,判断其是否正常。

(3) 适配器返回信号:$ DGxOK<CRLF>为供电 x 正常;$ DGxNO<CRLF>为供电 x 异常（x=0~1）。

b 底盘车速传感器输出检测

(1) 控制计算机指令:$ CST<CRLF>。

(2) 适配器响应:测量车速传感器的输出信号并上传给控制计算机。

(3) 适配器返回信号:$ CSX<CRLF>,X 为车速（0.1km/h）。

c 底盘车速仪表显示检测

(1) 控制计算机指令:$ CSY<CRLF>。

(2) 适配器响应:给仪表送1000Hz的方波,人工检查虚拟仪表车速显示是否为40.8±0.2km/h且稳定。

(3) 适配器返回信号:无。

d 发动机转速传感器输出检测

(1) 控制计算机指令:$ ZST<CRLF>。

(2) 适配器响应:测量发动机转速传感器的输出信号并上传给控制计算机。

(3) 适配器返回信号:$ ZSX<CRLF>,X 为转速（r/min）。

e 发动机转速仪表显示检测

(1) 控制计算机指令:$ ZSY<CRLF>。

(2) 适配器响应:给仪表送2000Hz的方波,人工检查虚拟仪表车速显示是否为720±20r/min且稳定。

（3）适配器返回信号：无。

f　发动机油温传感器输出检测

（1）控制计算机指令：$ YWT<CRLF>。

（2）适配器响应：测量发动机油温传感器的输出信号并上传给控制计算机。

（3）适配器返回信号：$ YWX<CRLF>，X 为油温（0.5℃）。

g　发动机油温仪表显示检测

（1）控制计算机指令：$ YWY<CRLF>。

（2）适配器响应：给仪表接入 1.2kΩ 的等效电阻，人工检查虚拟仪表发动机油温显示是否为 79±5℃ 且稳定。

（3）适配器返回信号：无。

h　发动机水温传感器输出检测

（1）控制计算机指令：$ SWT<CRLF>。

（2）适配器响应：测量发动机水温传感器的输出信号并上传给控制计算机。

（3）适配器返回信号：$ SWX<CRLF>，X 为油温（0.5℃）。

i　发动机水温仪表显示检测

（1）控制计算机指令：$ SWY<CRLF>。

（2）适配器响应：给仪表接入 1.2kΩ 的等效电阻，人工检查虚拟仪表发动机水温显示是否为 79±5℃ 且稳定。

（3）适配器返回信号：无。

j　发动机油压传感器输出检测

（1）控制计算机指令：$ YYT<CRLF>。

（2）适配器响应：测量发动机油压传感器的输出信号并上传给控制计算机。

（3）适配器返回信号：$ YYX<CRLF>，X 为油压（0.01MPa）。

k　发动机油压仪表显示检测

（1）控制计算机指令：$ YYY<CRLF>。

（2）适配器响应：给仪表送入 2.50V 的电压，人工检查虚拟仪表发动机油压显示是否为 0.5±0.1MPa 且稳定。

（3）适配器返回信号：无。

l　变速箱油压传感器输出检测

（1）控制计算机指令：$ BYT<CRLF>。

（2）适配器响应：测量变速箱油压传感器的输出信号并上传给控制计算机。

（3）适配器返回信号：$ BYX<CRLF>，X 为油压（0.01MPa）。

m　变速箱油压仪表显示检测

（1）控制计算机指令：$ BYY<CRLF>。

（2）适配器响应：给仪表送入 2.50V 的电压，人工检查虚拟仪表变速箱油压显示是否为 1.33±0.1MPa 且稳定。

（3）适配器返回信号：无。

n　传动箱油压传感器输出检测

（1）控制计算机指令：$ CDT<CRLF>。

（2）适配器响应：测量传动箱油压传感器的输出信号并上传给控制计算机。

（3）适配器返回信号：$ CDX<CRLF>，X 为油压（0.01MPa）。

o　传动箱油压仪表显示检测

（1）控制计算机指令：$ CDY<CRLF>。

（2）适配器响应：给仪表送入 2.50V 的电压，人工检查虚拟仪表传动箱油压显示是否为 1.33±0.1MPa 且稳定。

（3）适配器返回信号：无。

p　补偿油压传感器输出检测

（1）控制计算机指令：$ BCT<CRLF>。

（2）适配器响应：测量补偿油压传感器的输出信号并上传给控制计算机。

（3）适配器返回信号：$ BCX<CRLF>，X 为油压（0.01MPa）。

q　补偿油压仪表显示检测

（1）控制计算机指令：$ BCY<CRLF>。

（2）适配器响应：给仪表送入 2.50V 的电压，人工检查虚拟仪表补偿油压显示是否为 1.33±0.1MPa 且稳定。

（3）适配器返回信号：无。

r　百叶窗油压传感器输出检测

（1）控制计算机指令：$ YCT<CRLF>。

（2）适配器响应：测量百叶窗油压传感器的输出信号并上传给控制计算机。

（3）适配器返回信号：$ YCX<CRLF>，X 为油压（0.01MPa）。

s　百叶窗油压仪表显示检测

（1）控制计算机指令：$ YCY<CRLF>。

（2）适配器响应：给仪表送入 2.50V 的电压，人工检查虚拟仪表百叶窗油压显示是否为 2.22±0.1MPa 且稳定。

（3）适配器返回信号：无。

t　系统油压传感器输出检测

（1）控制计算机指令：$ XYT<CRLF>。

（2）适配器响应：测量系统油压传感器的输出信号并上传给控制计算机。

（3）适配器返回信号：$ XYX<CRLF>，X 为油压（0.01MPa）。

u　系统油压仪表显示检测

（1）控制计算机指令：$ XYY<CRLF>。

（2）适配器响应：给仪表送入 2.50V 的电压，人工检查虚拟仪表系统油压显示是否为 2.22±0.1MPa 且稳定。

（3）适配器返回信号：无。

2.7　习题

2-1　两栖工程装备电控系统一般由哪几部分组成，各有什么特点？

2-2　简述电控系统故障检测硬件平台的组成与工作原理。

2-3　故障检测系统适配器的作用、原理是什么？

2-4　试说明故障检测系统硬件平台的集成步骤与选型过程。

2-5　简述故障检测系统软件的设计原则与开发步骤。

第3章 新型履带式综合扫雷车电控系统故障检测

新型履带式综合扫雷车的电气控制系统组成结构与工作原理都十分复杂，传统的检测手段无法对以上各个电气设备与系统模块进行快速检测、故障定位与诊断。为满足部队保障能力建设需要，本章在深入分析研究了该装备电气控制系统的组成、工作机理、故障特点和接口信号属性的基础上，完成了一种便携式故障检测系统的研究设计方案。该故障检测系统综合运用嵌入式技术、虚拟仪器技术、可靠性技术、信息处理技术等理论进行产品的研发与设计，将故障定位到板块级可更换单元，对装备的电气控制系统具有较全面的故障诊断能力；维修方案生成模块能够提供的详细维修指导功能，利用可视化维修指导手段，辅助装备维修使用人员对装备进行快速的修理；故障诊断模块采用神经网络技术与专家诊断系统的结合的方式，智能化程度高，保障了检测系统故障诊断和定位的准确度，对新装备保障能力的建设具有积极的促进作用。

故障检测系统可用于对电气控制系统的主控制计算机、磁感保护智能节点、犁体智能节点、闭锁智能节点、操作显控台、配电箱等电子设备与组件进行检测维修。设计有充电电池模块，可用于野战条件下对电气控制系统进行快速检测、故障诊断与定位，携带方便，保证部队的维修测试需要，提高故障排除的效率，增强了装备的可靠性。为维修人员提供一种快速有效的技术保障手段，使其能够对电气控制系统各单元进行快速的检验与维修。该系统可配备到部队基层级修理机构实施伴随保障或基地级修理机构实施应急机动保障和定点保障时使用。

3.1 新型综合扫雷车电气控制系统故障及检测信号分析

3.1.1 综合扫雷车概述

3.1.1.1 综合扫雷车与特点

新型履带式综合扫雷车是我军最新研制的多功能扫雷装备，目前主要用于保障装甲机械化部队的进攻战斗行动，在敌阵地前沿布设的多种形式的防坦克地雷场中为我军车辆开辟通路，也可用于防御战斗中清除敌撒布的雷场和雷群，有效提高部队的机动性能和战场生存力。该装备主要由底盘车、火箭爆破扫雷器、全宽式扫雷犁、微波扫雷器、通路标示装置、车辆电子信息系统、液压系统及电气控制系统等组成，结构复杂、数字化程度高。

该型履带式综合扫雷车主要技术特点：

（1）该装备是集多种扫雷手段与通路标示功能于一体的战斗工程保障装备，它以坦克底盘为载体，综合集成火箭爆破扫雷器、微波扫雷器、全宽式扫雷犁、通路标示装置、电气液压自动控制系统、电子信息化系统，功能多、扫雷破障效果好，能够满足数字化机步师作战使用要求。

（2）火箭爆破器沿用定型装备的火箭爆破器，设备具有一定的继承性，提高维修保障性能。对发射装置进行改进，将爆炸带舱的密封盖板同时设计为爆破器的发射架，既满足火箭爆破器的顺利发射，又提高了系统的可靠性。

（3）微波扫雷器采用超宽谱高功率微波扫雷技术，具备将各种电子引信地雷引爆的能力，战场适应性强、扫雷效率高。

（4）全宽式扫雷犁具有手动和自动模式，采用自动定深控制，能够自动适应地形定深扫雷，副犁设计成折叠机构，可自动展开与收回，方便扫雷和勤务运输的要求。

（5）综合扫雷车装备电子信息系统，能及时地将装备状况、通路位置、周边战场情况等信息上传至上级指挥系统，协同数字化机步师完成保障任务。

3.1.1.2 综合扫雷车电气控制系统工作机理

履带式综合扫雷车电气控制系统是扫雷车各装置正常操作的控制中心，主要由主控计算机箱、伺服控制箱、PLC控制箱、操作显控台、转接检测箱、配电箱、传感器、电源模块、三相交流发电机及调压器等组成，其电气控制系统如图3-1所示。

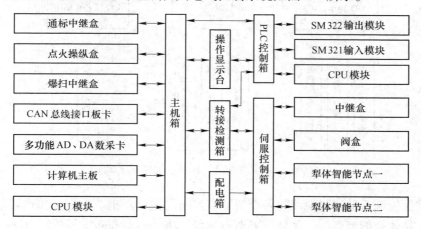

图 3-1　综合扫雷车电气控制系统图

电气控制系统主要为扫雷车的执行机构提供操纵控制及驱动信号，并与机械系统、液压系统配合完成爆破扫雷、道路标示等操作，同时对外界环境具有感知、适应能力，保障作业过程的安全和可靠性。综合扫雷车电气控制系统主要依据CAN总线网络的控制体系进行设计，各操纵显示、控制核心、智能节点等部件都通过CAN总线进行连接，互相实时的进行数据交换，各自完成相对独立的功能。电气控制系统能实现以下功能：

（1）分为自动和手动控制模式，具有操作灵活性。

（2）作业参数通过液晶显示屏实时进行在线监测。

（3）作业过程中起到安全防护作用。

（4）系统操作平台具有必要的自检和故障报警功能。

扫雷犁的自动定深电气控制系统完成扫雷犁的自动定深控制，系统可以使扫雷犁在自动、手动两种方式下进行工作，闭锁机构是在手动控制下完成。通常情况下，扫雷作业采用自动定深控制方式进行，如果自动定深电气控制系统出现故障，采用手动控制进行应急情况下的扫雷作业。

扫雷车自动定深控制系统主要由驾驶员操纵盒、自控中心单元柜、闭锁智能节点、犁体智能节点一、犁体智能节点二、磁感保护智能节点、直线位移传感器、角位移传感器、磁感应式接近开关、通信电缆等部件组成。其组成及原理如图 3-2 所示。

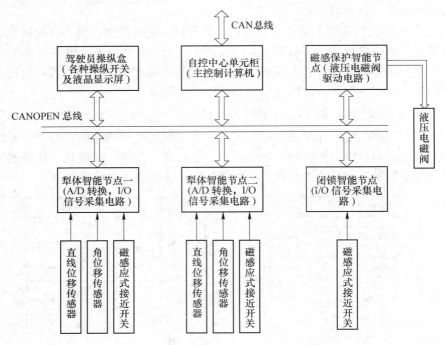

图 3-2　自动定深电气控制系统原理框图

自动定深控制系统通过总线将各个智能节点与主控计算机、操控开关连接起来。闭锁智能节点、犁体智能节点一、犁体智能节点二等，将传感器和磁感式接近开关采集到的现场信号通过 CANOPEN 总线上传至自控中心单元柜中的主控制计算机，操作人员通过驾驶员操纵盒上液晶显示屏观察机构运动情况，通过操纵开关给主控制计算机下达各种操作指令，主控制计算机经过逻辑分析、判断后，发出控制指令到磁感保护智能节点，磁感保护智能节点对控制信息驱动信号进行处理放大后，输出至液压电磁阀，执行机构动作，完成最终的控制目的。自动定深控制系统还将系统中的各类状态信息打包后，通过 CAN 总线上传至上位机，进行进一步的运用。扫雷车其他电气控制系统与自动定深控制系统类似，将各个智能节点与操控盒通过 CAN 总线进行连接。

3.1.2　综合扫雷车电气控制系统故障分析与模型建立

3.1.2.1　综合扫雷车电气控制系统故障分析

故障分析是确定诊断对象故障发生原因、发生概率，对数据规律进行搜集和分析，以总结出引起部件或系统失效的故障机理和消除过程。故障机理的研究是指设备在时间和力的作用下，以故障发生的物理、化学现象为理论基础，建立的关于故障的模型，反映其变化趋势的研究。故障机理能够揭示故障的形成和发展过程，是获得准确、可靠的故障诊断的重要保证，故障机理的研究对提高设备系统的可靠性具有重要的价值。故障模式通常表现出电路的断路、短路、线路老化、接触不良或击穿损坏等现象。只有对故障深入的研究分析，了解常见的电气控制系统的故障模式，研究故障机理，才能利用征兆对故障进行准确的诊断。

电气控制系统中发生的故障，除个别是由线路中短路、断路或个别部件损坏外，大多数故障是由于线路接触不良造成的。扫雷车在运行及作业时出现的电气控制系统故障多是由线圈电路短路、开关或接触器等未完全断开或闭合、受控电磁阀工作电压不足等造成的。此外，作为执行部件的各油缸电磁阀的电源引线是以插接形式连接，所以系统发生故障时，首先应检查系统中是否有接触不良之处，检查范围除盒体、油缸上的插接件、各检测开关外，对电磁阀的插接件还应仔细检查。该型履带式综合扫雷车电气控制系统对接近开关和电磁阀的工作情况，以及扫雷犁4个油缸直线位移传感器的工作情况进行实时监控，对其线路中出现的短路和断路都有LCD的故障显示，根据故障提示，可以很快找到故障点。

综合扫雷车作业机构的操作一般情况下应使用自动程序控制来完成指定的动作，并辅之以手动操作。若在作业中，自动控制系统发生了故障，驾驶员可根据具体情况用以下几种手动方法来完成余下的动作：

（1）若内部自动程序出现故障，自动控制中断，用手动作业方式，操纵相应的开关/手柄来完成余下的动作。

（2）若行程限位开关或传感器等出现故障，使自动程序控制的某个作业超过停止位置仍不停止时，应将控制方式转为手动，完成作业任务后，排查故障。

（3）若行程限位开关或传感器等出现故障，使自动程序控制的某个作业动作不到位便停止时，可参照方法（2），用手动操作来完成作业。

（4）若手动自动均无法完成动作时，此时应立即切断控制系统电源，通过液压阀上的机械手柄完成应急动作。

3.1.2.2 综合扫雷车电气控制系统故障模型的建立

根据综合扫雷车电气控制系统快速抢修的使命任务，基于扫雷车电气控制系统组成与工作机理分析，将该型综合扫雷车电气控制系统故障模型定位至独立设备、板卡。结合部队调研，了解电气控制系统常见故障，建立了该型履带式综合扫雷车电气控制系统故障模型，如图3-3所示。

3.1.2.3 综合扫雷车电气控制系统故障树模型的建立

在深入剖析扫雷车组成结构和工作机理的基础上，结合该型履带式综合扫雷车电气系统故障特点与规律，基于故障树分析方法建立电气控制系统的故障树模型。故障树模型是一个逐层展开的，研究对象结构和功能特征的模型，以系统或设备最不希望发生的事件为顶事件，并用一种倒树状结构的逻辑图将各个事件进行关联，是一种定性的因果关系模型。故障树模型分析是对造成产品故障的内在和外在因素进行定性和定量分析的有效方法，能够清楚地表示出系统单元和系统组合对设备的影响，对系统故障的预测、监控和解释起到很好的效果。

A 综合扫雷车电气控制系统故障树的建立

该型履带式综合扫雷车主要由火箭爆破扫雷器系统、全宽式扫雷犁系统、通路标示装

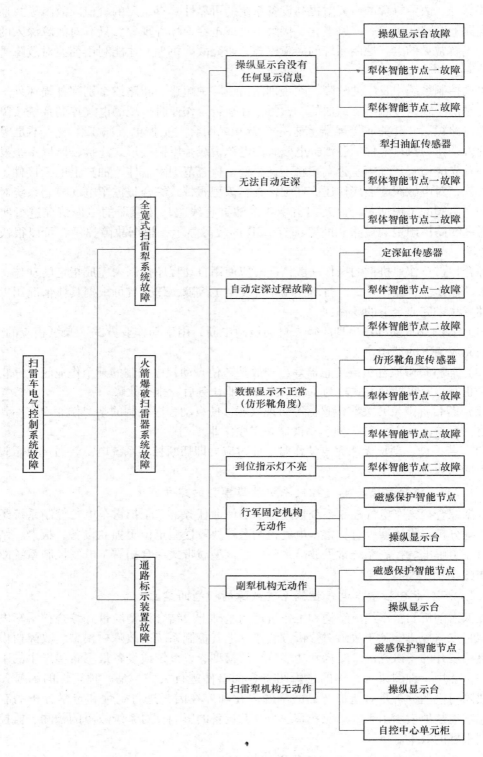

图 3-3　综合扫雷车电气控制系统故障模型（一）

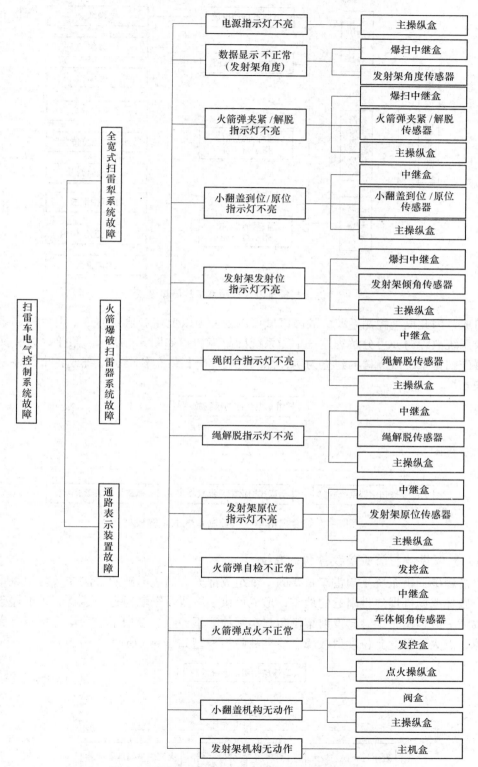

图 3-3 综合扫雷车电气控制系统故障模型（二）

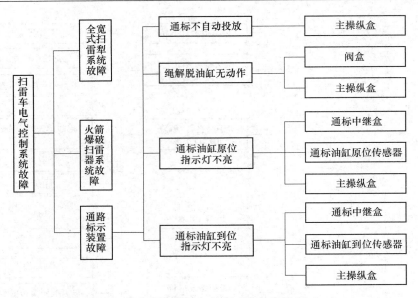

图 3-3　综合扫雷车电气控制系统故障模型（三）

置等组成，因此电气控制系统的故障区域可以划分为以上相对独立的三个电气控制系统子系统，系统故障树亦可分解为这三个子系统的故障树，如图 3-4 所示。限于篇幅，文中以火箭爆破扫雷系统故障树的建立为例，详细说明综合扫雷车各个子系统或各个部件之间的逻辑关系。

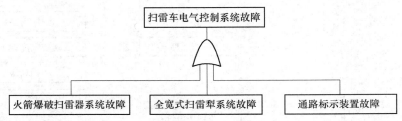

图 3-4　综合扫雷车电气控制系统故障树模型

B　火箭爆破扫雷系统故障树的建立

火箭爆破扫雷系统是扫雷车重要的一个组成部分，通过爆破的方法在敌防坦克雷场中诱爆、破坏或抛掷爆炸带附近的地雷，形成可供装甲战斗车辆通行的通路。火箭爆破扫雷系统故障一般是由于中继盒发射架倾角与实际检测不一致、爆扫中继盒信号指示灯无显示或故障、点火操纵盒到位发射故障。建立故障树模型如图 3-5 所示。

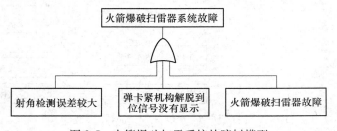

图 3-5　火箭爆破扫雷系统故障树模型

中继盒发射架倾角与实际检测不一致，出现误差较大，首先应检查倾斜传感器是否损坏，如出现损坏，应及时进行更换。如检查无误，可能由于传感器和中继盒之间的线路或电路板块出现故障，应及时排查线路故障，以及对中继盒进行检测。其故障树构成如图 3-6 所示。

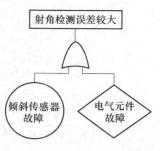

图 3-6　中继盒电路子系统故障树模型

爆扫中继盒主要控制基板和小翻盖的抬起/降落、弹卡紧机构的解脱和到位。这部分的故障可能由于弹卡紧机构的弹簧断裂，无法执行操作，或者固定螺栓松动，到位后又恢复原位。属于机械系统的故障，可通过观察进行排查。还可能出现到位传感器故障，爆扫中继盒无法接到到位指示信号，这时应及时更换传感器。以上都没有故障时，应检查爆扫中继盒是否故障，对线路和电路板进行检测。该子系统的故障树模型如图 3-7 所示。

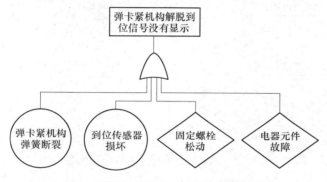

图 3-7　爆扫中继盒子系统故障树模型

火箭爆破扫雷器点火操纵盒系统组成构建复杂，故障出现的原因较多。主要出现在点火操纵盒内部电路和传感器故障。该子系统的故障树模型如图 3-8 所示。首先应检查发射插头与插座是否连接牢固；点火线路是否出现短路、断路情况；发动机是否正常运转；其次检查倾角传感器、到位传感器是否损坏并及时更换；最后检测点火操纵盒电路板进行检测。

全宽式扫雷犁系统以及通路标示装置故障树模型如图 3-9、图 3-10 所示。

C　故障树模型定性分析

故障树模型分析包括定性分析和定量分析。由于定量分析需要计算或对顶事件发生的概率进行估算，对各个底事件发生的概率也要有一定的统计，本章不做讨论，只给出定性分析。对故障树进行定性分析的主要目的是找出顶事件发生的所有可能的故障模式，也即知道系统发生故障的可能原因。故障树的底事件的某种组合发生时，顶事件必然发生，则这种组合的集合称为割集。对于一个割集，如果去掉其中任意一个底事件后，顶事件可能不会发生，即不再是割集，这个割集被称为最小割集。最小割集指出了系统中最容易出现故障的环节。故障树全部最小割集的集合代表了系统发生故障所有可能的原因，能够为故障分析和诊断提供科学的依据。

本章采用上行法（又称 Semanderes 算法）求解故障树的最小割集。从给定的故障树

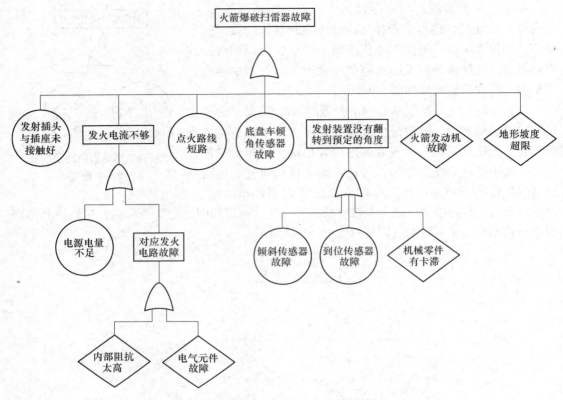

图 3-8　点火操纵盒子系统故障树模型

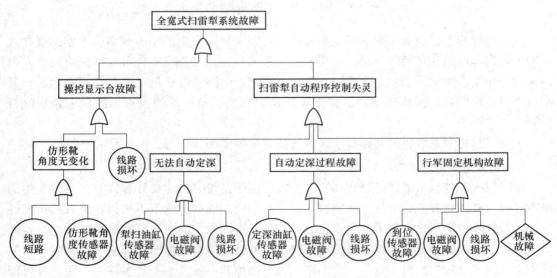

图 3-9　全宽式扫雷犁系统故障树模型

最下一级事件开始，逐次向上求解事件发生的情况，直至求出顶事件发生的所有故障模式，运算结束。逻辑或门的关系用布尔和的形式表示，逻辑与门的关系用布尔积的形式表

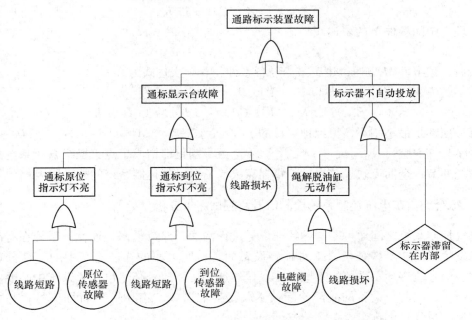

图 3-10 通路标示装置故障树模型

示，向上层层运算，最后得到顶事件用各个底事件最小项数的积之和的表达式，每一项乘积就是该项事件的最小割集。以图 3-8 点火操纵盒子系统故障树模型为例进行分析，首先将该故障树模型进行简化，如图 3-11 所示。

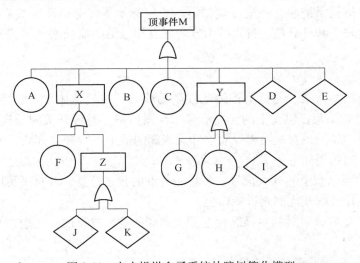

图 3-11 点火操纵盒子系统故障树简化模型

图中故障树最下一级事件是 Z，对应的逻辑门为或门，所联系的底事件是 J、K，因而

$$Z = J \cup K \tag{3-1}$$

其次，上一级中间事件 X 由逻辑或门与事件 F、Z 相联，可得

$$X = F \cup Z = F \cup J \cup K \tag{3-2}$$

同理，中间事件 Y 的表达式为

$$Y = G \cup H \cup I \tag{3-3}$$

最后，顶事件 M 也通过逻辑或门与各事件相联，表达式为

$$M = A \cup X \cup B \cup C \cup Y \cup D \cup E$$
$$= A \cup F \cup J \cup K \cup B \cup C \cup G \cup H \cup I \cup D \cup E \tag{3-4}$$

每一项都是最小割集，得到顶事件的 11 个最小割集：$\{A\}$、$\{B\}$、$\{C\}$、$\{D\}$、$\{E\}$、$\{F\}$、$\{G\}$、$\{H\}$、$\{I\}$、$\{J\}$、$\{K\}$。这 11 个最小割集即构成了点火操纵盒子系统故障树的最薄弱环节，全面反映了该爆破扫雷器点火操纵盒电气控制系统的故障原因。

3.1.3　综合扫雷车电气控制系统检测信号及测试需求分析

电气控制系统之间通过不同的特征信号进行沟通，保持紧密相连性。系统在有故障和无故障发生时均产生特征信号，对检测设备而言，所关心的往往是其中的一部分特征信号，这些信号能够预示系统的某些征兆。显然这些特征信号必然包含了系统中必要的元素和连接信号，因此，设备的故障诊断技术就是提取这些"有用"的特征信号，并加以分析、判断，得到目标输出。

3.1.3.1　主要检测部件检测信号分析

该型履带式综合扫雷车的电气控制系统构成复杂，主要由主控计算机箱、伺服控制箱、PLC 控制箱、主机盒、爆扫中继盒、通标中继盒、主操纵盒、点火操纵盒、阀盒、辅助动力盒以及安装在车体和作业机构上的传感器等组成。各组成系统提供操纵控制及驱动信号，与液压、机械系统配合完成爆破扫雷、通标标示等任务，同时具有环境感知能力，保障作业过程的安全和可靠性。各系统组成均配有相应的检测插头，方便外界设备进行对应部件的检测。

A　主机盒检测信号分析

主机盒是爆扫发射架、通标机构运动控制的核心，主机盒内设 PLC 和手动互锁控制板。其中 PLC 负责采集操纵盒上的开关信号、互锁控制、对各开关阀及比例阀进行输出；手动互锁控制板的作用是对从主操纵盒上开关到阀的输出进行硬件冗余，并予以必要的硬件互锁。主机盒的作用如下：

（1）采集主操纵盒上的开关信号、各智能节点的状态信息，并对采集回来的信号进行分析处理，对各开关阀及比例阀进行输出。

（2）手动作业方式时对从主操纵盒上开关到阀的输出进行硬件冗余，并予以必要的硬件互锁。

（3）向 CAN 总线发送必要的信息。

B　爆扫中继盒检测信号分析

爆扫中继盒安装在发射架左侧。负责为火箭弹夹紧、解脱传感器、发射装置倾角传感器供电，同时接收传感器的信号，A/D 转换后，将信息发送到 CAN 总线上。

C　中继盒检测信号分析

中继盒负责给小翻盖原位传感器、小翻盖限位传感器、发射装置原位传感器、绳解脱

油缸传感器、液压油温传感器、液压油压传感器、车体姿态倾角传感器供电，同时接收传感器的信号，数字化处理后发送到 CAN 总线上。

D 通标中继盒检测信号分析

通标中继盒给通标油缸原位传感器、通标油缸到位传感器、通标开盖油缸原位传感器、通标开盖油缸到位传感器供电，同时接收传感器的信号，数字化处理后发送到 CAN 总线上。

E 犁体智能节点检测信号分析

犁体智能节点一安装于驾驶员右侧，驾驶员操纵盒的下方，其主要功能为采集左犁扫油缸直线位移信号、左定深油缸直线位移信号、左仿形靴角度信号，经 A/D 转换后，通过总线上传至主控制计算机；实时监控三个传感器的电源线是否处于断、短路故障状态，通过总线上传至主控制计算机。

犁体智能节点二安装于驾驶员右侧，驾驶员操纵盒的下方，其主要功能为采集右犁扫油缸直线位移信号、右定深油缸直线位移信号、右仿形靴角度信号，经 A/D 转换后，通过总线上传至主控制计算机；采集左固定器伸出到位、左固定器缩回到位、右固定器伸出到位、右固定器缩回到位四个开关量现场信息，通过总线上传至主控制计算机；实时监控三个模拟量传感器的电源线是否处于断路、短路故障状态，通过总线上传至主控制计算机。

3.1.3.2 测试资源需求分析

由于综合扫雷车的电气控制系统组成模块较多，各功能模块之间的分布与逻辑关系复杂，部分控制机箱中的模块在作业工作时不能独立工作，对模块各接口的线路转接和电气参数匹配也较为复杂，单独对各机箱进行全面检测有一定困难，因此故障检测系统不但要对电气控制系统的主控机构的重要模块进行功能故障检测，还要能够完成对前端各组件或元器件（如扫雷犁位置旋变、仿形靴检测旋变、高低旋变和纵倾传感器）的检测。综合扫雷车电气控制系统检测所需资源见表 3-1。

表 3-1 综合扫雷测试对象及对测试资源的要求

序号	对象名称	定位要求	主要测试内容	对测试资源要求
1	PLC 控制箱	独立设备	各装置开关量控制信号； 液压系统的部分电气控制信号； 主机箱发送的控制信号	DI = 38 DO = 28
2	主机箱	独立设备	主控计算机及外围电路工作状态； 各线性控制的传感转换模块的工作状态； 阻绝墙爆破器控制信号； 爆破扫雷弹通断信号； 车速信号； 激光测定仪信号； 通标定时定距输出工作信号	DO = 10 DI = 8 AI = 8 AO = 10
3	伺服控制箱	独立设备	扫雷犁位置检测旋变信号； 仿形靴检测旋变信号； 破障发射装置高低、方向旋变信号； 火箭爆破器高低旋变信号	AO = 2 AI = 2

序号	对象名称	定位要求	主要测试内容	对测试资源要求
4	操控显示台	独立设备	各液压系统电磁比例阀控制信号	CI = 8 AO = 8
5	配电箱	独立设备	发电机电压信号、电源电压信号	AI = 2
合　计			PI = 1, DO = 38, DI = 46, AO = 20, AI = 12	

注：PI = (22~30V, 10A) 电源输入；DO = 数字（低电平 ≤ 3V, 高电平 > 15V）输出；DI = 数字（24V）输入；AO = 模拟（±5V, ±11.7V, 400Hz）输出；AI = 模拟（包括 ±5V, ±10V）输入；CI = 模拟（0~10mA）电流输入信号。

因此，综合扫雷车电气控制系统故障检测系统对测试资源的需求见表 3-2。

表 3-2　综合扫雷车电气控制系统故障检测系统对测试资源需求

序号	激励信号	类型	范　围	路数	备　注
1	直流电源	电源	22~30V, 10A	1	供电
2	交流信号	输入	36V/400Hz	1	数字输入
3	直流信号	模拟	0~±5V 或 0~±11V 或 0~24V	13	A/D
4	直流信号	模拟	0~±5V 或 0~±11V 或 0~24V	20	D/A
5	开关信号	输入	低电平：<3V，高电平：>15V	46	数字输入
6	开关信号	输出	低电平：<3V，高电平：>15V	38	数字输出
7	总线信号	总线	CAN1.1 或 2.0B，250kb/s	1	按协议要求提供

3.2　新型综合扫雷车电气控制系统检测设备硬件研制

新型综合扫雷车故障检测系统主要为部队提供一套便携式故障检测诊断设备，完成扫雷车电气控制系统的状态检测、故障诊断，保证装备的完好性及其持续作战能力。硬件系统是整个检测系统的主要信息处理与显示的平台，本书采用模块化、标准化与通用化设计思想，以可靠接插的形式连接，保证各模块连接可靠、拆卸便利。

3.2.1　检测系统硬件总体方案

检测系统的种类随着科技的进步和工业生产的发展在不断变化，在进行检测系统设计时，要综合考虑外部环境要求、被测精度要求、测量范围、生产成本以及被测物理量变化的特点等。检测系统总体方案的确定，是进行系统设计最重要、最关键的一步。总体方案的好坏，能够直接影响整个检测系统的检测精度和可靠性。

3.2.1.1　检测系统功能需求分析

故障检测系统主要是对该型综合扫雷车电气控制系统进行故障检测，快速定位与诊断，自动生成维修方案，从而为装备维修保障人员提供详细的故障维修指导等。根据上一节对该型综合扫雷车组成结构以及电气控制系统的工作机理、故障模式以及失效形式的分析，基于日常训练保障和野战条件下装备快速抢修的目的，对该故障检测系统的功能提出以下要求。

A 检测系统测试功能要求

对检测系统的测试要求包括：

（1）检测系统具有自检功能，确保测试系统本身状态可控。

（2）能够对扫雷车电气控制系统进行检测，判断装备的完好性。

（3）能够对扫雷车电气控制系统进行故障诊断，故障可定位到单元级独立部件。

（4）可实现对采集数据和结果的显示、分析及存储。

（5）具有维修指导功能，可针对故障诊断结果定位到独立设备，给出维修指导方案。

（6）通过 USB 接口或网口与计算机连接，进行在线检测，或导出测试数据进行离线数据分析。

B 检测系统性能指标要求

对检测系统性能指标要求包括：

（1）检测时间：

展开时间：≤8min；

自检时间：≤3min；

撤收时间：≤10min。

（2）电源要求：

交流：220V±10%，50Hz±5%；

直流：24V±2V；

内部锂电池供电。

（3）电池连续工作时间：不小于 2h。

（4）环境适应性

工作温度：−10～+45℃；

存储温度：−40～+65℃；

工作湿度：25%～75%。

3.2.1.2 检测系统结构组成设计

综合扫雷车故障检测系统可以完成对扫雷车上装电气控制系统输出信号的检测，包括爆扫控制系统、扫雷犁控制系统等。扫雷车检测系统硬件设计采用模块化设计方案，将系统划分为若干硬件和软件功能模块，简化设计过程并缩短设计周期，同时便于扩充和更新，结构灵活，增强系统的适应性。硬件系统的设计主要包括工控机模块选型、按键模块设计、CAN 通讯模块设计、采集模块设计、调理板卡设计、载板设计和检测电缆的设计等内容。故障检测系统组成如图 3-12 所示。

综合扫雷车检测系统硬件结构原理如图 3-13 所示，被测部件通过检测电缆和相应的检测系统航插连接，将检测信号传递给检测系统，被测信

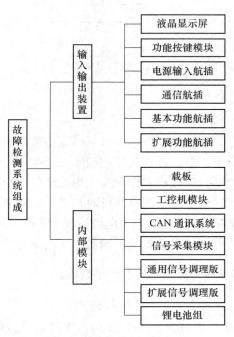

图 3-12 故障检测系统组成

号首先送到调理模块进行调理，使之成为需要的、适合采集的信号。然后将调理之后的信号送到 PCI-104 采集模块进行处理。检测软件通过总线访问数据采集模块，读取采集到的数据信息，同时调用故障诊断系统进行故障的诊断与定位，并对数据进行实时分析、存储、显示以及形成结论。操作人员可以通过显示屏现场查看测试数据和诊断结果，也可通过外接打印机输出诊断结论。

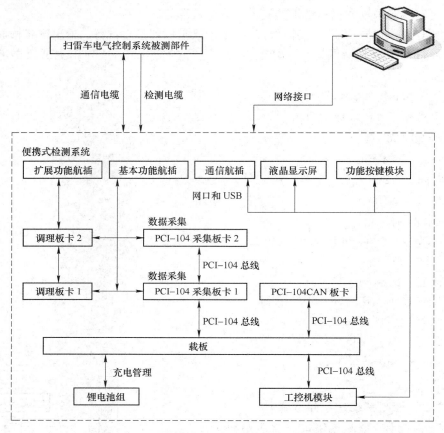

图 3-13　综合扫雷车检测系统硬件结构原理图

检测系统通信接口可以使得检测数据通过 USB 接口导出，进行离线的数据分析，完成分类汇总，补充故障数据库。上位机也可通过网口与检测系统连接，利用上位机来操作检测平台完成检测作业，实现复杂的远程操作检测工作。

内部锂电池模块可对扫雷车检测系统供电。当使用外接 220V 交流电源时，通过电源适配器将 220V 交流电源转换为 24V 直流电源，输出端与检测系统的电源航插相连，此时由外部电源给检测系统供电，同时对电池充电。

3.2.2　检测系统硬件平台设计

3.2.2.1　工控机选型

以 ARM、DSP 和 MCS51 等芯片为核心的嵌入式工控机是目前机电一体化装备和军用工程装备电控系统及故障检测系统的主要控制核心。因此，某型综合扫雷车电气控制系统故障检测系统的整体方案也是基于嵌入式工控机为核心构建。工控机是整个检测系统的核心，负责检测系统硬软件的协调控制与信号的分析及处理。本章采用嵌入式低功耗 PCI-104CPU 模块，同时在工控机的外围配置串口和 USB 等通讯接口。

目前比较主流的嵌入式开发平台主要包括三种架构：PowerPC 系列、ARM 系列和 X86 系列。PowerPC 系列主要应用于高端市场，开发成本很高、周期长；ARM 系列主要应用于民品市场，开发成本低、支持的外设接口不够丰富、制作的软件界面比较简单；X86 系列主要应用于工业产品，性能稳定可靠，支持的外设接口丰富，支持 Windows 操作系统，软件开发通用性、兼容性、灵活性、移植性、扩展性好。

综合考虑产品性能因素以及检测功能需求，选用 X86 系列的 PM-PV-N455 模块。该模块采用 PCI-104 总线结构，内置一个低功耗、高性能的 Intel Atom N455 处理器，支持的外设接口非常丰富，同时支持 Windows XP SP3 操作系统，满足设计和使用要求。嵌入式计算机模块外形如图 3-14 所示，其主要参数见表 3-3，内部数据流框图如图 3-15 所示。

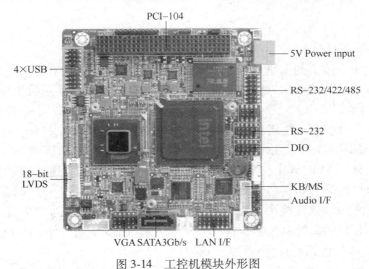

图 3-14　工控机模块外形图

表 3-3　工控机模块主要技术参数

指标参数	数　值	指标参数	数　值
总线结构	PCI-104	存储	CF 存储卡/SATA 硬盘
CPU 型号	Intel Atom N455	以太网	Intel 82567V
CPU 主频	1.66GHz	数据接口	4 路 USB2.0 1 路 PS2 接口 1 路 RS-232 1 路 RS-232/422/485 1 路网络接口
芯片组	Intel ICH8-M	显示	CRT：最大分辨率 1400×1050 LVDS：最大分辨率 1366×768
图形	GMA3150	电源	5V、12V，AT/ATX 支持
内存	1G 800MHz DDR3（最大支持 2G）	尺寸	96mm × 90mm

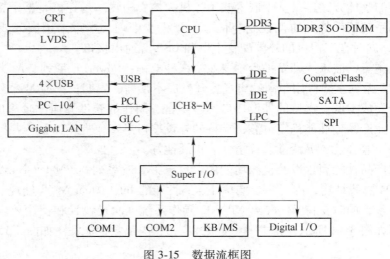

图 3-15　数据流框图

3.2.2.2　按键模块

按键模块是十分重要的人机对话的组成部分，是人向机器发出指令、输入信息的通道。检测系统采用功能按键加软键盘的操作方式，功能按键在检测系统正面的右边，一共10 个按键，分别是"↑"、"↓"、"←"、"→"、"切换"、"空格"、"退格"、"删除"、"取消"、"确定"，这 10 个按键配合软键盘来完成软件界面的复杂操作，操作方便，较好地满足检测系统的功能需求。按键功能模块采用 AVR 单片机和 CH375 芯片完成按键的扫描和信号传递工作。AVR 单片机采用增强型 RISC 结构，具有高速处理能力，Atmega128是基于 ARV RISC 结构的 8 位高性能、低功耗的 CMOS 微处理器，可以减缓系统在处理速度和功耗之间的矛盾，提高检测系统的按键扫描采集功能。通用接口芯片 CH375 通过并行接口挂接到单片机的系统总线上，将 CH375 的 TXD 引脚接地，使 CH375 工作于并口方式，按照相应的 USB 协议与计算机设备通信。

按键模块电路工作时，AVR 单片机首先完成这 10 个按键的扫描采集工作。当有键按下时，信号通过双向数据总线 PE3～PE7 传递给 AVR 单片机。单片机通过 PA0～PA7 端口和 USB 总线接口芯片 CH375 的并行接口 D0～D7 相连接，其中单片机的写选通输入 PG0引脚和读选通输入 PG1 引脚分别和 CH375 芯片的 WR#和 RD#连接。芯片的 CH375CS#为地址译码电路驱动，当 CS#、WR#和 A0 都为低电平时，单片机将采集到的键值写入芯片CH375 中，之后 CH375 通过 USB 信号引脚 UD+和 UD−，按照标准 USB 协议的方式将按键信息直接传输给计算机，完成按键操作。按键模块电路原理如图 3-16 所示。

3.2.2.3　CAN 通讯系统

CAN 是控制器局域网（Controller Area Network）的缩写，CAN 通信协议能够有效支持分布式控制和实时控制，具有很高的网络安全性和实时性、可靠性。CAN 的信号传输采用短帧结构，支持多主站方式同时工作，网络上各节点独立成主机，向其他节点发送信息时不分主从，数据的接收和发送支持点对点、一点对多点以及全局广播等方式进行，没有时间限制，通信方式灵活。CAN 通信采用总线仲裁技术，优先级高的节点优先传送数据，优先级低的在总线空闲时重新发送报文，从而避免了总线冲突和破坏性。

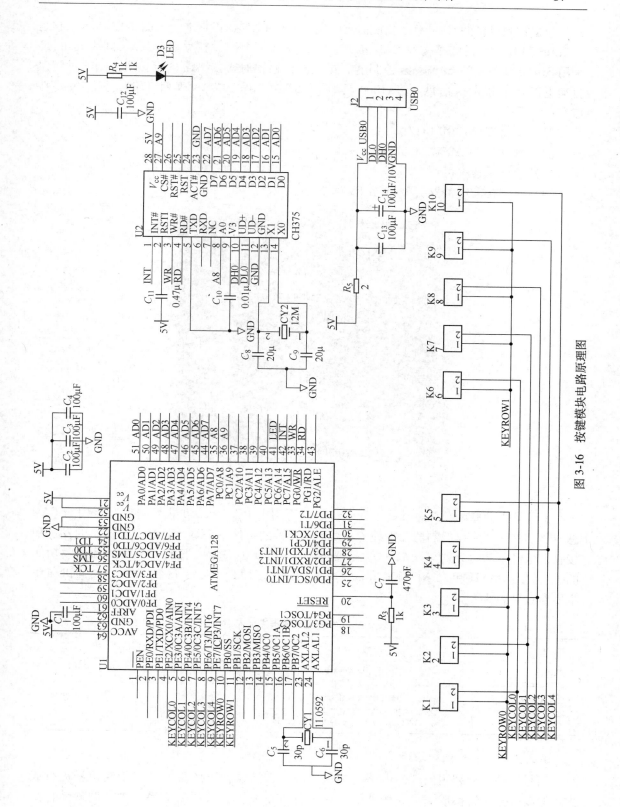

图 3-16 按键模块电路原理图

根据被测设备的 CAN 总线测试需求，设计了该 CAN 通讯板卡，如图 3-17 所示。它是一款基于 PCI-104 总线结构的 CAN 接口板卡，支持两个端口独立操作 CAN 网络或桥接。采用 SJA1000 独立的 CAN 总线控制器。在检测到错误时，其错误自检功能，能够对错误自动更正并重新发送信息。SJA1000 具有 BasicCAN 和 PeliCAN 两种工作模式，主要特点有：

（1）支持 CAN2.0B 协议。

（2）软件与 PCA82C200 兼容。

（3）位通讯速率可达 1Mbits/s。

（4）扩展接收缓冲器（64 字节 FIFO）。

图 3-17　CAN 通讯板卡外形图

由于 SJA1000 的总线驱动能力有限，因此采用了 PCA82C250 收发器作为专用的 CAN 总线驱动器，使协议控制器和物理传输线得到有效的连接。TXD、RXD 引脚输出的发送和接收信号经驱动后分别与 SJA1000 控制器的 TX0 和 RX0 连接。具有差动发送和接收功能的总线终端 CANH 和 CANL 引脚与总线电缆相连接。原理如图 3-18 所示。CAN 通讯模块主要参数见表 3-4。

表 3-4　CAN 通讯板卡主要参数

指标参数	数　值	指标参数	数　值
CAN 控制器	PHILIPS SJA1000	CAN 通道数	2 路
CAN 收发器	PHILIPS PCA82C250	数据传输速率	5kb/s～1Mb/s
CAN 协议	支持 CAN2.0B 规范，兼容 CAN2.0A 规范	光电隔离耐压	1000V（DC）

3.2.2.4　信号调理板卡

信号调理是指利用内部的电路（如放大器、滤波器、转换器等）对待测信号进行放大、滤波等操作转换成采集系统能够识别的标准信号。在数据采集系统中，调理是否得

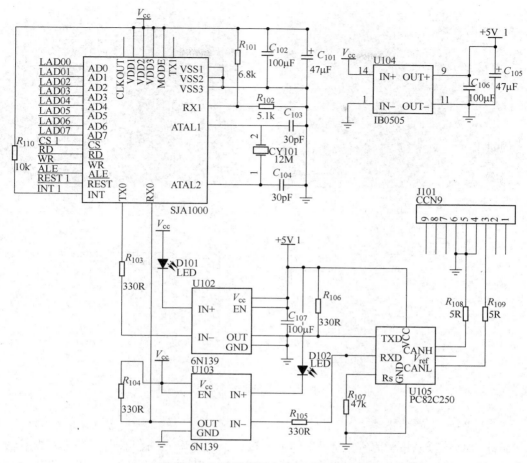

图 3-18 CAN 通讯板卡 CAN 通讯原理图

当，直接关系到数据采集、分析和系统检测的可靠性。因此，针对该型综合扫雷车测试信号的特点制作了专用的信号调理板卡，将航插输入的测试信号调理成适合采集的信号，再传输给采集板卡进行信号采集处理。此外，调理板卡还设计有资源扩展的功能，可以实现利用较少的测试资源，完成整车的所有测试项目的目的。调理板卡主要进行信号采集板卡测试资源的资源扩展和测试信号的调理工作，调理电路主要有模拟信号调理电路、数字信号调理电路、电压隔离模块调理电路等。

通用信号调理板和扩展信号调理板外形如图 3-19、图 3-20 所示。

A 模拟信号调理电路

外部输入的模拟信号在测试电缆传输过程中经常会混入一些高频信号，这些信号可能会对需要采集的信号形成干扰，影响系统的精度，严重时还可能影响整个信号调理板的工作。在输入信号调理电路中通常加入低通滤波器，将无用的信号进行衰减和滤除，最大限度保留有效信号，去除干扰信号，保证检测系统的精度。电路原理图如图 3-21 所示，该电路为典型低通滤波电路，能够有效抑制高频干扰信号。可根据测试信号的频率选取滤波电容值，通过调整反馈电阻调整电路的放大增益。

图 3-19　通用信号调理板　　　　　　　　图 3-20　扩展信号调理板

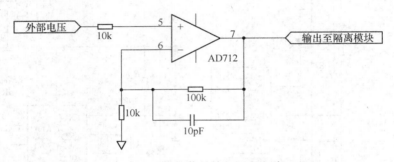

图 3-21　模拟信号输入调理电路

B　数字信号隔离模块

数字 I/O 信号采集资源都是 3.3V LVTTL 接口，均采用光耦合器进行隔离，当有输入信号流过时，发光器发出光线，受光器接受光线后产生光电流，从输出端流出，从而实现电-光-电的转换。通过光耦隔离电路将不同幅值的输入信号转换为 TTL 电平信号，并将检测系统输出的 TTL 信号转换为与被测部件兼容的电平信号。这样不仅保护了采集板卡的数字 I/O 接口，也增强了数字 I/O 信号的驱动能力，可实现稳态信息的传输。隔离电路原理如图 3-22、图 3-23 所示。

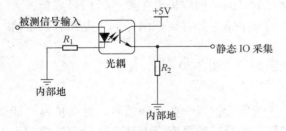

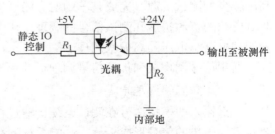

图 3-22　输入信号隔离电路　　　　　　　图 3-23　输出信号隔离电路

C　电压隔离模块

电压隔离模块可以将直流电压信号隔离、转换和放大，实现对模拟信号地线干扰抑制及数据的隔离和采集。隔离电路采用磁电隔离的混合电路，输入信号经过低通滤波器滤波后进入模拟信号隔离放大器，该电路最高绝缘电压可达 5000VDC。模块使用非常方便，不需要零点和增益调节。隔离电路原理如图 3-24 所示。

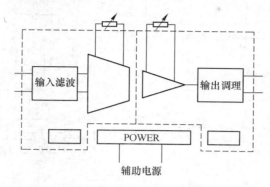

图 3-24　电压隔离模块电路

3.2.2.5　多功能采集板卡

　　该故障检测系统检测信号包括开关信号、直流信号以及交流信号，为了满足测试需求，设计了 PCI-104-325 信号采集板卡，它是一款多功能板卡，将多路 A/D、D/A、数字 I/O、计数器、频率发生器通过一块板卡实现，为系统开发带来便利。采集板卡采用 PCI-9054 作为桥控制芯片。其总线端（PCI Bus）通过 PCI-104 插槽与工控机模块连接，本地总线端（Local Bus）与 PCI-104-325 采集板卡的本地逻辑控制端相连接。PCI-9054 采用 PLX 公司在业界具有领先水平的数据流水线框架设计，是一种功能强、使用灵活的总线接口控制器。本地端共有三种不同的总线接口模式：M 模式、C 模式和 J 模式，分别适合于不同的逻辑控制端。本章设计的采集板卡使用 C 模式，将数据线与地址线分开使用，既可实现基本的传输要求，也可以访问其他总线设备，传输速率高、工作稳定且配置方便。同时选用 FPGA 控制器用来解析总线指令以及完成 ADC 和 DAC 的时序控制。其可编程逻辑功能，简化了硬件电路的设计，提高了采集板卡的可靠性和稳定性。

　　PCI-104-325 信号采集板卡设计有 16 路 A/D 采集通道，分别为 AI_0~AI_15，转换精度 16 位，单通道最大采样速率达到 500KHz，能够将模拟信号成比例地转换成数字信号，其原理如图 3-25 所示。包括采样保持电路和量化编码电路。采样保持电路将数字量转换为在时间上离散的模拟量，之后通过量化编码电路将采样后的值限定在规定的两个离散电平上，方便后续信号的分析、判断。

　　同时，PCI-104-325 信号采集板卡设计有 2 路 D/A 模拟输出通道，分别为 DAC0 和 DAC1，转换精度 16 位，量程可设置，模拟输出频率最大 100KHz，设计原理图如图 3-26 所示。D/A 模拟输出通道将采集的数字量转换为相应的模拟量。通过把数字量的每一位上的代码按权转换成为对应的模拟电压，再把模拟量相加，采用 T 型网络实现数字量向模拟电流的转换，最后由运算放大器将模拟电流转换为模拟电压。

　　此外，PCI-104-325 采集板卡还设计有 24 路通用 I/O 接口，分别为 P0_0~P0_7、P1_0~P1_7 和 P2_0~P2_7，支持标准的 3.3VTTL 输入和输出，该接口是进行数据传输必须经过的桥梁，原理如图 3-27 所示。为了拓展计数位数，有 2 路 I/O 接口复用了计数器功能，计数位数达到了 32 位，可以实现脉冲个数测量、周期测量、脉宽测量等，减少开发成本。复用管脚见表 3-5 所示。

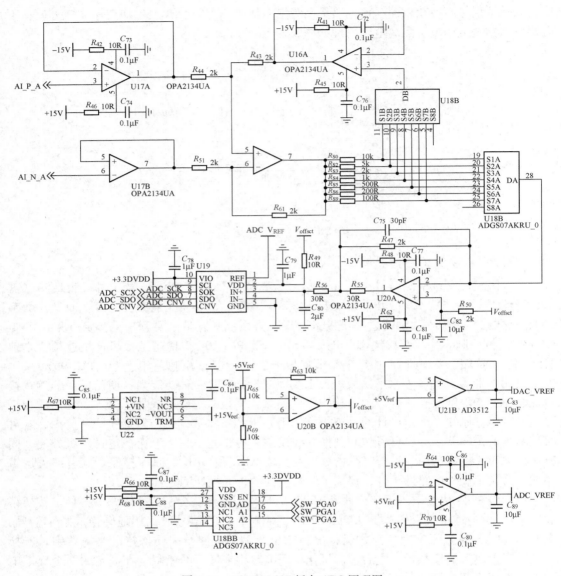

图 3-25　PCI-104-325 板卡 ADC 原理图

表 3-5　计数器复用管脚

计数器信号名称	复用 I/O 名称
Counter0_ source	P2_0
Counter0_ gate	P2_1
Counter0_ out	P2_4
Counter1_ source	P1_3
Counter1_ gate	P1_4
Counter1_ out	P2_5
FREQ OUT	P2_6

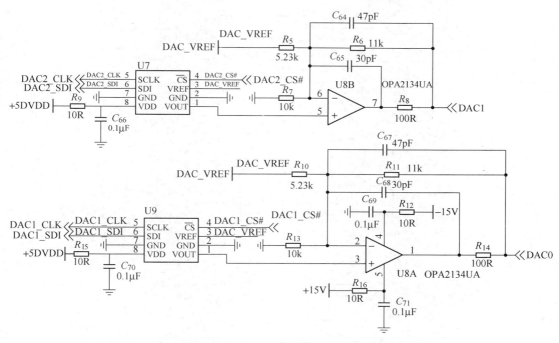

图 3-26 PCI-104-325 板卡 DAC 原理图

PCI-104-325 信号采集模块实现外形图如图 3-28 所示，技术参数见表 3-6。

表 3-6 PCI-104-325 板卡主要参数

指标参数		数　值	指标参数		数　值
总线结构		PCI-104		通道	2 路
A/D 采集	通道	16 路	D/A 输出	转换精度	16 位
	转换精度	16 位		输出量程	0~10V、±5V、±10V
	输入量程	0~10V、±10V		输出频率	最高 100KHz
	采样速率	1Hz~500KHz		数据传输方式	DMA、中断方式
	数据读取方式	DMA、中断方式		存储器深度	16K 字节 FIFO 存储
	存储器深度	8K 字节 FIFO 存储		误差	0.05%FS
	非线性误差	±3LSB 最大	计数器	通道	2 路
	测试误差	0.01%FS		位数	32 位
I/O 口	通道	24 路		测量方式	脉冲个数测量、脉宽测量、周期测量
	接口电平	3.3V LVTTL		FIFO 深度	252

3.2.2.6 电源系统

电源系统模块是系统正常工作的关键部分，综合扫雷车检测系统采用三种供电方式：外部 220VAC、24VDC 和内部锂电池。根据三种电源的特性，检测系统外部配了 220VAC 电源适配器，将外部交流电源转换成 24V 直流电源，通过航插连接到检测系统。当外部电

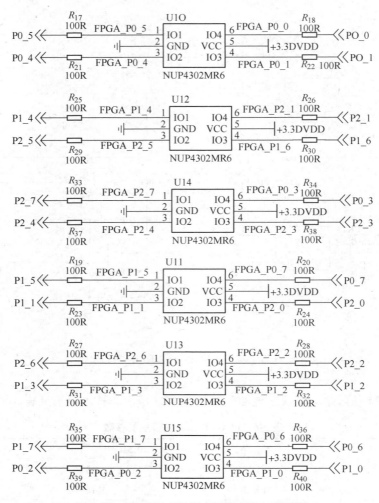

图 3-27　PCI-104-325 板卡通用 I/O 口原理图

源直接为检测系统供电时,内部锂电池同时可以进行充电。当没有外部电源供电时,锂电池模块负责给检测系统供电,保证系统在野外情况下的使用。检测系统外壳右侧、功能按键上方设计有两个指示灯,一个是电池充电指示灯,一个是电源指示灯。当电池充电指示灯为红色时,表示电池正在充电;当电池充电指示灯变绿色时,表示电池已充满。当系统正常工作时,电源指示灯为绿色,电池电压正常;电源指示灯变红色时,电池电压欠压,需要及时为检测系统充电。

检测系统采取内部锂电池供电时,为保证检测系统的工作时间不低于 2h,综合各模

图 3-28　PCI-104-325 信号采集板卡外形图

块的功耗考虑，选用 4 节单芯容量为 3.7V/5Ah 的锂电池串联，再并联两串这种组合锂电池的方式，此时锂电池组的总容量可达 14.8V/10Ah。且锂离子电池本身具有高能量密度、高循环次数、高内阻、低自放电、环保等特性，能够较好地满足使用人员的要求。在设计过程中同时考虑电池充电管理设计和电池保护设计，不仅满足了电池充电需求，延长电池的使用寿命，而且保证了人身和主机的安全，提高设备的安全性和可靠性。电池充电管理电路和电池保护电路如图 3-29 所示。

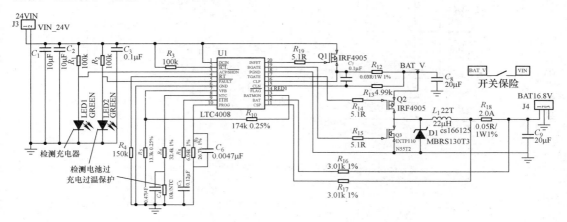

图 3-29　电池充电管理电路和电池保护电路图

综合扫雷车检测系统内部的工控机模块、PCI-104-325 信号采集模块、信号调理模块等需要 5V 或 12V 对其供电，各模块对电流需求也是很大的。考虑到电源输入是外接直流 24V 或内部锂电池组，且锂电池组的电压范围是 10.8～16.8V，因此需要分别设计 5V 和 12V 电源的稳压控制器。

5V 电源稳压控制器采用 LTC3854 控制芯片，该芯片是一款宽输入电压范围的高性能同步降压型开关 DC/DC 控制器，具有防贯通保护性能，强大的片上 MOSFET 栅极驱动器使大功率外部 MOSFET 能够为 5V 输出电压产生高达 20A 的输出电流。LTC3854 电路原理如图 3-30 所示。

12V 电源稳压控制器采用 LTC3789 控制芯片，该芯片是一款高性能、高效率、4 路 MOSFET 同步驱动的升降压式开关稳压控制器。单电感器架构可在输入电压高于、等于或低于输出电压的情况下工作，工作频率恒定，最高可达 600kHz。LTC3789 电路原理图如图 3-31 所示。

3.2.2.7　检测系统载板

检测系统设计时为了将各个模块数据进行有效传递，设计了此载板模块，所有的板卡通过接插件的方式和载板通过总线进行连接，如图 3-32 所示。在载板上设计有 PCI-104 插槽，能够很方便的扩展支持 PCI-104 总线的板卡和工控机模块，CAN 通讯板卡、信号采集板卡和调理板卡相互叠加，通过 PCI-104 插槽连接在载板上。PCI-104 插座选用了镀金的方式，保证了接插牢固稳定、总线的驱动能力以及信号的完整性，而且插针也不容易氧化，延长了使用寿命。调理板卡通过铜柱固定在载板上，再通过接插件连接到信号采集板卡上。由于通信插槽的限制，载板上最多可支持 4 块 PCI-104 板卡。

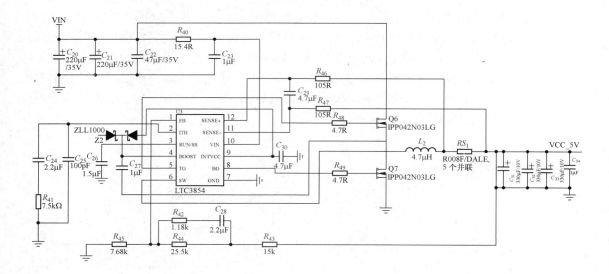

图 3-30　LTC3854 电路原理图

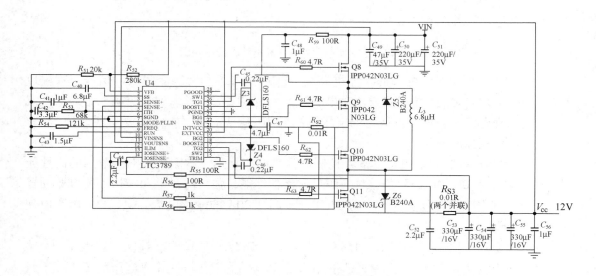

图 3-31　LTC3789 电路原理图

3.2.2.8　检测电缆研制

检测电缆用于连接检测系统与被测装备，由于该型综合扫雷车各个被测部件的外接接头并不相同，需要制作针对每个被测部件的专用检测电缆，来将被测信号接入到检测系统的航插上。电缆设计为 2 根，分别为爆扫/通标电气控制系统检测电缆和犁扫电气控制系统检测电缆，两端均有明显的电缆标识，与主机相连的一端标注插头的代号及其功能，与被测装备相连的一端标注有被测件的名称及插头代号，方便人员组装测试。为防止外界干扰信号对检测信号的干扰，电缆采用屏蔽线设计，所有航空插头的设计时均考虑防盐雾腐蚀以及电磁兼容性的要求。检测电缆如图 3-33 所示，电缆定义见表 3-7。

图 3-32 载板外形图

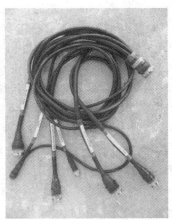

图 3-33 检测电缆

表 3-7 电缆定义表

电缆总名称	分支电缆名称	装备名称
爆扫/通标系统	主机盒	主机盒
	阀盒 CT25	阀盒
	爆扫中继盒 CT13	爆扫中继盒
	爆扫中继盒 CZ13	
	爆扫中继盒 CT14	
	中继盒	中继盒
	点火操纵盒 CT31	点火操纵盒
	点火操纵盒 CZ31	
	主操纵盒 CT3	主操纵盒

电缆总名称	分支电缆名称	装备名称
犁扫控制系统	操纵显示台 CT70	操纵显示台
	操纵显示台 CT72	
	犁体智能节点一、二 CT106	犁体智能节点一、二
	磁感保护智能节点 CT102	磁感保护智能节点
	磁感保护智能节点 CT103	
	传感器	传感器

3.2.3   检测系统硬件实现

3.2.3.1   箱体结构组成

经过市场调研与产品结构原理分析，确定该检测系统结构设计如图 3-34 所示。该型
履带式综合扫雷车检测系统采用铝合金一体化全密封外壳，具有一定的抗外界干扰能力。金属材料采用了防锈、耐腐蚀的材料并进行镀涂处理，抗冲击振动能力较强。外壳顶部安装有把手，四周安装橡胶脚垫，方便携带和存放；正面安装10.4 英寸液晶显示屏，功能按键安装于屏幕右侧，按键上方有电源指示灯和充电指示灯；右侧面有一个小门，小门内安装有通信接口、航插和电源开关等接口；不使用时，小门关闭，有效保证了航插插头和检测系统的安全性。

图 3-34   检测系统外观
1—把手；2—角垫；3—外壳；4—液晶
显示屏；5—电源和充电指示灯；
6—功能按键模块

3.2.3.2   内部连接结构

综合扫雷车检测系统内部的载板上设计有
PCI-104 插槽，各模块安装合理。工控机模块、PCI-104 采集模块采用上下叠加的方式，通过 PCI-104 插槽与载板进行连接。其中工控机模块安装于载板左侧的下面，PCI-104-325 信号采集模块安装于载板左侧的上面。调理模块通过专用接插件和 PCI-104 采集模块进行连接，通过铜柱安装于载板右侧的上面，并通过导线和右侧的航插连接。电池模块安装于载板右侧的底壳上。内部结构如图 3-35 所示。

检测系统还可进行功能的扩展，当检测对象或检测资源增加时，按指标要求可以增加 1 块采集板卡和 1 块调理板卡，此时共有 3 块采集板卡和 2 块调理板卡。采集模块可以在第一层前后并排放 2 块板卡，另一块采集板卡再叠加到其中一块板上。调理板卡采用上下叠加的方式，通过专用接插件和采集模块进行连接，并通过导线和右侧的扩展航插连接。

3.2.3.3   接口电路实现

扫雷车电气控制系统故障检测系统通过液晶显示屏和功能按键作为人机交互接口，右侧面的小门内有电源开关、保险、电源输入航插、通信航插、基本功能航插和扩展功能航插。其中通信航插包括有 USB 口、网口，可外接电脑和打印机，导出测试数据。基本功能航插包括有 1 路 CAN 总线接口、1 路转速信号检测接口、1 路温度信号检测接口、1 路

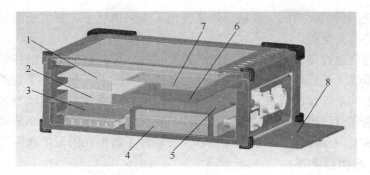

图 3-35 内部结构

1—扩展采集板卡；2—PCI-104-325 板卡；3—工控机模块；4—锂电池组；
5—载板；6—调理板卡；7—扩展调理板卡；8—小门

RS-232 串口、1 路串入式压力检测接口、2 路外卡式压力检测接口；扩展功能航插包含 1 路 CAN 总线接口、1 路 RS-422 串口、4 路 DA 信号检测资源接口、24 路 AD 信号检测资源接口、8 路输出开关量接口、1 路 24V/12V 激励接口。接口示意图如图 3-36 所示。

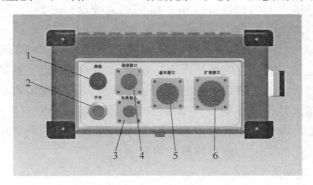

图 3-36 接口示意图

1—保险；2—开关；3—电源输入航插；4—通信航插；
5—基本功能航插；6—扩展功能航插

3.3 新型综合扫雷车电气控制系统检测设备软件开发

软件平台的开发是检测系统设计的核心，负责协调系统的操作、管理、诊断和计算等功能。本章在原有硬件设计的基础上采用模块化设计思想，各部分设计功能明确，最后将硬、软件模块统一起来，提高了程序编写的可读性，保证系统的正常运行和可靠性设计。

虚拟仪器技术及测试系统集成平台 LabWindows/CVI 开发平台具有友好的人机交互界面，提供了众多的动态链接库文件，完成软硬件模块的无缝连接和其他的第三方产品功能，便于测控系统软硬件集成。因此检测系统的主控软件采用该软件进行开发。

3.3.1 软件平台设计原则分析

3.3.1.1 合适性

故障检测软件平台设计的源头是扫雷车电气控制系统的故障检测与诊断需求，这是由该检测设备的使用目的决定的。在满足部队使用需求的情况下，开发出最适合现场用户使用的软件系统是有意义的。

软件系统的合适性是评价其体系结构的首要指标，任何软件平台的体系结构都应适合于整体软硬件系统尤其是软件平台的功能性与非功能性需求。在软件平台的开发设计过程中，开发人员根据系统设计特点与开发需求分析，结合自身的主观能动性，综合考虑多种方案，归纳、推理设计出较为合适的体系结构。在设计过程中，切忌不能将注意力过于集中在功能性需求上，而疏忽了非功能性需求，使软件平台出现明显的缺陷。

3.3.1.2　结构稳定性

故障检测软件平台的总体系统结构是该软件系统设计的第一要素。软件平台具体开发过程的主要工作，如用户接口设计、各个功能模块设计、数据结构的设计和故障信息数据库设计等，都是在软件平台的体系结构明确以后进行的，而程序编写和软件测试是最后面的工作。软件体系结构一旦设计完成，应在一定的开发时间段内保持稳定不变，这样方能保持软件平台的开发工作具有连续性，后续软件开发工作才能顺利开展。一个检测系统如果软件平台的体系结构进行改动，那么用户接口、功能模块、故障数据库和检测数据结构等建构在软件系统结构之上的程序开发也不得不随之变动，必然会导致项目开发的混乱，软件开发的效率也会降低。

当然，软件平台开发的体系结构是依据产品需求而确定的，如果需求变更了，自然会导致体系结构发生变动，那么在这种情况下，也应保持结构稳定。这就要求软件设计开发人员在开始项目研制前，结合研究对象的使用、维护、保养与保障现状，深入分析项目需求文件，确定哪些需求是稳定不变的，哪些需求可能会随着研究对象的发展状况而变动。软件开发设计人员就可以根据相对稳定不变的需求内容设计确定软件平台的体系结构，而对于那些可能发生变动的需求去设计软件的可扩展性。

3.3.1.3　可扩展性

软件在原有的设计基础上开发扩展新功能的难易程度是由其可扩展性决定的。可扩展性好的软件，软件开发越容易，适应项目的变化能力也越强；反之，可扩展性不好的软件，遇到项目要求发生变化时，往往耗费大量的人力、财力。虽然软件开发具有先天灵活性，也即"软"特性，但并不是所有的软件都必须设计成有扩展功能的，可根据软件的规模和复杂性而判断软件设计的扩展性。假如软件平台的规模很小，处理问题相对简单，扩展功能是比较容易实现的。如果软件规模很大、问题很复杂，则对软件的可扩展性必须详细规划，否则软件局部或较小的更改都可能造成软件系统的崩溃。

现代软件产品尤其是军用装备相关软件，其需求变化越来越快，需求的变化使得软件的功能也应发生修改（或扩展），因此软件的可扩展性变得越来越重要。如果软件的可扩展性较差，将要花费较高的代价进行软件的更新或功能的修改，必然影响软件产品的使用与维护。软件在开发过程中可以采用分层开发和"增量开发模式"，在不破坏软件平台整体结构的稳定性的基础上，扩充和完善软件的功能。

3.3.1.4　可复用性

复用是软件开发中人类智慧的体现。软件开发人员在程序开发过程中，对已有的成功软件的重新开发，加以复用，能够有效提高软件的开发效率和开发质量。一般而言，在设计一个新的软件系统中，大部分是可借鉴的现成成果的。内容比较成熟的，只有小部分的内容是需要进行改进的。对于成熟的成果而言，其性能和可靠性一般是比较高的，因此，软件开发中采用复用技术，设计出相对通用的软件系统的结构模式，来快速实现成熟开发工作的生成，对软件体系结构的设计是非常有意义的。必须指出，软件的可复用性是设计出来的，软件开发人员遵循良好的设计和编码标准是保证软件系统具有良好的可复用性前提，没有预先深入的需求分析和科学的体系结构的设计，可复用性是难以实现的。

3.3.2 软件平台总体结构设计

3.3.2.1 软件检测流程设计

根据检测系统功能要求和被测系统的分析，在硬件设计的基础上，确定检测系统软件的开发需求，建立整体系统的设计思路。检测系统软件设计采用模块化思想，对各个模块进行程序设计，最后进行程序的调试与优化，并根据检测流程编写用户手册和帮助文档。检测系统软件设计流程如图 3-37 所示。

3.3.2.2 软件系统结构组成

计算机检测软件是基于 Windows 系统，采用 LabWindows/CVI 语言和 SQL Server 2005 数据库进行开发的。软件设计主要包括由测试开发平台、测试运行平台、系统自检、数据管理系统、网络远程控制及帮助系统六大模块设计组成，其软件模块组成结构如图 3-38 所示。

检测系统主控程序主要负责整个系统的管理和调度，配合系统自检程序，完成初始化检测。故障检测系统是完

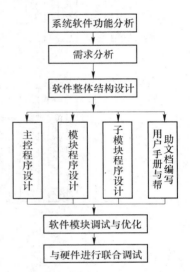

图 3-37 检测系统软件设计流程

成各个被检测部件故障检测的程序集合，以应用程序格式被主控程序调用执行。根据部件检测需要，向被测部件输出有关激励或调试信号，同时接收被测部件输出的响应信号或其他特征信号，并进行处理与储存。数据库系统包含了检测所需要的各种数据资源，包括检测诊断数据库、检测结果数据库、仪器资源数据库、保障对象数据库、检测流程数据库、流程变量数据库和界面信息数据库等。维修方案系统依据检测信号的测试和故障分析的结果，给出被测部件的故障模式和维修方案，指导维修人员进行部件的维修。帮助系统提供该型综合扫雷车的相关技术资料以及软件系统操作的帮助。

3.3.3 测试开发平台设计

测试开发平台的主要功能包括保障对象管理、仪器资源管理、测试任务开发和故障诊断开发 4 个子模块，为测试流程的开发提供集流程管理、资源管理、界面定制、流程设计、流程编辑、流程导入、流程导出、流程仿真于一体的、完整的可视化开发环境。

3.3.3.1 仪器资源管理

本模块提供对测试资源的配置和管理功能，并可将配置信息存放到仪器资源管理数

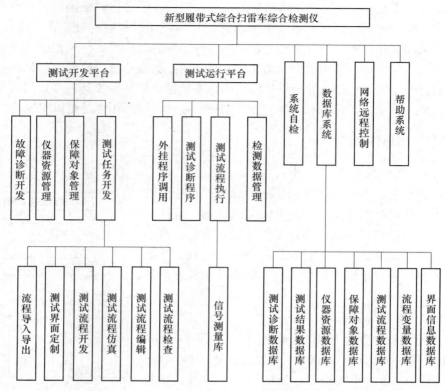

图 3-38　检测软件组成框图

据库中。

3.3.3.2　保障对象管理

本模块实现以树型结构的方式对被测对象进行组织和管理。同时还提供以下的交互功能：

（1）可将树型结构存放到保障对象数据库中。

（2）可从保存数据库获取结构以树结构方式显示。

（3）可在树结构中添加节点、删除节点、移动节点（可左右上下移动）等基本的树编辑功能。

（4）树结构中只有一个根节点。

3.3.3.3　测试任务开发

本模块为保障对象提供完整的测试流程开发环境，主要包括流程导入导出、测试界面定制、测试流程开发、测试流程仿真、测试流程编辑、流程语法检查等功能。

A　流程导入导出

本模块可将测试流程的信息从数据库导出形成一个文件，也可从文件导入流程到数据库中。通过本模块可实现将测试任务在不同计算机之间进行交换。

B　测试界面定制

本模块提供测试流程的界面定制功能，主要提供以下常用控件及属性设置功能。

C　测试流程开发

本模块以可视化方式提供测试流程的流程设计功能（即流程图绘制），主要提供流程元素及其相应的设置属性。

D　测试流程仿真

本模块的主要功能是在纯软件的环境下，对设计好的测试流程进行仿真调试，以验证测试流程的正确性。

E　测试流程检查

本模块的主要功能是对设计好的测试流程图进行检查，以帮助用户更好的发现流程图中的连接和语法错误。

F　测试流程编辑

本模块的主要功能是可打开原有的测试流程（包括测试界面和测试流程图），以便编辑和修改。

3.3.3.4　故障诊断开发

本模块为保障对象提供新建、修改和删除电子备件故障诊断树功能，提供装备故障现象维护，如编辑维护对象（包括添加设备、添加故障现象、删除设备、删除故障现象、修改设备信息、修改故障现象）、编辑诊断流程和添加、删除、修改判断提示信息等功能。

3.3.4　测试运行平台

测试运行平台是测试流程的执行引擎，负责从测试流程数据库调出流程信息，按照其执行流程执行对被测对象的检测。

测试运行平台主要包括：外挂程序调用、测试诊断程序、测试流程执行和检测数据管理四个子模块。

3.3.4.1　外挂程序调用

当遇到被测对象的测试流程不适合用测试开发平台开发时或者其他因素制约时，可采用第三方软件开发工具开发，将其开发的程序以可执行程序的方式集成到测试运行平台中，由外挂程序调用模块负责调度和管理。

3.3.4.2　测试诊断程序

采用故障诊断树的思想，以文字、图片等方式引导使用者进行故障检测与定位。

3.3.4.3　测试流程执行

测试流程执行模块负责从流程数据库中获取流程信息，根据执行流程顺序逐步执行每个流程元素定义的功能，并得出最后的检测结论。

该模块主要包括流程执行引擎和信号测量库两部分组成，流程执行引擎负责执行测试流程，接口中间件则负责和外部硬件进行数据交互，为上层应用程序提供统一的操作硬件接口和数据交互。

3.3.4.4　检测数据管理

检测数据管理模块负责保存检测过程数据，可根据测试时间或一定的条件来查询和浏览历史的检测过程数据；可根据一定的要求和格式打印检测报表；可将数据通过移动存储介质或者网络导出数据，供上位机数据分析软件进行处理。

3.3.5　系统自检

系统自检模块用于检测 CSCI 硬件平台的模块的工作状态是否正常，如果出现错误，可定位故障并给出提示。

3.3.6　数据库系统

数据库系统是软件的核心和关键，它是通用测试系统各个模块建立联系的媒介和数据基础。

数据库系统主要包括：测试诊断数据库、测试结果数据库、仪器资源数据库、保障对象数据库、测试流程数据库、流程变量数据库、用户界面数据库。

3.3.7　网络远程控制

通用便携式检测平台可与上位机通过网线建立连接，上位机可远程控制通用便携式检测平台，完成检测工作任务。

3.3.8　帮助系统

帮助系统将使用说明、开发方法、各类图纸等与系统相关的信息以一定的格式综合组织一起，以便查询和浏览。

3.3.9　用户界面设计

用户软件的主要功能是根据被检测单元，选择相应检测部件，并对其进行检测，其开发流程如图 3-39 所示。软件模块包括保障对象、检测结论、数据管理、装备资料和装备信息五大功能模块，如图 3-40 所示。

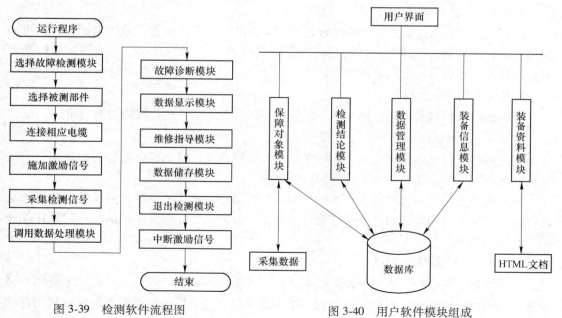

图 3-39　检测软件流程图　　　　　　　图 3-40　用户软件模块组成

综合扫雷车技术状态检测、故障诊断、数据管理、装备保障资料查询等功能在相应的模块中使用。

3.3.9.1　软件主界面

显示检测仪名称及保障对象，双击进入检测界面，如图 3-41 所示。

图 3-41　故障检测主界面

3.3.9.2　检测（保障）对象模块

保障对象模块的主要功能是进行部件在线检测，完成装备技术状态检测和故障诊断任务，由检测部件目录和显示界面两部分组成。如图 3-42 所示。

图 3-42　保障对象窗口界面

从流程库中读出当前检测任务信息，根据装备检测需要，打开检测任务，按照检测流程进行检测，如图 3-43 所示。

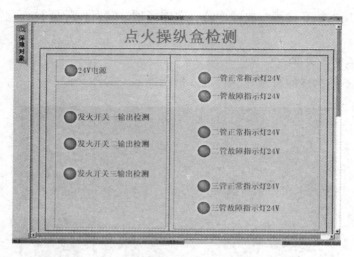

图 3-43　部件检测界面

3.3.9.3　检测结论模块

检测结论模块的主要功能是将当前检测任务中检测结果通过列表的方式体现给用户，让用户可以直观地看到当前检测任务中每个信号的状态（正常或者异常），便于用户更好地了解掌握当前检测装备的性能状况。其界面如图 3-44 所示。如果检测信号为异常，检测仪将提出对应的维修指导，如图 3-45 所示。

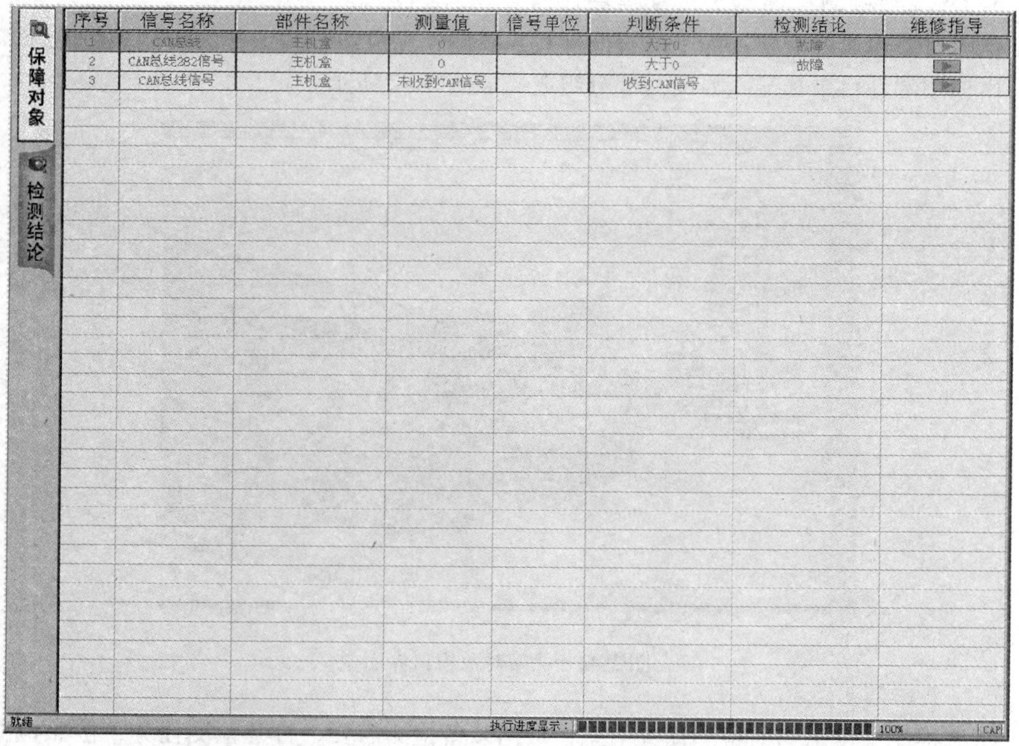

序号	信号名称	部件名称	测量值	信号单位	判断条件	检测结论	维修指导
1	CAN总线信号	主机盒	0		大于0	故障	
2	CAN总线282信号	主机盒	0		大于0	故障	
3	CAN总线信号	主机盒	未收到CAN信号		收到CAN信号		

图 3-44　检测结论

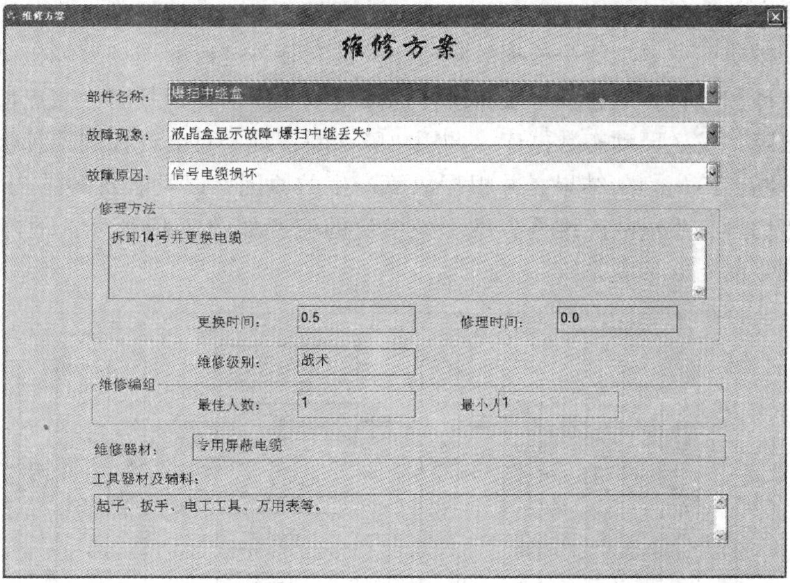

(a)

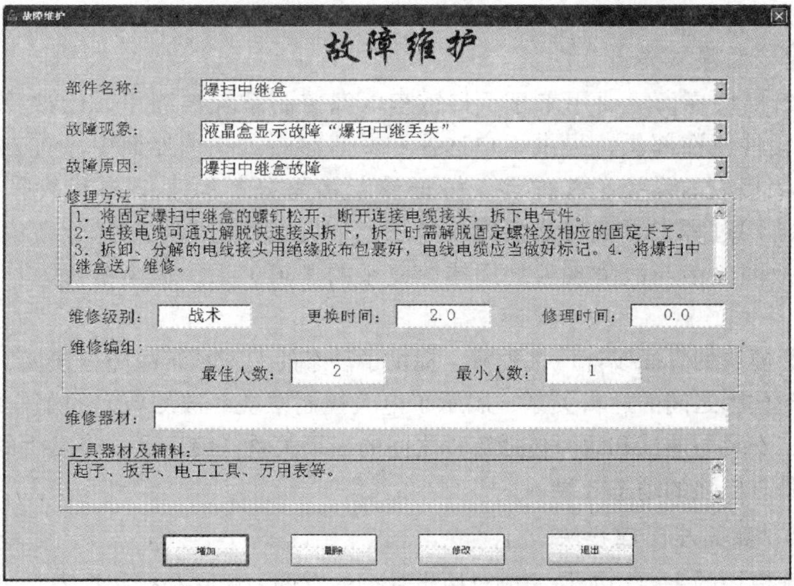

(b)

图 3-45　维修指导

(a) 维修方案显示；(b) 维修指南维护

3.3.9.4 智能故障诊断

当利用上述模块进行故障诊断，不能得出最终检测结论时，系统提供了人工干预智能故障诊断系统，由系统引导维修检测人员进行故障的诊断与排除。

A　故障诊断流程的设计

故障诊断模块的主要功能是根据故障检测人员对装备进行的现场故障检测，通过对信号的采集、调理和分析，结合基于装备维修保障领域专家知识，判断检测点检测信号是否正常，如有故障，发送至动态数据库，调用故障诊断系统，对电气控制系统被测单元进行分析解剖与诊断，给出判断结果，并根据故障产生的原因，以及装备的结构、工作原理、安装与卸载等内容，生成故障维修方案。该模块的流程如图 3-46 所示。故障诊断系统采用基于神经网络的专家诊断系统。

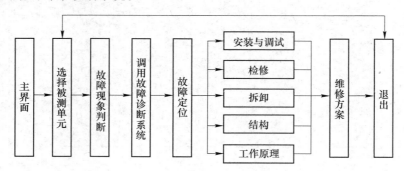

图 3-46　故障诊断流程图

B　故障诊断模块界面开发

故障诊断模块界面主要用来显示扫雷车电气控制系统被测单元的故障现象、故障原因、故障元件所在部位，提供用户选择和交互诊断。在该界面中，首先根据用户选择故障现象及相应的系统、部件等，根据诊断结果显示原理结构和故障诊断维修方案。用户在使用过程中可实时观察到故障在整个电气控制系统故障分布中所占据的位置，了解了故障原因与故障现象之间错综复杂的逻辑关系，提高维修人员故障的分析与判断能力。

故障诊断模块的界面设计风格独特，提供了动态的专家系统故障树模型，实时地表现了故障现象与成因之间的逻辑关系，展示了电气控制系统各被测单元的工作原理、结构、拆卸、检修、安装与调试和故障传播流程之间的因果关系，突出了故障发生的基本顺序与发展趋势，具有极强的动态效果。

3.3.9.5　数据库管理模块

数据管理模块的主要功能是完成对历史数据的查询、删除和打印报表。

按照装备名称、装备编号、检测部件和检测时间进行分类，选择完装备名称、装备编号后，数据列表中显示该装备所有历史检测记录项，如图 3-47 所示。点击生成报表，检测记录报表如图 3-48 所示。

3.3.9.6　装备资料模块

装备资料模块的主要功能是为用户提供装备使用维护指南、修理规程等技术资料，便于部队在实施装备检测任务时实时查阅装备资料，熟悉装备结构及修理要求。如图 3-49 所示。

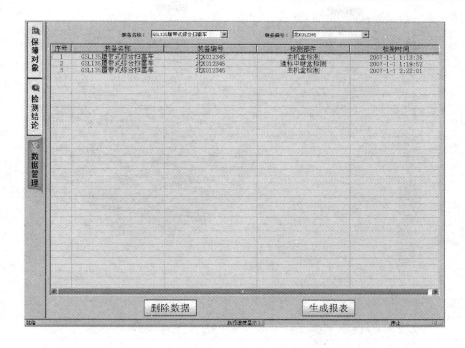

图 3-47　数据管理

GSL135 履带综扫综合检测报告

| 所属单位: | XX 师 XX 团 XX 连 | | 装备名称: | GSL135 履带式综合扫雷车 | 装备编号: | 测 Y-XXXXX |
| 发动机号: | F-XXXX | | 部件名称: | 爆扫中继盒检测 | 底盘号: | D-XXXX |

所属部件	信号名称	测量值	判定条件	检测结论
	发架俯角	11.7637	绝对值大于 8 且小于 12	正常
	+15V 电源	14.9853	大于 12 且小于 18	正常
	-15V 电源	-14.9941	大于-18 且小于-12	正常
爆扫中继盒	发火一电信号	23.8937	大于 20 且小于 28	正常
	发火二电信号	23.9010	大于 20 且小于 28	正常
	发火三电信号	23.9601	大于 20 且小于 28	正常
检测结论:		爆扫中继盒正常		

| 检测单位: | | 检测时间: 2013-12-12 10:47:09 | 检测人员: |

图 3-48　报表打印格式

3.3.9.7 装备信息模块

装备信息模块的主要功能是对被测装备的基本信息进行管理, 装备信息包括有装备名称、装备编号、发动机编号、底盘编号和所属单位等信息, 其界面如图 3-50 所示。

图 3-49　装备资料

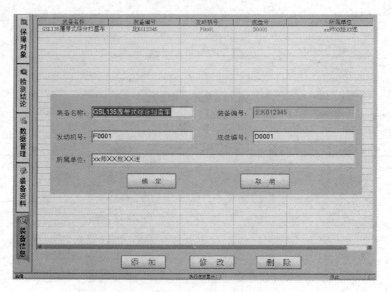

图 3-50　装备信息

3.4　习题

3-1　简述新型履带式综合扫雷车上装电控系统的组成、原理与结构特点。

3-2　新型履带式综合扫雷车电控系统的故障有什么特点？

3-3　试说明综合扫雷车电控系统故障检测设备的硬件组成与实现方案。

3-4　简述电控系统远程故障检测平台的工作原则与设计方法。

3-5　虚拟仪器技术是如何应用于新型履带式综合扫雷车电控系统的故障检测的？

3-6　基于虚拟仪器的故障检测系统用户界面设计有什么特点？

第4章 重型机械化桥电控系统故障检测

重型机械化桥作为军用桥梁的一个实例，是我军工程兵装备的重要制式桥梁器材之一。该装备担负着保障我军大型装备快速跨越江河、沟渠等障碍的任务，也是非战争军事行动交通抢修行动的重要技术装备。本章针对部队重型机械化桥架设系统存在的主要问题及部队使用要求，结合部队装备管理及车场管理上的实际需求，以嵌入式技术、传感器技术、微电子技术等为基础，讨论重型机械化桥电控系统的故障检测、诊断与维修技术，为此开发了故障检测系统。该系统集成了信号调理、A/D转换、传感器识别、数据通信、嵌入式检测、虚拟仪器等技术，能够可靠地检测、处理某型重型机械化桥架设系统运行中的各项参数，并在出现异常时实时显示、记录异常数据。操作维修人员根据记录的参数可以对该型重型机械化桥电控系统进行在线检查，及时发现故障隐患，为重型机械化桥的故障诊断、视情维修提供科学的理论依据。

本章研制的电控系统故障检测平台主要为基层使用部队与维修分队、战役级修理分队提供检测诊断设备，满足部队对重型机械化桥电气系统技术状态的检测和故障诊断的需求，可对电气系统进行战备完好性检测和故障诊断，故障定位到独立设备和板级可更换单元，将为重型机械化桥提供重要的维修检测系统，提高部队维修保障能力。

4.1 重型机械化桥电控故障检测系统总体设计

4.1.1 重型机械化桥电控系统工作原理与故障分析

该型装备的电气系统以铁马 XC2300/8×8 电气系统为基础，利用其负极搭铁、电源和保险丝等，经线路引申、机构改装而成，由底盘车自身的 DC24V 蓄电池供电。该系统主要由移动操纵盒、控制箱、调试诊断仪、相应的传感和执行机构等组成，如图 4-1 所示。

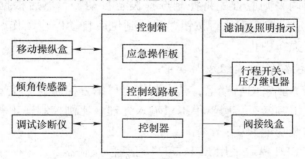

图 4-1 电气系统组成框图

电气系统主要功能为：
（1）为液压及气路系统提供供电线路及操纵装置（开关）。
（2）提供必要的互锁及防误操作功能。

（3）为架桥（作业）提供各种照明。

（4）提供液压系统滤油堵塞报警功能。

（5）支腿调平自动控制功能。

（6）辅助调试诊断功能。

4.1.1.1　操纵盒组成与工作原理

移动操纵盒通过多芯电缆（带航空插头）与车架电缆插座连接，移动操纵盒面板上装有各种按钮开关和指示灯，并在铭牌上对各开关予以说明，用于桥梁的架设与撤收作业，如图 4-2 所示。

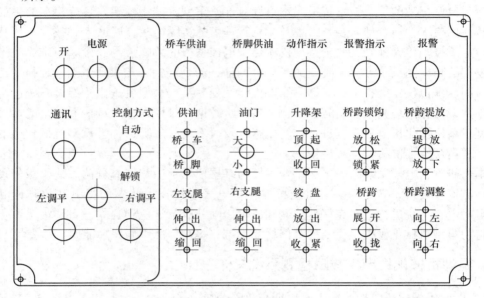

图 4-2　移动操纵盒面板

操作时，先打开电源开关（指示灯亮），控制系统上电，根据桥车动作或桥脚动作的不同，将供油开关拨向相应的挡位；然后，操作手可按作业顺序扳动所需动作开关进行操作。若进行支腿自动调平则应首先将控制选择拨至自动挡，然后根据动作支腿选择"左平"或"右平"，选定好按自动执行按钮，执行到位后自动停止动作，并且指示灯予以提示，过程中也可人工强行中止。

4.1.1.2　PLC 控制箱结构组成与功能

PLC 控制箱装于驾驶室内后壁上，其内装有以可编程控制器为主要控制元件的控制电路，负责进行电气逻辑判断、传感器模拟量输入处理、比例控制输出等，是整个控制系统的核心。其组成结构及功能如下：

（1）PLC 模块。PLC 模块采用 EPEC2024 可编程控制器。

（2）控制线路板（PCB 板）。控制线路板集成了功能二极管、电源模块和连接插座等。

（3）信号连接插座。信号连接插座主要由操纵盒连接插座、行程开关信号插座、倾角传感器信号插座和控制输出插座组成。

（4）应急操纵面板。应急操纵面板用于当外操纵设备损坏或连接电缆出现故障时，替代移动操纵盒完成应急架设和撤收作业，如图 4-3 所示。

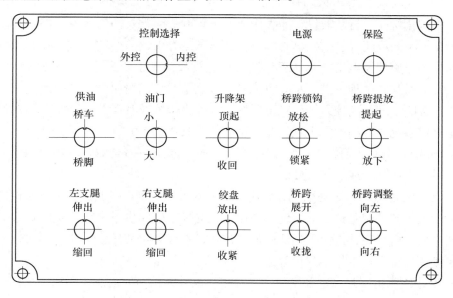

图 4-3 应急操纵面板

4.1.1.3 行程开关电路工作原理

重型机械化桥架设系统共安装了 4 个行程限位机构，分别为升降架顶推限位机构、升降架收回指示机构、桥面限位机构、锁钩锁紧/释放指示机构，用于提示操作人员执行部件已到达指定位置，其工作原理基本相同，此处以升降架顶推限位机构为例介绍其工作原理。

升降架顶推限位机构如图 4-4 所示，安装在桥车尾部，为了提高动作的可靠性，左右各安装 1 个升降架顶推限位机构，当升降架已经顶起到位时则发出电信号给控制器，程序控制切断液压缸顶起工作电路，使液压缸停止顶起，同时操作盒上的报警指示灯进行指示，蜂鸣器和桥车的电喇叭同时鸣叫报警提示。

图 4-4 升降架顶推限位机构

4.1.1.4　电控系统故障树模型

A　电控系统故障形式及元件分析

重型机械化桥在运行及架设与撤收作业时出现的故障常是因为线圈电路短路、开关与接触器未完全断开或闭合、受控电磁阀工作电压不足等引起的。结合电气控制系统组成框图、各部分工作原理及电子技术知识仔细分析此类故障，主要是电路短路或断路引起的，即故障状态为通和断两种。进一步分析可知信号显示系统和照明系统的故障对重型机械化桥的战斗力影响不大，电控系统故障主要发生于操纵系统及其相关电路中，因此操纵系统的故障是电控系统故障检测的重点。操纵系统故障具体如下：

（1）电路中与电气元件或液压元件连接线的接头受外界环境腐蚀后电阻增大，造成接触不良，引起电压降低或工作失效。

（2）电气元件漏电：不同电气元件需要不同的电压驱动，尤其是受控电磁阀的工作状态在整个系统中起控制各油缸的关键性作用，当受控电磁阀供电电压不足时，会影响阀内各控制阀口的开启程度，进而影响液压油的流量，最终导致液压缸工作不正常以及执行机构动作缓慢或执行机构工作不到位等故障。

（3）绝缘体电阻不足：电控系统中，为了使电气元件与底盘车体隔离，大部分电气元件外部都有绝缘体。在外界振动、摩擦、腐蚀等作用下，绝缘体内阻会逐渐退化，致使电路电流窜线，导致电控系统控制混乱。

（4）电气线路物理破损：电控系统的电路贯穿于整个底盘车，虽然线路都是总成于尼龙扎带和导线束内，但在实际作业和行驶中，尼龙扎带和导线束有可能被外物刮破或磨损，导致总成的具体电路失去外界保护而损坏，进而导致电路不通，装备不能正常工作。

B　电气系统故障树模型建立

故障树分析法（Fault Tree Analysis，FTA）是基于故障的层次特性及故障成因和后果的关系，将故障形成的原因由总体至部件按树枝状逐级细化的分析方法。故障树是提供了系统（或设备）特定事件（或非期望事件）与它的各个子系统或各个元件故障之间的逻辑结构图。

根据电气系统故障形式及元件失效分析，建立电气系统的故障树模型，并对故障树进行定性分析，为电气系统具体故障检测和诊断提供了可靠依据。

a　系统故障树模型的建立

由重型机械化桥电气系统组成结构及工作原理可知，电气系统故障发生区域可以根据PLC控制箱或移动操纵盒的位置，沿电路走向，划分为前端总线故障、控制盒（箱）故障、后端故障三个子系统来进行故障检测。为了便于故障检测系统的建立，系统故障树亦可分解为三个子系统故障树，如图4-5所示。

b　子系统故障树的建立

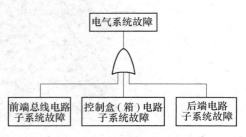

图 4-5　电气系统故障树模型

（1）前端总线电路子系统。该区域电路组成构件简单，电路直接从蓄电池经配置在装备上的电线总成束到控制盒（箱）。该子系统主要作用是为电气控制系统提供可靠的电源，故障形式是无电流、电压或者提供的电流、电压值不足。其故障树构成如图 4-6 所示。

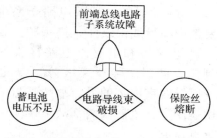

图 4-6 前端总线电路子系统故障树模型

由电气系统工作原理可知，前端总线电路子系统故障主要由蓄电池部分、保险丝以及电路总成束等部分的故障组成。蓄电池电压不足和保险丝熔断故障比较容易判断和排除，由于电路导线束在装备中布线较长，安置位置在底盘车车身内部，故障区域容易判定，但具体故障点比较难判定，需要配合万用表进行逐段查找。

（2）PLC 控制箱及移动操纵盒电路子系统。该区域电路组成构件复杂，故障主要集中在 PLC 控制箱及移动操纵盒的内部电路。同时，由于 PLC 控制箱与移动操纵盒的内部构成电路大致相同，在实际应用中一般仅使用移动操纵盒进行电路控制，所以，本文只分析移动操纵盒子系统故障树，其故障树如图 4-7 所示。

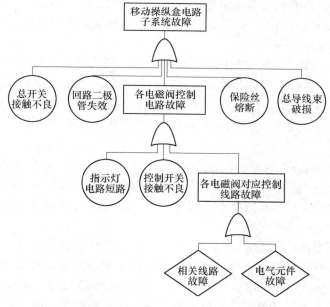

图 4-7 移动操纵盒电路子系统故障树模型

PLC 控制箱及移动操纵盒电路子系统故障形式简单，但故障源较多（包括开关故障、保险丝熔断、电线破损、电气元件失效等），不容易直接进行判断。这部分故障是电气系统故障的主要集中区域，也是本章的研究重点。诊断时应根据故障形式表现，以及控制箱各控制电路指示灯显示情况，配合万用表对各具体电路进行逐段检查。

（3）后端电路子系统。该区域包括从移动操纵盒 41 芯线路连接器引出的电路导线束到受控电磁阀之前的电路。这部分区域的故障与前端总线电路子系统故障相似，主要故障形式是无电流、电压或者提供的电流、电压值不足。该子系统故障树模型如图 4-8 所示。

由图 4-8 可知，后端电路子系统故障源主要集中在导线束线路、接头和受控电磁阀中。41 芯接头和电磁阀电路接头的故障较易判定；同时，导线束故障区域也容易判定，而导线束内部的具体故障位置必须配合万用表测定；电磁阀内部故障的判定在此不作重点研究。

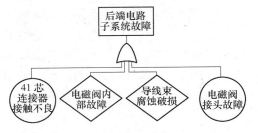

图 4-8　后端总线电路子系统故障树模型

4.1.2　故障检测系统功能要求

故障检测系统的主要功能是对重型机械化桥架设系统的故障进行检测，快速定位故障部位，判断故障原因，进行故障的维修指导等。根据上文对架设系统组成结构、工作原理及失效形式的分析，基于作战和训练需求对故障检测系统功能提出以下要求：

（1）状态检测要求。对重型机械化桥架设系统进行状态检测时，首先应选取检测对象。选取检测对象是在架设系统出现故障后能否快速定位故障部位及顺利完成故障维修的直接反映。检测对象的选择分析较为复杂，必须选取具有代表性且与其他部件联系较为密切的对象。本文根据当前该型重型机械化桥使用技术状态检测需求，结合故障检测与诊断的相关知识理论，通过查阅大量资料，最终选取检测对象为车载电瓶、移动操纵盒、液压系统、气动系统和限位机构。

（2）报警功能要求。在对重型机械化桥架设系统的状态参数进行检测时，要求系统对采集的状态信息进行实时判断，当检测对象状态超出设定状态或安全状态时，立即通过报警模块进行报警提示。同时，为确保适配器能够正常使用，要求在系统适配器开机时，对其自身的状态参数进行检测，若其自身参数超出设定状态或安全状态，立刻通过报警模块进行报警提示。

（3）串行通信功能要求。故障检测系统适配器与控制计算机之间的通信要求采用 RS-232 串行通信方式进行数据传递，波特率设定为 4800b/s，规定一次传输的数据是 10 位，其中最低位为启动位（逻辑 0 低电平），最高位为停止位（逻辑 1 高电平），中间 8 位为数据位。

（4）诊断分析要求。诊断分析部分也是本文系统设计的重要部分，要求能够针对不同故障形式，利用采集的数据及人机对话结合相应的故障诊断方法准确地判断出故障部位，并给出相应的维修措施，指导维修保障人员进行故障的排除和设备的维修。

（5）功能扩展接口。为满足本故障检测系统的可扩展性及适用于野战环境下故障检测的需求，在进行系统设计时，要求预留功能扩展接口，便于系统功能的进一步升级完善。本系统预留有液晶屏显示接口及两个 USB 接口，可根据需要进行系统升级。

4.1.3　主要战技术指标

根据上述对重型机械化桥架设系统的故障分析及故障检测系统的功能要求，确定总体技术指标如下：

（1）可对系统状态进行在线检测，包括输入信号、输出信号和总线状态，通过检测判断重型机械化桥电气、气动及液压系统是否正常。

（2）出现故障时可提供故障定位信息，为排除故障提供参考。

（3）战术性能要求。

1）测试准备时间：≤10min；

2）连续工作时间：≥4h；

3）故障诊断时间：≤30min。

（4）环境适应性。

1）工作环境：

温度：0~40℃；

湿度：25%~75%。

2）储存环境：

温度：0~60℃；

湿度：≤95%。

（5）电源要求。交流：220V±10%，50Hz±5%或直流26±4V（车电）。

（6）技术性能要求。

1）电压测试精度：≤2%；

2）气动测试精度：≤2%；

3）液压测试精度：≤2%；

4）故障检测率：≥90%；

5）故障虚警率：≤3%。

（7）面板防护性能。

1）防尘防水性能：防护等级达到IP56；

2）抗干扰性能：抗干扰性与抗振动性强。

4.1.4 检测系统总体设计

4.1.4.1 系统总体设计方案

按照模块化的设计思想，采用技术状态信息采集（传感器）→信号处理（A/D 转换及处理）→中央逻辑运算与技术状态鉴别→自动故障分析与诊断（有故障时）→技术信息查询→故障定位的系统方案，对重型机械化桥架设系统故障检测系统进行总体设计，根据故障检测需求，确定检测仪总体结构方案。本文采用的设计方案如图 4-9 所示。

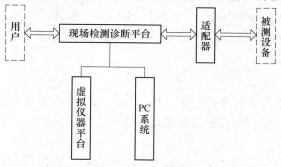

图 4-9　故障检测总体设计方案框图

由图 4-9 可知，本文设计的故障检测系统采用"便携式检测诊断平台+适配器"构成现场检测诊断系统，进行重型机械化桥电控系统的现场检测，对设备或组合进行性能检测和故障诊断，并能做到设备可更换单元的故障定位。

现场检测诊断平台可以采用我军现有装备中的工程装备通用诊断检测平台，也可以采用具有抗震性能的个人笔记本电脑。该平台相当于一台安装了特定采集板卡的计算机，运行有 Windows 操作系统和上位机软件。在本设计中以采用具有抗震性能的笔记本电脑为例进行说明，并在以后的说明中统一简称为控制计算机。

4.1.4.2　检测系统结构组成

根据上文所提出的重型机械化桥电控系统故障检测系统的功能要求及设计方案，故障检测系统结构组成如图 4-10 所示。由图可知，故障检测系统主要由控制计算机、适配器、连接电缆及供电电源等部分组成。

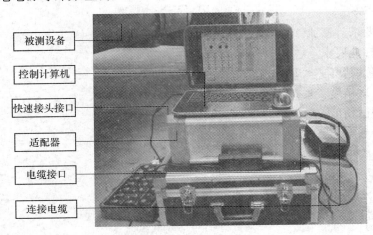

图 4-10　故障检测系统结构组成

A　控制计算机

控制计算机是数据处理、分析和协调的中心，用于对适配器检测到的故障进行快速故障定位、故障查询以及故障维修指导等。为了实现对重型机械化桥的状态检测和故障诊断，需同时进行数据的实时采集、处理、诊断分析、图形输出等任务，必须采用计算性能强、执行速度快的计算机。考虑到重型机械化桥野外作业、作业地点变换不定的特点，系统必须是抗干扰能力强的便携式结构。因此，本系统控制计算机采用手提电脑，主要配置为 Intel Pentium Ⅲ 800MHz CPU、256M 内存，其他配置和标准外设的优劣对系统性能影响不是很大，不再一一列举。

B　适配器

适配器由箱体、数据采集与控制板、传感器、电缆接口和快速接头等组成。适配器右侧面的电缆接口通过电缆线和被测设备相连，左侧面的快速接头通过转接管与被测设备相连接，并采用 RS-232 接口与控制计算机相连。

适配器主要完成信号调理和采集，与控制计算机进行通讯，实现被测设备与控制计算机的信号隔离、放大、滤波、变换等功能。在测试功能软件的控制下产生被测设备所需的输入信号，通过电路网络送到连接器；被测设备响应的输出信号通过连接器、电路网络输入到模块化电路，控制计算机通过测试功能软件检测其响应是否正确，由此判断被测设备的完好性。检测过程程序化进行，需要人工干预时，测试软件给出明确提示。当检测到异常信号时，系统可查询数据库，给出相应的故障原因以及维修指导。

C 连接电缆

连接电缆的一端与适配器连接，另一端与被测设备连接，它是适配器与被测设备之间信号传递的桥梁。重型机械化桥的使用环境为野外，大多现场的干扰因素较多，为了防止这些干扰信号对系统检测性能的影响，在本系统的设计中，连接电缆均采用具有屏蔽功能的电缆，即在导线外面包了一层保护层。在此根据不同的检测需求制作了不同芯数的电缆，并通过击穿实验验证其满足本系统现场检测的要求。本文制作的连接电缆的实物如图4-11所示。

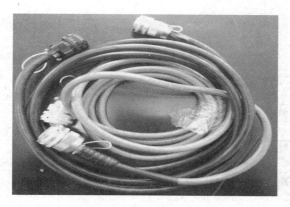

图 4-11 连接电缆实物图

D 供电电源

控制计算机使用交流 220V±10%，50Hz±5% 供电；适配器使用内部独立蓄电池供电，其输出电压为直流 26±4V。

4.1.4.3 检测系统工作原理

根据系统软件设定，本故障检测系统的工作原理为控制计算机向适配器发送指令，该适配器收到指令后，将按指定检测的顺序给被测设备加上检测信号；在检测信号发出后，控制计算机按设备工作流程向对应的模块发出开始接收指令，模块收到接收指令后，对其管理的所有设备进行测量，并将测量结果汇报到控制计算机；控制计算机收到检测结果后，根据故障检测系统的要求进行综合判断，并显示判断结果。

4.2 重型机械化桥电控系统故障检测硬件平台研制

根据对故障检测系统使用功能的分析，重型机械化桥电控系统故障检测系统由控制计算机及适配器组成。控制计算机硬件在前文有所介绍，介于计算机为通用电子部件，其选型没有过多的特殊性，无需详细论述。因此本书只对适配器的硬件设计进行介绍。适配器硬件设计是故障检测系统能否实现数据采集的关键一步，通过芯片选择以及电路设计，自行设计制作印制电路板实现适配器硬件设计。

4.2.1　适配器硬件总体设计

重型机械化桥架设系统故障检测系统的适配器硬件是整个检测系统主要的信息采集与处理平台，本文设计的适配器以 C8051F020 单片机为核心，主要包括电源电路、C8051F020 单片机外围电路、LCD 液晶显示电路、ADC 处理电路、继电控制电路、开关信号调理电路等模块，其总体框图如图 4-12 所示。

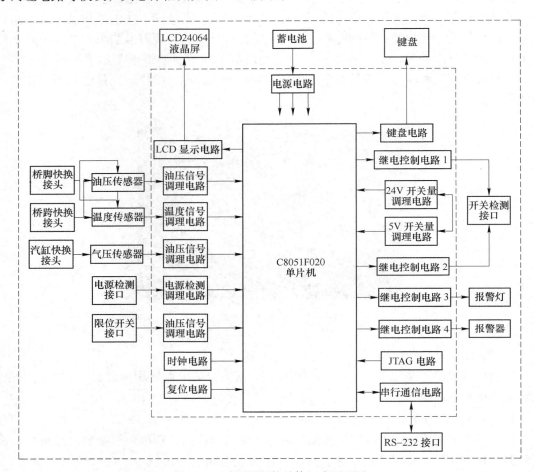

图 4-12　适配器硬件总体组成原理图

4.2.2　电源电路设计

电源电路设计目的是为适配器提供电源，保证其正常工作。电源电路设计是否合理、稳定关系到适配器能否稳定的采集处理数据。根据适配器性能要求，为了达到将电源模块输出电压转换为各电路所需电压的目的，本书对电源电路进行了重点设计。

4.2.2.1　设计思路

在适配器硬件中，C8051F020 单片机机及其外围电路、光耦需要+3.3 V 电压，ADC 转换芯片、液晶显示器背光驱动电路、继电器驱动电路等需要+5 V 电压。通过前述可知，故障检测系统适配器采用独立蓄电池供电，其供电电压为+24V，因此需通过电源转换芯片将其转换成+3.3V、+5V 等元器件正常工作所需的电压。

适配器采用独立蓄电池供电，而蓄电池输入的直流电压一般波动较大，不能满足电路对电源的需求，必须用滤波电路滤出交流量，得到平滑的直流电压。为了防止瞬间电流过大而烧毁印制电路板，在电源电路最前端需添加自恢复保险丝；为了防止由于误操作导致电压反向，在自恢复保险丝后端需添加单向二极管，保证电源电路不会因为电压反向而烧毁芯片。

电容的作用是储存、释放电荷，可以起到隔直通交的作用。滤波电容能对直流信号开路，对交流信号阻抗较小，经过电容滤波后既可以保留直流分量又可以滤掉大部分的交流分量，减小电路的脉动效应，改善直流电压的质量。大电容用来滤除低频干扰，使输出稳定；小电容用来滤除高频干扰，使输出更加纯净。

4.2.2.2 芯片选择

A 自恢复保险丝选择

适配器主要功耗元器件有 C8051F020 芯片、运算放大器芯片、串口通信芯片、电源芯片、继电器、光电隔离芯片、三极管等。由于同系列芯片具有相近的功耗，因此选取较为常见系列的芯片不仅便于采购也便于计算数据采集与控制板的功耗。在本文的设计中，串口通信芯片选用 MAX3232E 系列，运算放大器选用 LMV751 系列，电源芯片选用 AMS1117系列和 LM2596T 系列，继电器选用 HRS4H-S-DC3V 系列，光电隔离芯片选用 TLP521-4 和 PS2501L-1，三极管选用 S9012 和 S9013 系列。通过查相关芯片技术手册确定各芯片功耗：$P_{运放} = 900\text{mW}$，$P_{电源} = 6640\text{mW}$，$P_{串口} = 571\text{mW}$，$P_{光耦} = 500\text{mW}$，$P_{继电器} = 450\text{mW}$，$P_{三极管} = 625\text{mW}$ 数据采集与控制板主要耗能元件的功率按式（4-1）计算：

$$P_{总} = 5 \times P_{运放} + 2 \times P_{电源} + 7 \times P_{光耦} + 4 \times P_{继电器} + 6 \times P_{三极管} \tag{4-1}$$

自恢复保险丝最大电流 I_{MAX} 通过式（4-2）计算：

$$I_{MAX} = P_{总}/24\text{V} \tag{4-2}$$

通过以上计算，结合市场现有自恢复保险丝的具体参数，最终选择的自恢复保险丝主要技术指标为输入电压+30V，最大电流3A。

B 电源芯片选择

依据自恢复保险丝选择中拟定的电源芯片系列，通过计算最终选定 AMS1117-3.3V、LM2596T-5.0V 芯片作为本书电源电路设计中的稳压及电压转换芯片，其技术指标见表4-1。

表 4-1 电源芯片主要技术指标

芯 片	AMS1117-3.3V	LM2596T-5.0V
工作温度/℃	−40~+125	−40~+125
储存温度/℃	−65~+150	−65~+150
输出电压范围/V	+3.267~+3.333	+4.800~+5.200
输出电压精度/%	0.015	0.015
功率/mW	2640	4000

4.2.2.3　电路设计

本章设计的电源电路如图 4-13 所示，自恢复保险丝 F1 设置在电源电路正极，之后接二极管 D1；在二极管和 AMS1117 芯片中间添加储能滤波电容，分别为 220μF 的铝电容和 100μF 的 C 型钽电容，通过两个不同等量级的电容实现分级滤波，消除低频和较高频的干扰信号；在 VDD（+3.3V）电压输入端添加一个体积较小的 LED 灯 DS1，便于在数据采集与控制板的调试过程中观察其是否正常上电。电源电路设计完成，达到了为适配器提供稳定电源的目的。

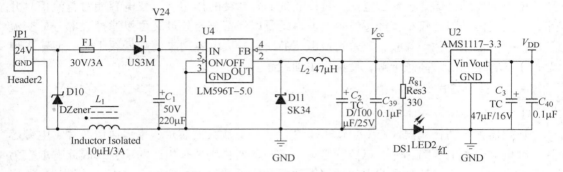

图 4-13　电源电路原理图

4.2.3　C8051F020 微控制器及外围电路设计

4.2.3.1　微控制器选型

在适配器的设计中，考虑到重型机械化桥工作现场复杂的干扰信号和恶劣的操作环境，单片机必须选取可靠性强、稳定性高的芯片。根据第 2 章中对故障检测系统的功能要求，重型机械化桥架设系统的检测信号种类和数量比较多，要求检测系统信号通道数较多。目前常用的单片机比较经济的芯片难以满足，若扩充多路开关电路，则系统又较为复杂，可靠性与稳定性不能保证。经多方面权衡，选择采用 C8051F 系列这种开发难度适中且性价比合理的芯片完成检测任务。

系统采用了 Cygnal 公司开发的 C8051F020 单片机构成的处理器作为适配器的核心器件，该单片机芯片配合信号调理电路、时钟振荡电路、串口信号传输电路和其他的外围连接件，完成信号的采集、控制、传输与处理等作用，能够满足适配器的功能要求。

4.2.3.2　引脚配置

C8051F020 单片机是 C8051F 系列中一个比较具有代表性的型号，该器件是完全集成的混合信号系统级 SCM 芯片，具有 64 个 I/O 引脚。该芯片共有 100 个引脚，采用 TQFP 封装形式，它的 100 个引脚分为低端口（P0、P1、P2 和 P3）、高端口（P4、P5、P6 和 P7）以及电源、复位、晶振和其他引脚。该单片机在工业温度范围（−45～+85℃）内均可使用 2.7～3.6V 的电压工作，所有端口 I/O、nRST 和 JTAG 引脚都可以承受 5V 的输入电压，并且都可以被配置为漏极开路、推挽输出方式和弱上拉，绝大部分引脚都是复用引脚，每个引脚都有可能用于不同的外设功能。在本系统的设计中其引脚配置如图 4-14 所示。

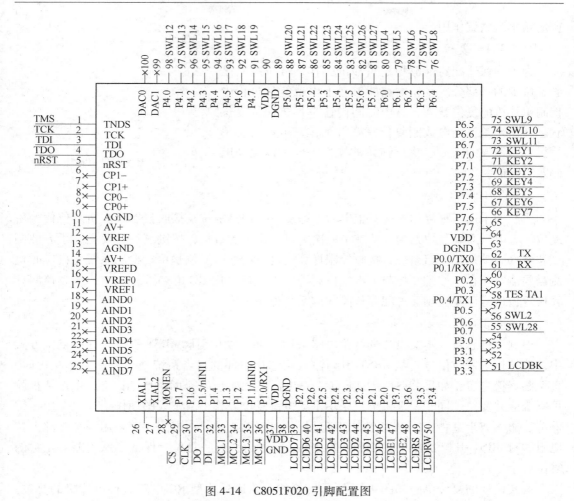

图 4-14 C8051F020 引脚配置图

4.2.3.3 时钟电路

时钟电路是单片机电路的心脏，它控制着单片机的工作节奏。在本文设计中，时钟电路为 C8051F020 单片机提供时钟信号。

A 设计思路

C8051F020 单片机具有两个振荡器驱动电路，根据其内部原理设定，芯片的内部振荡器和外部振荡器驱动电路都可以产生系统时钟，且系统时钟可以自由地在内部振荡器和外部振荡器之间进行切换。系统时钟的选择应满足高度的可配置性，灵活而易于使用。对于内部振荡器的常用的晶振频率有 2MHz、4MHz、8MHz 和 16MHz 四种，而对于外部振荡器晶振的选择范围较大，考虑到使用 UART 要精确的划分时钟频率，故选择 11.0592MHz 晶振为 C8051F020 芯片提供系统时钟。

B 电路设计

系统采用外部石英晶体作为系统的时钟振荡器，XTAL1、XTAL2 分别与单片机的 XTAL1、XTAL2 连接，时钟电路原理如图 4-15 所示。在 XTAL1、XTAL2 两端跨接一个晶振、两个电容，构成一个稳定的时钟电路。电容 C_9、C_{10} 取值为 22pF，这两个电容可以对振荡频率起微调作用。

4.2.3.4　复位电路

为了确保适配器能够稳定可靠的工作，复位电路是必不可少的一部分。复位电路能够在上电或复位过程中控制单片机的复位状态，这段时间内让单片机保持复位状态，而不是一上电或刚复位完毕就工作，可以防止单片机发送错误的指令、执行错误的操作，也可以提高电磁兼容性能。

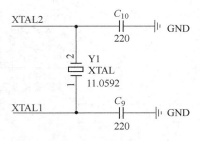

图 4-15　系统时钟电路原理图

A　设计思路

适配器采用三种复位方式：上电后立即复位、按键复位及接收控制计算机复位信号后复位。上电后立即复位是为了清空上一次关机时留下的数据，按键复位主要是为了方便调试和硬件手动复位重启系统，接收控制计算机复位信号后复位是由于检测系统主机实时检测需要清空缓存。按键复位与上电复位利用硬件设计采用 RC 电路进行复位，接收控制计算机复位信号后复位则通过编写故障检测系统程序实现。

B　电路设计

根据设计思路，本文设计的复位电路采用了外部复位引脚 nRST 复位。此种复位方式中，单片机的复位信号是从 nRST 引脚输入到芯片内部的，当系统处于正常工作状态时，且振荡器稳定后，如果 nRST 引脚上有一个低电平并维持 12 个时钟周期以上，则单片机就可以响应并复位。同时，复位电路采用手动按键复位方式，由于人的动作再快也会使按键保持接通达数十毫秒，所以完全能够满足复位时间的要求。在电路中，采用一个外部上拉电阻和对 nRST 引脚的去耦电容以防止由于强噪声而引起的复位，保证了系统能够正常的复位。

本文设计的复位电路如图 4-16 所示，复位电路通过典型 RC 电路进行单片机的复位。当系统上电时，去耦电容 C_{11} 开始充电，此时电路相当于断路，因此单片机的 nRST 引脚保持高电平；当按键 S1 被按下时，电容开始放电，在内部上拉电阻的作用下，nRST 引脚逐渐变为低电平使单片机复位。

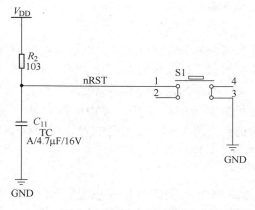

图 4-16　复位电路原理图

4.2.4 LCD 液晶显示接口电路设计

为了满足适配器能够独立使用的要求，本文设计了 LCD 液晶显示模块作为系统的辅助显示单元，液晶显示模块的作用是将单片机采集处理后的数据实时地实现在液晶屏上，本设计拟采用 TX-24064D 液晶显示屏。

4.2.4.1 设计思路

TX-24064D 是一种图形点阵液晶显示器，它主要由行/列驱动器及 128×64 全点阵液晶显示器组成。可完成图形显示，也可以显示 8×4 个（16×16 点阵）汉字。本文设计的 LCD 显示电路如图 4-17 所示。TX-24064D 液晶显示屏主要技术参数和性能见表 4-2。

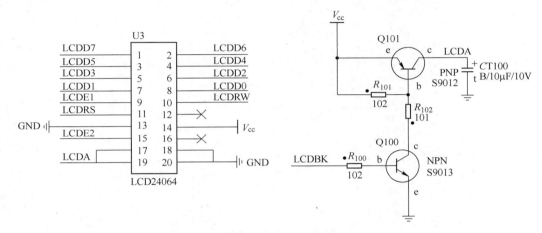

图 4-17　LCD 液晶显示接口电路原理图

表 4-2　TX-24064D 液晶显示器技术参数

内　容	参　数
电源 V_{cc}/V	+5
LCD 外接驱动电压/V	+5
显示内容	240（列）×64（行）点
占空比	1/64
工作温度/℃	−10～+60
存储温度/℃	−20～+70

4.2.4.2 电路设计

在图 4-17 中，LCD 显示模块的 GND 端接地为电源地，V_{cc} 接电源正；LCDD0～LCDD7 为 LCD 的 8 位三态并行数据总线，分别与单片机的 P2.0～P2.7 口相连；LCDRW 为读写选择端，与单片机的 P3.6 口连接；LCDRS 为数据命令选择端，与单片机的 P3.5 口连接。LCDA 为液晶显示器的背光端，本设计采用单片机控制液晶屏的背光，由 2 个三极管组成液晶显示屏的背光驱动电路，用于给液晶显示屏提供背光电源；R_{100}、R_{102} 两个电阻对显示模块起到限流保护的作用，防止 LCD 显示屏背光烧坏；CT100 为 B 型钽电容主要起减少滤波对信号干扰的作用。

4.2.5　键盘接口电路设计

在适配器独立使用时，采用键盘与液晶显示屏一起构成良好的人机交互界面，更好地满足野战环境的需求。键盘分为编码键盘和非编码键盘。键盘上闭合键的识别由专用的硬件编码器实现，并产生键编码号或键值作为编码键盘。而靠软件编程来识别的键盘称为非编码键盘。本系统设计采用数字非编码键盘。本文设计的控制数据采集部分键盘接口电路如图 4-18 所示。

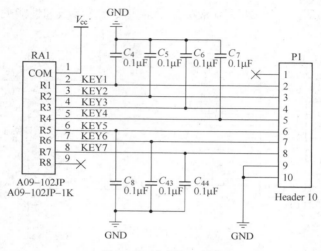

图 4-18　键盘接口电路

4.2.5.1　设计思路

弹性小按键被按下时闭合，松手后自动断开。单片机检测按键的原理是利用单片机 I/O 口的输入功能，把按键的一端接地，另一端与单片机的某个 I/O 口相连，开始时先给该 I/O 口赋一高电平，然后不断的检测该 I/O 口是否变为低电平，当按键闭合时，即相当于该 I/O 口通过按键与地相连，变为低电平，程序一旦检测到 I/O 口变为低电平则说明按键被按下。

4.2.5.2　电路设计

在图 4-18 中，7 个按键接口分别与单片机的 P7.0～P7.6 口连接，在与电源之间连接一 2kΩ 排阻，构成上拉电阻，此上拉电阻起限流保护作用，防止单片机的 I/O 口因电流过大而烧坏。每个键盘接口串联一 0.1uF 电容构成去抖动电路，作用是去除弹性按键在按下与释放瞬间的抖动现象。

4.2.6　LED 报警和继电器控制电路设计

采用 5V 直径 5mm 的红色 LED 灯和 5V 直径 12mm 的蜂鸣器组成的报警器。同时采用了 4 路继电控制电路，分别按其输出编号为 ML1、ML2、ML3、ML4，ML1 输出 24V 电压，其余三路输出 5V 电压，其中 ML1、ML2 用于提供移动操纵盒及适配器正常工作所需的电压，ML3、ML4 用于控制报警器。

4.2.6.1 设计思路

在工业过程控制系统设计中，普遍采用计算机开关量输出信号去控制某一器件的启动与停止。计算机开关量输出信号为 TTL（或 CMOS）电平，不能直接控制器件，还需经过安全隔离和驱动电路才能实现。按照此方法，在本系统设计中，采用单片机开关量输出信号来控制 LED 灯和蜂鸣器构成本系统的报警电路。

固体继电器 SSR（Solid State Relay）是常用的安全隔离和控制器件，由通电线圈和触头（常开或常闭）组成。线圈通电时，由于磁力场的作用，使触头打开或闭合，实现外部交直流电路的开关动作。SSR 的输入/输出两端通过光信号传输信息，输入/输出两边电路在电气上完全隔离。

光电隔离器 PS250-1 是常用的安全隔离器件，它连接三极管就能实现交/直流电开关控制，能启动大容量的交/直流器件的运转，达到安全操作的目的。

4.2.6.2 电路设计

报警器的硬件电路如图 4-19 所示，LED 灯和蜂鸣器的一端接地，另一端接继电器的输出端 ML3 和 ML4。

继电控制电路如图 4-20 所示，共设计了 4 路继电控制电路，此处只列举其中的 1 路，其余 3 路继电控制电路的结构与此相同。继电器的输出电路是由内部电源电路（V24 或 V_{cc}）供电。继电器线圈需要流过较大的电流（约 50mA）才能使继电器吸合，一般的集成电路不能提供这么大的电流，因此必须进行扩流，即驱动。在设计中我们采用 PNP 型三极管构成的电路来驱动继电器，当输入为 0V 时，三极管饱和，从而使继电器线圈有相当的电流流过，继电器吸合；相反，当输入为 V_{cc} 时，三极管截止，继电器释放。单片机的引脚连接光电隔离输出器件（PS250-1）

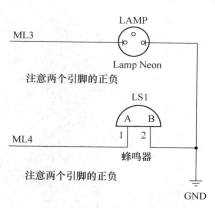

图 4-19 报警电路原理图

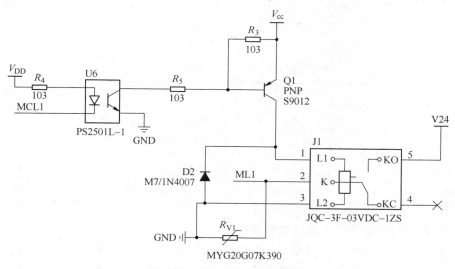

图 4-20 继电控制电路原理图

的输入端，实现输入/输出电路之间的隔离，减小电路干扰，采用续流二极管 IN4007 使反向电动势放电，增加电路的安全性。

4.2.7　ADC 处理模块设计

ADC 处理模块的作用是将传感器采集到的压力、温度等模拟信号转换成能够被单片机识别的数字信号，AD 转换的精度直接影响到最终测量的准确性。ADC 前端处理电路主要用于将传感器采集并转换的电信号进行处理和转换，转换成 ADC 检测所需要的电压信号。

4.2.7.1　ADC 芯片选型

检测系统中采用的 ADC 转换芯片为 ADC0834，它是 8 位逐次比较型 A/D 转换器，采用串行输入输出方式。该芯片采用 CMOS 工艺 14 引脚集成芯片，单片机使用标准 SPI 总线对其进行控制，本模块电路设计及引脚配置如图 4-21 所示。

ADC0834 使用标准 5V 电压供电，参考电压 V_{ref} 接 +5V，ADC 转换范围从 0~5V，分辨率为 8 位，转换时间为 32μs，符合一般传感器检测的分辨率要求，如温度 0℃/70℃ 等常用参数检测。其主要特性见表 4-3。

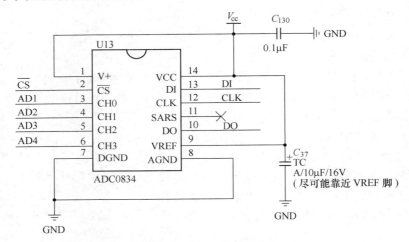

图 4-21　ADC0834 引脚定义图

表 4-3　ADC0834 技术参数

内　容	参　数	内　容	参　数
分辨率/bit	8	线性误差（不大于）/LSB	±1
单电源供电电压/V	5	功率（不大于）/mW	20
最大转换时间/μs	32	模拟输入通道数	4
模拟输入电压/V	0~5	输入输出电平	TTL/MOS

4.2.7.2　电压类型信号调理电路设计

电压检测主要分宽电压检测和一般电压信号检测，宽电压检测是对车载电瓶电压的检测；一般电压信号检测是针对电压类型传感器而言，测量的物理量为液压油的压力。

A 设计思路

车载电瓶检测的范围是根据电瓶的实际使用情况而定的，通常车载电瓶输出电压范围为：20~30V，而 ADC 转换芯片的输入电压范围为：0~5V，因此，需要对车载电瓶的输出电压进行调理，使其能够满足 ADC 芯片的输入范围。

电压类型传感器的 ADC 前端处理电路是对液压油压力传感器采集到的信号进行调理。液压油压力传感器采用 RL-P-Y 型压力变送器，其压力对应电压值为线性关系见表 4-4，由表可知，压力相差 1MPa 相应的电压值相差 0.2V。液压油压力传感器设计要求检测压力范围为：0~25MPa，RL-P-Y 型压力变送器采用+24V 电压供电，电压输出范围为 0~5V，检测压力精度为 1MPa。

表 4-4 RL-P-Y 型压力变送器压力与输出电压对应真值表

压力/MPa	0	5.0	10.0	15.0	20.0	25.0
电压/V	0	1.0	2.0	3.0	4.0	5.0

B 电路设计

a 车载电瓶电压信号调理电路设计

车载电瓶电压调理电路如图 4-22 所示。在图 4-22 中，采用 10uH 电感滤除电瓶因电机、继电器开关产生的噪声；使用 SMBJ5.0 双向二极管接电瓶的输出端进行过压保护，防止浪涌造成的瞬间高压击穿运算放大器的输入端；使用 R_{120}、R_{121} 两电阻组成分压电路，为电瓶电压分压，而且可以减小由于电瓶内阻和引线电阻造成的电压衰减；采用 LMV751 运算放大器芯片组成电压跟随的输入级电路，增大输出阻抗和减小电瓶电源带来的各种噪声信号；再次使用 LMV751 芯片搭成比较偏置电路，完成电瓶电压的转换。

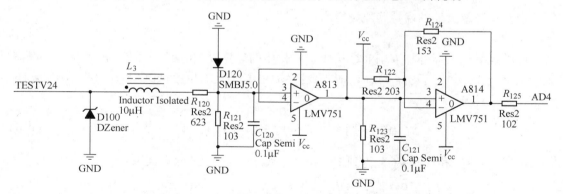

图 4-22 车载电瓶电压信号调理电路

根据以上分析及电子技术知识可推导出，车载电瓶电压经过信号调理电路后的输出电压为：

$$U_0 = U_I \div 6 \times 3 - 5 \times 2 \tag{4-3}$$

式中，U_0 为最终输出电压，V；U_I 为电瓶电压，V。

根据设计思路，按式（4-3）计算得到车载电瓶电压经信号调理电路后的输出电压范围为：0~+5V，因此满足 ADC0834 芯片的转换要求。

b   一般电压信号调理电路设计

由上可知，宽电压信号使用 LMV751 运算放大芯片，直接搭成电压跟随输出电路，输出电压直接检测。而一般电压信号检测需要进行比例运算和偏置运算，使用 LM751 运算放大器搭成运算电路。一般电压信号调理电路如图 4-23 所示。

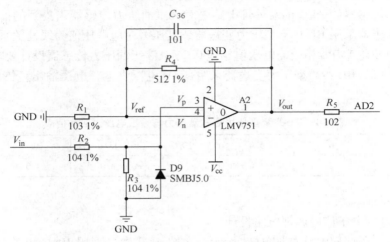

图 4-23   一般电压信号调理电路

在图 4-23 中，V_{in} 表示同相端输入电压，V_{ref} 表示反相端输入电压，V_p 为 V_{in} 加载在 R_2 和 R_3 上的串联分压，其按下式计算：

$$V_p = V_{in} \times \frac{R_3}{R_2 + R_3} \tag{4-4}$$

根据运算放大器的虚短路原则得出：

$$V_n = V_p \tag{4-5}$$

此处运算放大器外加 R_1 和 R_4 构成了同相比例运算放大电路，由 V_{ref} 和 V_p 得到同相输入电压 $V_x = V_p - V_{ref}$（$V_{ref} = 0$），V_{out} 表示最终输出电压，输出给 ADC 芯片进行 ADC 采样，其值按下式计算：

$$V_{out} = \left(1 + \frac{R_4}{R_1}\right) \times V_x = \left(1 + \frac{R_4}{R_1}\right) \times V_p \tag{4-6}$$

由式（4-4）和式（4-6）得到 V_{out} 和 R_1、R_2、R_3、R_4 的函数关系：

$$V_{out} = \left(1 + \frac{R_4}{R_1}\right) \times V_x = \left(1 + \frac{R_4}{R_1}\right) \times V_p = \left(1 + \frac{R_4}{R_1}\right) \times V_{in} \times \frac{R_3}{R_2 + R_3} \tag{4-7}$$

已知 V_{in} 输入电压范围为 0~5V，电阻选择：$R_1 = 10\text{k}\Omega$，$R_2 = 100\text{k}\Omega$，$R_3 = 100\text{k}\Omega$，$R_4 = 5\text{k}\Omega$。按照公式（4-7）分别计算 $V_{in} = 0\text{V}$ 时的 V_{out1}、$V_{in} = 5\text{V}$ 时的 V_{out2} 和 $V_{in} = 0.2\text{V}$ 时的 V_{out3}，结果如下：

$V_{out1} = 0.0\text{V}$；

$V_{out2} = 3.75\text{V}$；

$V_{out3} = 0.28\text{V}$。

由上述计算结果可知 $0\text{V} < V_{out1}$、V_{out2}、$V_{out3} < 5\text{V}$，即经电压信号调理电路输出的电压均

在 ADC0834 的转换范围之内；输入电压 V_{in} 相差 0.2V，即压力相差 1MPa，输出电压差 $V_{out\Delta} = V_{out3} - V_{out1} = 0.28V$，而 ADC0834 的电压检测精度为 $5/2^8 V = 0.02V < V_{out\Delta}$，满足检测精度要求。因此，电压类型电信号调理电路满足设计要求。

4.2.7.3 电流类型信号调理电路设计

A 设计思路

电流类型传感器的 ADC 前端处理电路是对气动系统压力传感器采集到的信号进行调理。气动系统压力传感器采用 SKS-P101D 型压力变送器，其压力对应电流值为线性关系见表 4-5，由表可知，压力相差 0.1MPa 对应的电流相差 0.16mA。气动系统压力传感器设计要求检测压力范围为：0~2MPa；SKS-P101D 型压力变送器采用 +24V 电压供电，电流输出范围为：4~20mA，检测压力精度为 0.1MPa。

表 4-5 SKS-P101D 型压力变送器压力与电流真值表

气压/MPa	0	0.4	0.8	1.2	1.6	2.0
电流/mA	0	4.0	8.0	12.0	16.0	20

B 电路设计

电流类型电信号调理电路原理如图 4-24 所示，电流信号经过 R_2 与 R_3 转换成电压信号 V_p 后输入运算放大器的正极，根据运算放大器的原理，运算放大器正负极之间虚短，所以运算放大器负极电压与输入电压近似相等，经过负反馈电路后输出 V_{out}，可以通过调节 R_1 与 R_4 的大小来调节输出电压的大小。电路中 D3 为 5V 稳压二极管，将电压钳制在 5V 防止过压击穿运算放大电路；C_{37} 为滤波电容，进行滤波和稳定输出，防止运算放大器自激振荡。

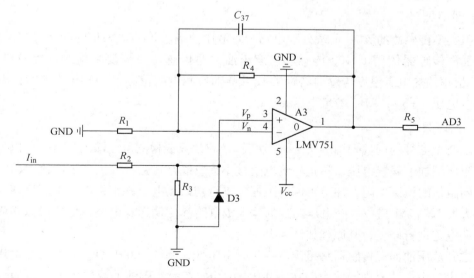

图 4-24 电流类型电信号调理电路

在图 4-24 中，I_{in} 表示气动系统压力输入变化电流，范围为 4~20mA，为此处理电路的输入未知量，反相端电阻 R_1 接地，反相端输入电压为 0；V_p 是同相输入电压，是 I_{in} 直接

加载在输入电阻 R_2 和 R_3 上分压所取得的电压，其值按下式计算：

$$V_p = I_{in} \times R_3 \tag{4-8}$$

V_{out} 表示最终输出电压，输出给 ADC 芯片进行 ADC 采样。此调理电路为同相比例运算放大电路，V_{out} 由 V_p 决定，并按下式计算：

$$V_{out} = \left(1 + \frac{R_4}{R_1}\right) \times V_p \tag{4-9}$$

由式（4-8）和式（4-9）得到 V_{out} 和 I_{in} 关系式：

$$V_{out} = \left(1 + \frac{R_4}{R_1}\right) \times I_{in} \times R_3 \tag{4-10}$$

已知 I_{in} 输入电流范围 4～20mA，电阻选择：$R_1 = 10\text{k}\Omega$，$R_2 = 0.39\text{k}\Omega$，$R_3 = 0.11\text{k}\Omega$，$R_4 = 5\text{k}\Omega$。按照公式（4-10）分别计算 $I_{in} = 4\text{mA}$ 时的 V_{out1}、$I_{in} = 20\text{mA}$ 时的 V_{out2} 和 $I_{in} = 0.16\text{mA}$ 时的 V_{out3}，结果如下：

$V_{out1} = 0.66\text{V}$；

$V_{out2} = 3.3\text{V}$；

$V_{out3} = 0.69\text{V}$。

由上述计算结果可知：$0\text{V} < V_{out1}$、V_{out2}、$V_{out3} < 5\text{V}$，即经电流信号调理电路输出的电压均在 ADC0834 的转换范围之内；输入电流 I_{in} 相差 0.16mA，即压力相差 0.1MPa 时，输出电压差 $V_{out\Delta} = V_{out3} - V_{out1} = 0.03\text{V}$，而 ADC0834 的电压检测精度为 $5/2^8\text{V} = 0.02\text{V} < V_{out\Delta}$，满足检测精度要求。因此，电流类型电信号处理电路满足设计要求。

4.2.7.4　电阻类型信号调理电路设计

电阻类型信号主要是针对温度类型传感器的输入信号，测量的物理量为液压油温度。

A　设计思路

电阻类型传感器的 ADC 前端处理电路为对液压油油温传感器采集到的信号进行调理。液压油油温传感器使用 PT100 传感器，液压油油温传感器设计要求检测温度范围：0～100℃；根据铂热电阻温度传感器特性参数可推知检测电阻范围：100～138.51Ω；温度传感器供电电压：+5V，ADC 参考电压 5V。

B　电路设计

电阻类型信号的调理采用电桥法，ADC 转换芯片只能检测电压输入信号，所以需要将检测电阻两端加上偏置电压，防止检测电阻过小造成线路短路，加上固定限流电阻，为了适应不同阻值的检测电阻，加上可调电阻器，进行初始点电压修正；电阻检测后端再运用运算放大器 LMV751 搭成一个电压跟随的输入级电路和比例运算电路，偏置可以用固定电阻和可调电路进行修正，其原理如图 4-25 所示。

考虑到液压油油温传感器每摄氏度变化时电阻变化率约为 0.39Ω，引入+5V 电压后的变化率也十分小，需要进行放大。在图 4-25 中，R_{in} 表示液压油油温输入变化电阻，范围为 100～138.51Ω，为此处理电路的输入未知量，V_{cc} 表示系统外加电压+5V，V_{in} 表示反相端输入电压，V_{ref} 表示同相端输入电压，V_{out} 表示最终输出电压，输出给 ADC 进行 ADC 采样，为此处理电路的输出量，由 R_{in} 决定。

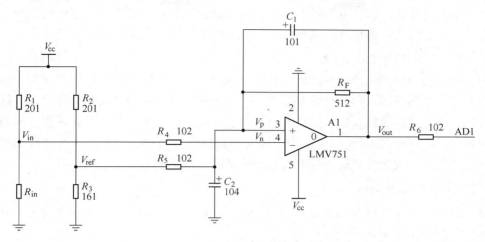

图 4-25　电阻类型信号调理电路图

V_{in} 为 V_{cc} 加载在 R_1 和 R_{in} 上的串联分压，其值按下式计算：

$$V_{in} = V_{cc} \times \frac{R_{in}}{R_1 + R_{in}} \tag{4-11}$$

V_{ref} 为 V_{cc} 加载在 R_2 和 R_3 上的串联分压，其值按下式计算：

$$V_{ref} = V_{cc} \times \frac{R_3}{R_2 + R_3} \tag{4-12}$$

此处运算放大器外加 R_4、R_5 和 R_F 构成了同相比例运算放大电路，由 V_{ref} 和 V_{in} 得到同相输入电压 $V_x = V_{ref} - V_{in}$，而同相输入比例运算电路的输出电压为：

$$V_{out} = \left(1 + \frac{RF}{R_4}\right) \times V_x = \left(1 + \frac{RF}{R_4}\right) \times (V_{ref} - V_{in}) \tag{4-13}$$

再将 V_{ref} 和 V_{in} 的计算公式代入式（4-13）得到 V_{out} 和 R_{in} 的函数关系式：

$$V_{out} = \left(1 + \frac{RF}{R_4}\right) \times V_{cc} \times \left(\frac{R_3}{R_2 + R_3} - \frac{R_{in}}{R_1 + R_{in}}\right) \tag{4-14}$$

已知 R_{in} 输入电阻范围为 $100 \sim 138.51\Omega$，电阻选择：$R_1 = 200\Omega$，$R_2 = 200\Omega$，$R_3 = 160\Omega$，$R_4 = 1k\Omega$，$R_5 = 1k\Omega$，$RF = 5.1k\Omega$，按照式（4-14）分别计算 $R_{in} = 100\Omega$ 时的 V_{out1}、$R_{in} = 138.51\Omega$ 时的 V_{out2} 和 $R_{in} = 100.39\Omega$ 时的 V_{out3}。结果如下：

$V_{out1} = 3.39V$；

$V_{out2} = 1.08V$；

$V_{out3} = 3.36V$。

由上述计算结果可知 $0V < V_{out1}$、V_{out2}、$V_{out3} < 5V$，即经电阻信号调理电路输出的电压均在 ADC0834 的转换范围之内；输入电阻 R_{in} 相差 0.39Ω，即温度相差 1℃ 时，输出电压差 $V_{out\Delta} = V_{out1} - V_{out3} = 0.03V$，而 ADC0834 的电压检测精度为 $5/2^8 V = 0.02V < V_{out\Delta}$，满足检测精度要求。因此，电阻类型电信号处理电路满足设计要求。

4.2.8　开关信号调理电路设计

移动操纵盒是架桥操作人员主要的操作工具，其是否产生故障将直接影响到能否顺利完成桥的架设与撤收工作，重型机械化桥移动操纵盒主要由开关和指示灯组成，开关量信号调理电路主要用于检测移动操纵盒内的开关和指示灯是否产生故障。

4.2.8.1　设计思路

在检测移动操纵盒时需要对其进行有源测试，使其能够模拟正常的操作过程。由移动操纵盒电路原理图可知，移动操纵盒需要+5V 和+24V 两种电压，在本文设计中，这两种电压分别由继电控制电路提供。提供的+5V 电压主要用于检测移动操纵盒内未连接指示灯开关的通断；提供的+24V 电压主要用于检测移动操纵盒内指示灯的好坏及与指示灯相连接的开关的通断。因此在系统设计时拟采用两种检测电路。

4.2.8.2　电路设计

对于提供+5V 电压的开关量信号调理电路，经过上拉电阻将其直接接到单片机的 I/O 端口上，其原理如图 4-26 所示。

对于需要+24V 电压的开关量信号调理电路，需经过 TLP521-4 的光电隔离后连接到单片机的 I/O 端口，其原理如图 4-27 所示，光电隔离的目的是将输入信号与输出信号进行隔离，使输出信号达到符合单片机使用的 TTL/CMOS 标准。

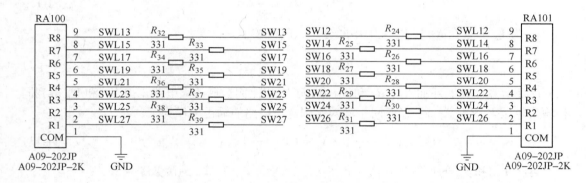

图 4-26　+5V 电压开关信号调理电路

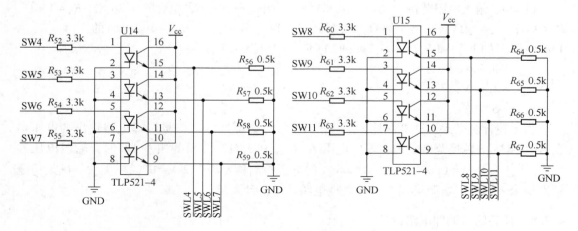

图 4-27　+24V 电压开关信号调理电路

4.2.9　串行通信接口电路设计

C8051F020 单片机具有丰富的串行通信接口，包括 2 个 UART 串行通信接口、1 个与 I²C 兼容的 SMBus 接口和 1 个 SPI 接口。其中 UART 串行通信接口能同时对数据进行串行发送和接收，即它是全双工的串行通信接口，而且它既可以作为 UART 使用，也可以作为同步移位寄存器使用。应用 UART 串行通信接口可以实现 C8051F020 单片机系统之间点对点的单机通信、多机通信以及 C8051F020 与系统机的单机或多机通信。本系统的设计采用单片机与控制计算机的单机通信。

4.2.9.1　设计思路

单片机的 I/O 口是 TTL 电平信号，通过 MAX232 转换为 RS-232 电平后才能与控制计算机连接。在控制计算机上打开超级终端（或串口调试助手），就可以与 C8051F020 进行通信。RS-232 为全双工通信，通信距离为 15m。

TTL 电平在 0~5V 之间，其逻辑 1 的电平在 2V 以上，逻辑 0 的电平在 0.8V 以下。

RS-232 电平：逻辑 1 的电平在 −3 ~ −25V 之间，通常为 −12V；逻辑 0 的电平在 +3 ~ +25V 之间，通常为 +12V。

4.2.9.2　电路设计

适配器与控制计算机之间通过 RS-232 串口协议进行通信，在适配器通信接口电路设计中主要采用 MAX3232 芯片，将 C8051F020 单片机中的 UART 串行通信转换成标准 RS-232 接口电路，使用 4 个电容按芯片应用电路连接即可。其原理如图 4-28 所示。

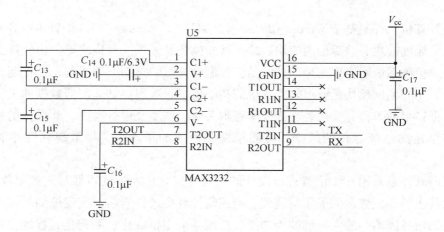

图 4-28　串行通信接口电路

4.3　重型机械化桥电控系统故障检测系统软件开发

检测系统硬件设计为系统功能的软件实现提供了运行基础，本节按照模块化设计的思想开发控制计算机软件及适配器软件，各模块的软件设计保证了检测系统各功能硬件的正常运行，友好的人机界面和智能诊断设计为操作者提供了快捷和方便的使用平台。

4.3.1　系统软件总体结构设计

　　根据系统硬件设计及要实现的功能，按照模块化设计原则，对重型机械化桥电控系统故障检测系统软件进行了总体结构设计。系统软件总体结构如图 4-29 所示，包括故障定位、故障查询及故障维修指导等功能。

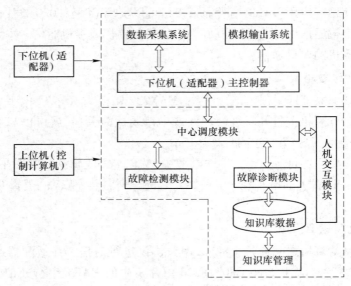

图 4-29　系统软件总体结构图

　　控制计算机软件是基于 Windows XP 系统，采用 LabWindows/CVI 语言进行开发的，主要包括中心调度模块、故障检测模块、故障诊断模块及人机交互模块等。由软件总体设计要求，故障检测系统所实现的全部功能是在控制计算机的控制下完成的，在控制计算机软件设计中，中心调度模块是整个软件系统的核心模块，实现控制适配器数据的上传、控制计算机数据指令的下传，实现各功能模块逻辑关联、调度及运行时序，其设计的好坏直接决定着整个检测系统运行的效率、检测精度和诊断的正确率，是系统软件功能实现的关键。

　　适配器软件是采用 C51 语言进行设计的，设计完之后通过读写器写入到单片机内部，适配器软件主要完成数据的采集与调理、与控制计算机进行通信，实现被测对象与控制计算机之间的信号隔离、放大、滤波等功能。适配器采用模块化、系列化、标准化设计，因此可适应各种调理信号的连接方式。

4.3.2　控制计算机软件开发

　　控制计算机软件采用系统中心调度模块、故障检测模块、人机交互模块和故障诊断及知识数据库等相结合的模块化结构体系，诊断及知识数据库可根据具体需求进行补充、增添相应的元素，完善控制计算机软件的诊断、维修和指导性能。该软件具有层次清晰，移植性好、开放性强的特点。

4.3.2.1 软件功能要求

依据故障检测系统软硬件总体设计及使用要求，本文开发的控制计算机软件应具有人机交互、设备测试、故障分析、维修辅助以及记录保存等功能。

（1）人机交互功能：用于输入作业信息、选择被测设备、进行操作提示、显示测试流程、查看历史记录等。

（2）设备测试功能：用于向被测设备输出有关激励或调试信号，接收被测设备输出的响应信号或其他特征信号。

（3）故障诊断（分析）功能：进行设备测试后，根据检测到的响应信号的有无、时序、量值等情况，对被测设备的某项功能、性能作出正常与否的判断，对有故障设备给出故障定位。

（4）维修辅助功能：依据信号测试和故障分析的结果，给出修复设备故障的操作提示或进一步对故障进行测试分析的建议。

（5）记录保存功能：检测诊断软件对每次检测的操作信息、测试过程、分析结果等都予以记录和保存。保存的记录可以查询、删除。

4.3.2.2 软件程序设计

依据控制计算机软件的功能要求，按照模块化设计思想，进行软件程序设计，本文开发的控制计算机软件程序结构如图 4-30 所示，程序所含模块如下：Face 为顶层模块、Entry 为程序入口模块、amph.c 为公共函数模块、Rec 为记录查询模块、RecSel 为记录选择模块、Repair 为维修模块、DataBase 为数据库模块、HDInterface 为 PXI 总线硬件接口模块、Ux 为重型机械化桥电控系统各单元的检测模块。

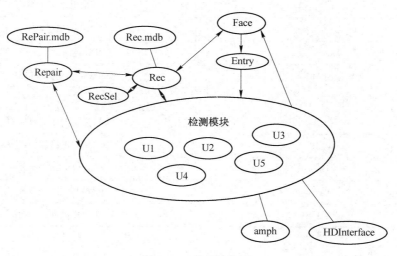

图 4-30　程序结构图

A　程序入口和公共函数模块

系统程序启动后立即进入程序入口（Face）模块。在此模块中，需要选择检测类型，然后进入 Entry 模块，选取日期和时间，以便形成记录数据库 Rec. mdb 的索引项，同时输入用户和被测对象信息，用于记录。Face 模块中还提供了记录和自检的入口。

amph 模块中提供了公共函数。

B　检测程序和硬件接口模块

本文设计的某型重型机械化桥架设系统的检测程序模块有 5 个：U1、U2、U3、U4 和 U5 分别对该型重型机械化桥架设系统的移动操纵盒、液压系统、气动系统、限位机构和车载电瓶进行检测。检测模块采用了相同的程序结构。

在检测中，被测信号通过 PXI 总线或串口送至控制计算机。通过定时器定时刷新 PXI 总线上的显示，并在串口的回调函数中刷新串口送的信号显示。每一个检测周期事件中，按照总体规定的检测流程，进行下一个步骤的检测，直至检测结束。

控制计算机软件通过 HDInterface 模块定义的函数操作 PXI 硬件；通过 amph 中的处理函数操作串口控制的硬件。PXI 硬件端口的宏名在 HDInterface. h 中进行定义，串口控制的硬件的宏名在 amph. h 中进行定义。硬件操作函数见表 4-6。

各检测程序的流程以控件 Table 的形式列出，供操作人员观察。

表 4-6　硬件操作函数

函　数　名	功　能　描　述
PxiOpenCom	打开串行端口
PxiCloseCom	关闭串行端口
PxiDILine	PXI 数字端口检测
PxiDOLine	PXI 数字端口输出
PxiAILine	PXI 模拟量采样
PxiAOLine	PXI 模拟量输出
PxiWILine	PXI 连续波形采样
PxiResetAll	PXI 数字和模拟端口复位
GetDVal	串口数字端口检测
GetAVal	串口模拟电压端口检测
GetIVal	串口模拟电流端口检测
GetPVal	串口脉冲占空比检测
SetDVal	串口数字端口设置
SetAVal	串口模拟端口设置

4.3.2.3　软件实现

按照上文确定的软件结构，用 Labwindows/CVI 程序语言开发环境编制了控制计算机软件。软件运行后的界面如下。

程序主要界面分为四类：入口界面、检测界面、记录界面和维修指导界面。

A　入口界面

启动控制计算机软件，便进入软件入口界面，入口界面如图 4-31 所示。

图 4-31 程序入口界面

入口界面由 7 个控件组成，三个文本控件中有一个用户可控控件，即左上角的标题为"选择测试项目"的树控件，另两个文本控件和图片控件随测试项目改变。三个按键控件通过左键点击进入下一层。

B 检测界面

检测界面按统一格式设计，如图 4-32 所示，此处以移动操纵盒检测界面为例予以说明。检测界面分三个大区：图形显示区、流程和结果显示区和操作区。图形显示区显示当前各信号状态。采用的显示方式统一规定如下：被测二态数字信号或状态信号用圆形指示灯显示，亮为逻辑"1"，灭为逻辑"0"；三态状态信号用圆形指示灯显示，用绿、红和黑三色显示；二态激励信号用方形指示灯显示，亮为逻辑"1"，灭为逻辑"0"；模拟信号输入输出采用数显控件完成；用文本框显示传输的 ASCII 字符。

流程和结果显示区采用表格的形式给出检测的每一步骤，并给出检测结果和结论。此格式便于存储和维修指导的处理。

操作区采用 6 个按键"检测开始"、"检测终止"、"故障诊断"、"记录保存"、"记录显示"和"返回"，有效事件均为单击左键。

图形显示区　　　　　　　　　　　　　　　流程和结果显示区

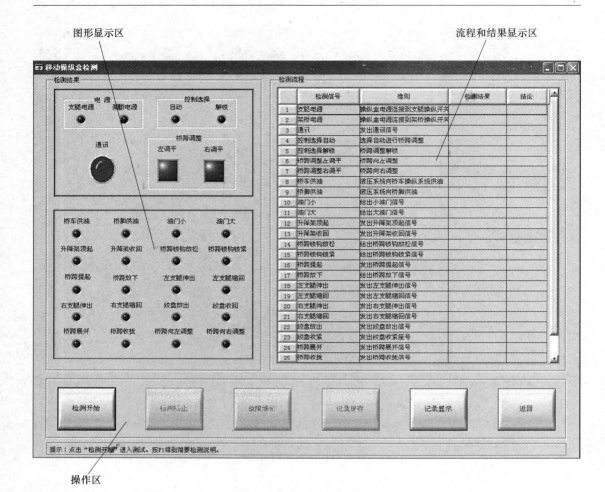

图 4-32　移动操纵盒检测界面

C　检测记录操作界面

记录界面如图 4-33 所示。记录界面分 3 个大区：索引区、记录显示区和操作区。

索引对应于 Record. mdb 中的索引表 TESTREC，记录显示则显示了选择的检测记录表中的内容。五个按键分别为"筛选测试记录"、"显示测试记录"、"删除测试记录"、"故障维修"和"返回"。

D　故障维修指导界面

维修指导界面分为故障分析列表、维修指南和维修指导图片 3 栏。由检测到的故障信号和 Repair. mdb 中的相应的表 A 对比得到故障代码，再和表 B 对比，得到故障分析列表。用户选择了故障分析表中的项，对照 Repair. mdb 中相应的表 C，得到维修指南和维修指导图片的文件名，程序将相应的图片显示出来。

E　界面与模块关系表

检测系统主程序中与重型机械化桥有关的界面共有 11 个，它们的用途以及和模块的隶属关系见表 4-7。

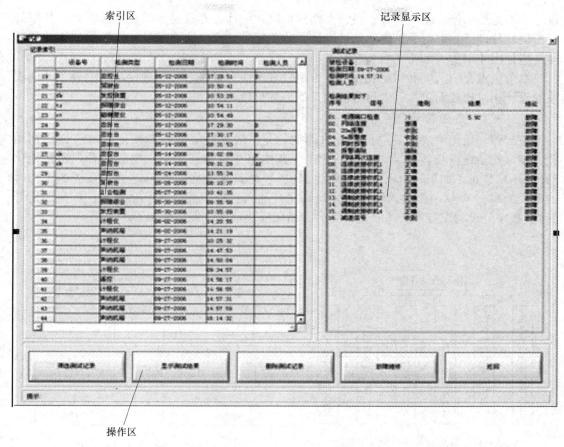

图 4-33 检测记录操作界面

表 4-7 界面文件和模块的关系

界面文件	用　　途	隶属模块
Face. uir	程序入口界面	Face
Entry. uir	用户和检测信息输入界面	Entry
Rec. uir	记录处理界面	Rec
RecSel. uir	记录选择界面	RecSel
Repair. uir	维修界面	Repair
wait. uir	等待界面	Entry
U1. uir	移动操纵盒检测界面	U1
U2. uir	液压系统检测界面	U2
U3. uir	气动系统检测界面	U3
U4. uir	限位开关检测界面	U4
U5. uir	车载电源检测界面	U5

4.3.3　适配器软件开发

根据系统适配器硬件要实现的功能，适配器软件设计任务主要包括：初始化模块软件设计、液晶显示模块软件设计、报警电路模块软件设计、键盘通信模块软件设计、数据处理模块软件设计、串行通信模块软件设计、开关信号处理模块软件设计。适配器软件的总体结构如图 4-34 所示。

本节重点介绍适配器初始化模块、数据处理模块和开关信号处理模块等内容，其他模块的设计相对比较简单，读者可参阅相关的单片机资料。

4.3.3.1　适配器初始化模块

适配器初始化模块主要进行单片机的初始化、液晶显示屏的初始化、ADC 模块初始化、串口初始化以及各类端口的初始化等。其中单片机的初始化主要包括看门狗初始化（开启还是禁止、如果开启则喂狗周期为多少）、时钟系统的初始化（确定系统的工作时钟源及频率）、I/O 引脚输入输出方式初始化（输入：模拟还是数字；输出：推挽还是开漏）、数字外设的配置和交叉开关设置。初始化模块程序流程如图 4-35 所示。

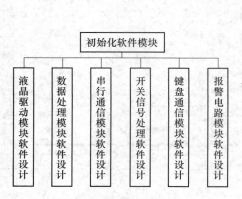

图 4-34　系统软件总体结构框图

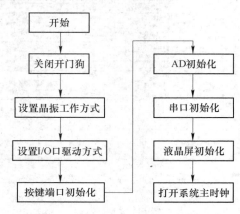

图 4-35　系统初始化流程图

4.3.3.2　数据处理模块

如硬件电路设计所示，本文采用 ADC0834 作为 A/D 转换器，其转换过程如下：

CH0~CH3 为模拟信号输入引脚；$\overline{CS}$ 为片选引脚；DI 为数字输入引脚，用来选择信号的采集通道；DO 为数字输出引脚，用来输出 A/D 转换之后的数值；CLK 为芯片的时钟输入引脚；V_{cc}/V_{ref} 为电源输入及参考电压输入。

当 $\overline{CS}$ 引脚为高电平时，芯片被禁止，此时 CLK 和 DO/DI 的电平可为任意状态。当要进行 A/D 转换时，需要先将 $\overline{CS}$ 置于低电平并且保持低电平直到转换完全结束，此时芯片开始对数据进行转换，同时由单片机或其他处理器向芯片时钟输入引脚（CLK）输入时钟脉冲，DO/DI 端则使用 DI 引脚输入通道功能选择的数据信号。在第一个时钟脉冲的下降沿之前 DI 引脚必须是高电平，表示开始信号。在第二至第四个脉冲下降沿之前 DI 引脚应输入三位数据用于选择采集通道，通道选择见表 4-8，直至第四个脉冲的下降沿之后 DI 的输入电平就失去输入作用，此后 DO/DI 端则开始利用数据输出引脚 DO 读取转换数据。从第五个脉冲下降沿开始由 DO 引脚输出转换数据最高位 Data7，随后每一个脉冲的下降沿 DO 引脚输出下一位数据。直到第十二个脉冲发出最低位数据 Data0，至此一个字节的数据输出完成。也正是从此位开始输出下一个相反字节的数据，即从第十二个字节的下降沿开始输出 Data0。随后输出 8 位数据，到第二十个脉冲时数据输出完成，也标志着一次 A/D

转换的结束。最后将 $\overline{CS}$ 引脚置高电平禁用芯片，将转换后的数据进行处理，其时序如图 4-36 所示。

表 4-8 通道选择表

MUX ADDRESS			CHANNEL NUMBER			
SGL/$\overline{\text{DIF}}$	ODD/$\overline{\text{EVEN}}$	SELECT BIT1	0	1	2	3
L	L	L	+	−		
L	L	H	+		−	
L	H	L	−	+		
L	H	H			−	+
H	L	L	+			
H	L	H		+		
H	H	L			+	
H	H	H				+

注：H = high level；L = low level；− or + = polarity of selected input pin。

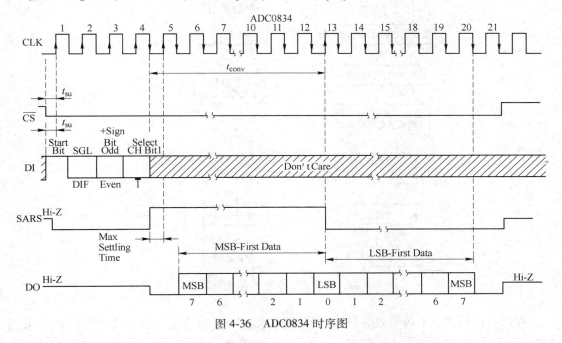

图 4-36 ADC0834 时序图

4.3.3.3 开关信号处理模块

此模块的软件设计主要是实现故障检测系统对移动操纵盒开关及指示灯的检测。在本系统设计中，对移动操纵盒开关及指示灯的检测采用有源检测，即由适配器的电源模块为移动操纵盒提供所需的电压，然后将信号反馈给单片机，单片机对接收到的开关信号进行分析处理。故障检测系统对移动操纵盒的检测是由键盘的按键"1"和"2"控制的，因此本模块的软件设计应配合有键盘扫描软件设计，其流程如图 4-37 所示。

4.3.3.4 串行通信模块软件设计

串行通信模块的功能是将适配器采集到的数据按协议发送至控制计算机，数据采集时单片机将采集到的数据存储在内部 256 字节的数据存储器 RAM 中，发送时一次发送 8 位。通信模块所采用的是异步通信方式，可以规定传输的一个数据是 10 位，其中最低位为启动位（逻辑 0 低电平），最高位为停止位（逻辑 1 高电平），中间 8 位是数据位。使用 8MHz 的内部振荡器 1667 次分频得到 4800b/s 的波特率。通过设置 UART 的控制寄存器 SCON0（50H）采用 UART0 的工作方式 1 进行通信。通过设置定时/计数器的

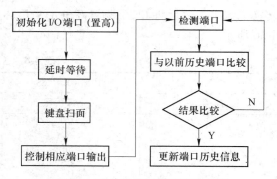

图 4-37　开关信号检测程序流程图

工作方式寄存器 TMOD（20H），采用定时器 T1 在自动重装载方式（方式 2）工作时产生波特率。本文设计的串口通信采用中断方式进行接收和发送数据。其流程分别如图 4-38 和图 4-39 所示。

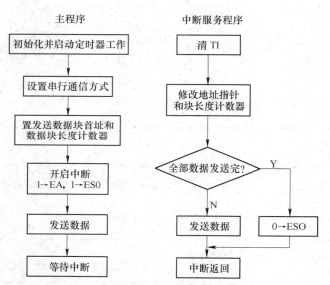

图 4-38　串行通信中断方式发送流程图

在串行通信中，对收发双方数据传输的速率有一定的约定。本系统的软件设计采用 C8051F020 的工作方式 1 进行通信，而方式 1 的波特率是可变的。方式 1 的波特率的计算公式为：

$$\text{方式 1 的波特率} = 2^{\text{SMOD0}} \times (\text{T1 溢出率})/32 \tag{4-15}$$

本设计采用定时器 T1 的工作方式 2 作为 UART0 的波特率发生器。设计数初值为 X，则每过 "256-X" 个计数周期，定时器 T1 就会产生一次溢出，则溢出周期（溢出率为溢出周期的倒数）为：

$$\frac{256 - X}{\text{SYSCLK} \times 12^{\text{TIM}-1}} \tag{4-16}$$

式中，SYSCLK 为系统振荡器频率。

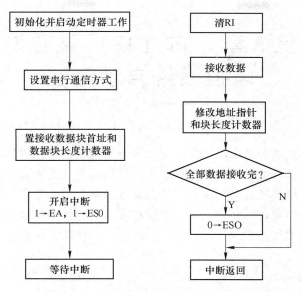

图 4-39 串行通信中断方式接收流程图

由式（4-15）和式（4-16）可推导出定时器 T1 在工作方式 2 时的初值为：

$$X = 256 - \frac{2^{\text{SMOD0}} \times \text{SYSCLK} \times 12}{32 \times 波特率} \tag{4-17}$$

在本系统软件设计中，已知波特率为 4800 波特，SYSCLK = 8MHz，SMOD0 = 1，TIM = 0，由此可根据式（4-17）计算出定时器 TI 的初值为 $X \approx 245$。

4.4 习题

4-1 简述重型机械化桥电控系统的结构组成与工作原理。

4-2 重型机械化桥电控系统的故障有什么特点？

4-3 试重型机械化桥电控系统故障检测系统的功能要求与战技术指标。

4-4 试说明电控系统故障检测系统适配器的工作原理与设计要求。

4-5 简述重型机械化桥电控系统故障检测系统硬件平台的结构特点与工作原理。

4-6 试讨论嵌入式微处理器在电控系统故障检测系统中的应用前景。

第 5 章 布 (扫) 雷装备 电控系统自动测试

随着高新技术在武器装备中的广泛应用,电子系统在我军通用武器中所占的比重越来越大,一是单体电子装备的品种数量显著增加;二是各类武器装备系统中所包含的电控部分越来越多,电子系统已经成为我军通用武器装备的重要组成部分。随着我军武器装备由机械化、半自动化向信息化的转变,电子系统在战争中的作用越来越突出,必将成为武器系统的灵魂和效能倍增器。因此,加强通用装备电子系统技术保障,成为目前必须研究的重要课题。

本章主要研究自动测试技术在工程兵布 (扫) 雷装备电控系统现场测试中的应用技术。

5.1 布 (扫) 雷装备电控装置自动测试系统需求分析

5.1.1 综合扫雷车的构造及工作原理

某型履带式综合扫雷车属于专用装甲扫雷车,是现代战争中实施工程保障的主要车种之一。它是在主战坦克底盘的基础安装有多种扫雷设备,用于在防坦克雷场中为坦克战斗车辆快速开辟通路,也可用于纵深战斗及防御战斗中克服敌机动撒布的雷场、雷群,是我国第一代综合扫雷武器装备。

综合扫雷作业部分工作方式主要分为火箭爆破扫雷、机械扫雷 (犁扫)、磁模拟扫雷及放置通路标示。以下介绍其各部分的工作原理。

5.1.1.1 爆扫部分工作原理

爆扫装置主要由火箭发动机、战斗部、控制绳、发射架、点火控制系、控制绳解脱装置、卡弹装置等组成。

火箭发动机点火后迅速飞离发射架,并通过牵引绳将战斗部和控制绳拖起,飞向预定目标。在战斗部落地过程中,控制绳将战斗部拉直,引信延期 14~20s 后起爆战斗部,引爆、破坏或抛出地雷,达到排雷目的。其扫雷过程如图 5-1 所示。

5.1.1.2 磁扫部分工作原理

磁扫雷器用于扫除单一磁引信非触发防坦克地雷,也可以用于扫除部分磁一振动、磁一声复合引信地雷。磁扫部分工作原理如图 5-2 所示。

主配电板负责供 28V 电源。操纵盒内的信号源产生方波、正弦波作为扫雷磁信号;电流电压表指示工作电流电压;指示灯分别指示左、右磁棒工作正常与否;频率选择开关选择磁场频率;磁场电位器控制磁场强度。波形选择开关选择磁场波形。磁控柜内有信号分配电路、6 块功率放大电路、大功率晶体管用散热器、接触器、保险丝等。利用磁控制装置产生能诱爆磁引信防坦克地雷所需要的磁场波形、频率、场强,把地雷引爆排除。信号

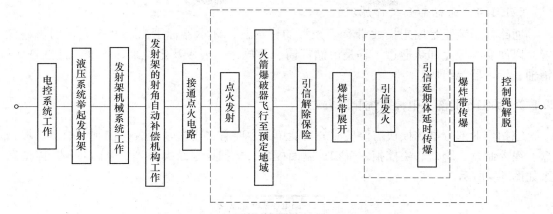

图 5-1　爆破扫雷部分工作原理图

源产生的信号（波形、频率、强弱由控制盒选择）输入到磁控柜内，由信号分配电路分配成 6 路，分别配置到 6 块功率放大电路，每个功率放大器驱动磁棒上一个线圈产生所需要的磁场。

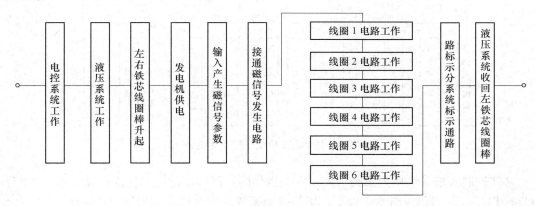

图 5-2　磁扫部分工作原理图

5.1.1.3　犁扫部分工作原理

犁扫的电气系统主要由装在两侧仿形靴悬臂前端的角位移传感器、专用电源、装在驾驶室右前方的控制盒及其电缆组成。操作分手动和自动，其工作原理分手动、自动、随动、角位移检测、油路控制。其基本原理如图 5-3 所示。

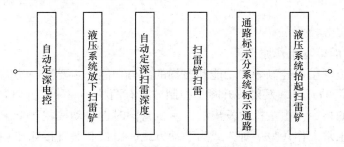

图 5-3　犁扫部分工作原理图

5.1.1.4　通标部分工作原理

通路标示装置是用来投放带有闪光灯的标示器，标示器标示出已经扫完雷的通路位置，以便后继坦克部队通过。它是由储标筒、投放口、模板及定位器、弹簧、油缸杆头、销轴、标示器等组成。

5.1.2　综扫作业部分电控系统测试方法

综扫作业部分电控模块需要检测的功能单元主要有：主机盒、爆扫控制面板盒、爆扫盒、绳控制盒、阀盒、磁控柜、磁扫控制面板盒，犁扫控制面板盒等。他们与各功能的联系如图 5-4 所示。

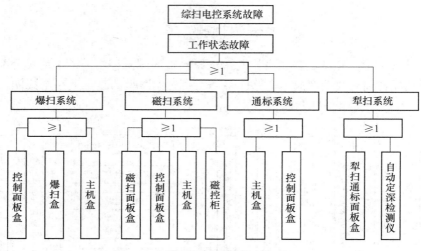

图 5-4　电控装置功能与控制盒关系图

这些控制盒按其性质为三类：需要人工操作的控制面板盒；只有输出输入接口的暗盒和装有 PLC 控制器的主机盒。以下以爆扫控制系统为例介绍这些控制盒的测试方法，战地级维修中我们主要研究其整机性能测试和按功能分类的性能测试，按具体测试方法如下所述。

5.1.2.1　整机性能测试

整机性能测试是对每个控制盒的整体性能进行全面检查，检测方法按合理的测试顺序模拟所有正常工作时的输入信号，采集相应的输出状态，检查输出信号是否符合设计要求。

A　控制面板盒检测

a　爆扫控制面板盒工作原理

爆扫控制面板盒主要控制爆扫功能和磁扫的部分功能，主要控制功能如下。

（1）综扫仓门的开合，发射架升降。控制方式有两种：一种是自动方式，在自动发射方式下，大部分的指令是由主机盒发出的，主机盒同时也自动按程序要求发出自锁和互锁指令，保护设备正常工作；另一种方式为手动方式，由控制盒直接输出相应的信号控制液压电磁阀动作。

（2）三弹的夹紧与解脱：行军时，火箭弹必须夹紧，只有发射前才解脱。操作只有手动，无自动，扳动相应开关，由控制盒发出的指令使位于爆扫盒中相应继电器动作，控制液压电磁阀工作。

（3）发射：按下控制盒上相应按钮，分别发射三弹。

（4）三绳的解脱：火箭弹发射完毕，药带爆炸后，需解下弹绳。这个过程只有手动按下相应按钮，控制绳索解脱。

（5）磁扫支架的伸出和收回：原理同上，只有手动操作。

（6）各种行程开关的到位指示。

b 测试方案设计

在控制面板内部主要的元器件包括继电器、开关、二极管、灯泡、电阻、导线等，对外接 4 个航空插头，分别为 4 针，20 针，24 针和 26 针，采用 24V 直流供电，因为信号主要用来控制继电器工作或控制指示灯，对数值大小的要求不太严格，完全可以按照数字电路的开关量进行分析，其所有的输出输入信号总数分别为输出 46 路，输入 13 路。

测试方式将 4 个航空头与测试仪器对应接口对接，模拟工作状态为相应针脚输入信号，启动开关，采集输出信号，检查工作是否正常。

建立测试过程中需要注意以下几个问题：

（1）在测试中要充分考虑自锁和互锁的情况，对于有逻辑限制的引脚要事先接入信号，才能采集到正确的输出信号，否则，可能因为测试考虑的不完全使诊断发生错误。

（2）测试流程的组织总体按功能模块设计，模块内部又按实际的操作流程进行测试。因此在对爆扫控制面板盒进行检测时按功能分为两部：一是指示灯系统测试；二是开关功能系统测试。在功能块内部，又按实际使用中的操作过程组织测试程序集。

（3）指示灯在实际工作中表征一些部位的状态，分为输入点亮型指示灯和开关动作点亮型指示灯。在爆扫控制面板的 20 个指示灯中有 1 个电源指示灯和 1 个自动—手动指示灯是开关到位点亮型，这种情况检测中只需要启动相应开关，观察是否点亮就能判别好坏，另外的 18 个都是输入型，都是与一些行程开关相连，判断一些机械部分是否到了指定位置，当到达指定位置时相应开关会压合，相当于接通相应的指示灯电路。要判断这些通路的好坏，就需要模拟行程开关压合的状态在对应的引脚上通入适当的信号，观察相应指示灯的情况来判断故障位置。

（4）开关测试需要手动与自动相结合，按实际动作流程启动开关，测量相对应引脚输出信号判别故障情况，这种测试要注意两种情况，一种是开关的类型，对于瞬间接通型开关，而且所连接继电器又不在本控制盒内部，测量要考虑瞬时性，要求采集设备的反应速度要快；第二种情况是互锁和自锁性，有些开关动作时相应的引脚却采集不到输出信号，原因是因为它在实际工作中为了设备安全，防止误操作，在控制电路中增加了一些继电器控制开关，只有这些开关闭合时整条控制电路才能连通，而这些开关又不一定分布在控制盒内部，当单独检查控制盒时就需要模拟开关闭合状态在开关接入控制盒的针脚上提供输入信号，然后再启动开关，才能采集到输出信号。

根据以上原则，其爆扫控制面板盒整体检验流程如图 5-5 所示。

测试过程的具体实施细节如图 5-6 所示。

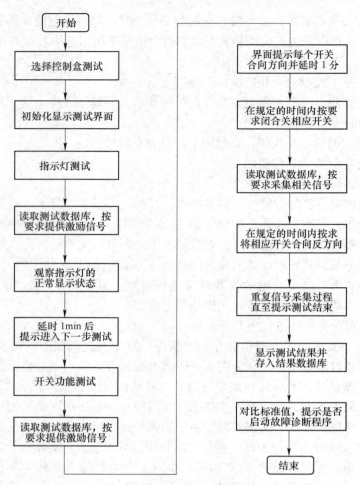

图 5-5　爆扫控制面板盒测试流程

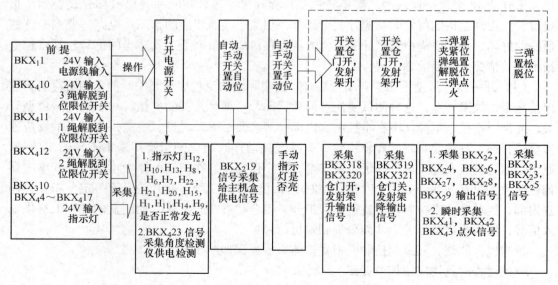

图 5-6　控制盒检测流程图

B 爆扫盒检测

a 爆扫盒工作原理

爆扫盒的内部主要由 6 个继电器和若干二极管组成。功能主要分三部分：

（1）内部的 6 个继电器，负责接受控制面板盒的信号并按要求输出给电磁阀控制火箭弹的夹紧和松脱。

（2）负责为 11 个行程开关供电且将其返回信号中转至爆扫控制面板盒、主机盒等。

（3）负责火箭弹发射，弹绳解脱指令的中转。

爆扫盒的控制信号标准是直流电压 24V，主要供电磁阀，继电器和指示灯工作，对信号的要求不太严格，可以看成是数字开关量。

b 爆扫盒测试

爆扫盒是一个没有可操作开关的"暗盒"，它只通过航空插口与外界交换信号，负责将输入的信号通过盒内元器件进行转化或直接输出，以状态信号和可执行信号的形式输出给其他控制盒或可执行机构。在我们设计的自动测试系统中，对这种控制盒的检测不需要人工干预，通过事先设定的检测程序驱动硬件工作，完成施加激励和信号采集。在测试流程的设计上和控制盒方法相同，按功能组分类顺序进行。其具体测试流程图如图 5-7 所示。

C 主机盒检测

a 主机盒工作原理

综合扫雷车作业部分主要执行爆扫、磁扫、通标和犁扫等任务，主机盒主要负责爆扫、磁扫、通标的部分功能控制，其中爆扫和磁扫功能主要是逻辑量控制。以爆扫发射架升起为例，其控制任务为依次执行舱门打开、发射架升起。左右舱门均完全打开是发射架升起的前提条件，也就是逻辑关系。完全打开是靠左右两旁的两个限位开关进行状态采集的，因而输入量可以认为是数字量。全车采用液压控制系统，因而，在进行机械动作时如打开舱门、升起发射架时只需给出 24V 的电磁阀控制信号即可，也就是说，只需要输出数字量。主机盒对爆扫和磁扫系统的其他部分的控制功能跟此相差无几，只不过制约关系不同而已。对实现这两部分功能的电路，也完全可以按照数字电路的诊断方法对其进行诊断分析。

通标功能略有不同。通标系统在扫雷车开辟完战场通路以后，在道路的左右两侧放置标灯以标记安全路段，分为自动和手动两种方式，手动通过主机盒中的继电器控制，自动方式是由主机盒中 PLC 控制，实现方式是每 8s 投放 1 枚。主要动作有两个，一个是伸出投放；一个是缩回准备，控制信号的关系如图 5-8 所示，每一个动作时间是 4s。可以认为，此控制信号可以看成是一个时序量，重点需要对输出信号的脉宽进行测量。测量脉宽有很多种方法，较方便的一种是计数法，如图 5-9 所示。其思想是对脉冲信号利用已知确定频率的高频信号对其进行度量，由计数器统计在电平为 1 的时间内共有多少个高频脉冲，这个计数值即反映了信号的脉宽。基准高频信号的频率决定了测量的精度。显然，在扫雷车中，通标系统的时间精度要求不高，因此，不需要使用专门的计数电路，只需要高精度的软件计数处理即可以满足要求。这样，简单的时序电路也可以转换为逻辑组合电路来处理。

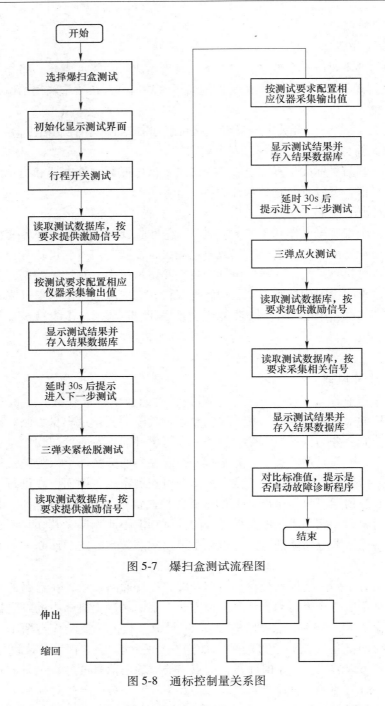

图 5-7　爆扫盒测试流程图

图 5-8　通标控制量关系图

　　主机盒主要由 1 个 PLC 控制器、若干继电器、电阻和二极管构成的。PLC（Program-mable Logic Controller，可编程序控制器）是工业现场应用的越来越广泛的控制器之一。随着微电子技术的发展，其功能不再仅仅局限于逻辑控制，还具备了 A/D、D/A 功能、PID功能、支持各种协议的通信功能等。一般来说，PLC 的工作方式为循环扫描，顺序执行。只有定时器是全局变量，进行中断方式工作。

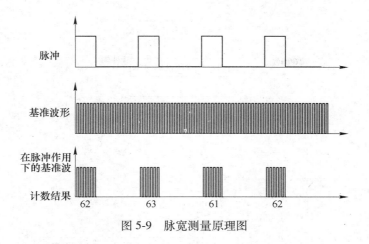

图 5-9 脉宽测量原理图

综合扫雷车主机盒中所用的 PLC 为 SIMENS 公司的 S5_100U，由 1 个电源模块、1 个 CPU 模块、两个数字量输入模块、两个数字量输出模块组成，通过对 PLC 的程序分析可以知道，它只用了输入、输出、临时变量和定时器资源，其功能均是数字量输出。可以认为，在主机盒中，其 PLC 控制器可以等效为一个多输入多输出的逻辑组合电路。

b 诊断方案设计

诊断的目的是判定主控机工作是否正常，不具体到元件级。经过对主机盒内部机理的分析并对航插接口针脚信息的统计，其两个航空插头的 49 个有效针脚共有 26 个输入端口和 23 个输出端口。按照伪穷举法的思想，依照功能和输入输出关系将输入端口分为 3 组，分别是爆扫部分 22 个，主要负责手动爆扫准备、自动爆扫准备和发射；磁扫部分 11 个，主要负责手动磁扫、自动磁扫；通标部分 4 个，主要负责自动通标和手动通标。

对主机盒的测试主要分为两种，分别是组合逻辑测试和时序测试，组合逻辑测试又分为受主机盒中继电器控制的组合逻辑测试和受主机盒中 PLC 控制的组合逻辑测试。测试具体分配为：

（1）以继电器为主的组合逻辑测试：手动爆扫准备、发射、手动磁扫。

（2）PLC 为主的组合逻辑测试：自动爆扫准备、自动磁扫。

（3）时序逻辑测试：以继电器为主的时序逻辑测试，手动通标；PLC 为主的时序逻辑测试，自动通标。

测试内容 1 组合逻辑测试

组合逻辑测试的基本思想是对需要进行组合逻辑测试的各组进行穷举法测试，观察所有输出端口状态与标准测试集作对比，如果不符说明主控机工作不正常。进行组合逻辑测试需要解决两个重点问题，一是建立标准测试集；二是确定测试周期。算法流程如图 5-10 所示。

（1）标准测试集的建立。标准测试集是诊断的依据，其建立的方法有逻辑分析和仿真两种。逻辑分析的方法是按照电路的功能和 PLC 的程序对电路进行逻辑分析，从而建立标准测试集。逻辑分析法必须对电路的原理进行深入详细的分析，同时还必须获得 PLC 的程序。仿真的方法是以一个正常工作的主机盒为基准，给以确定的输入集，获得的输出集即是标准测试集。仿真的方法的优点是获得测试集的方法简单，缺点是必须确保作为基

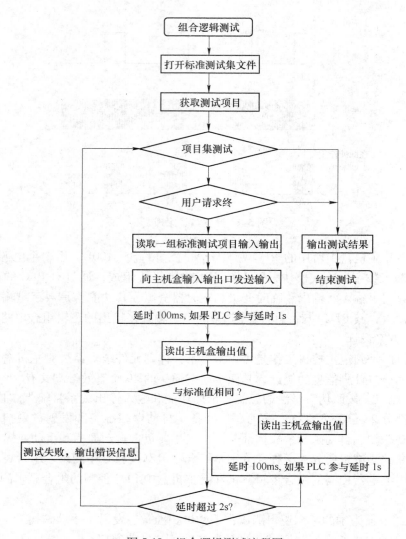

图 5-10　组合逻辑测试流程图

准的主机盒的完好性。由于无法获得 PLC 的程序，我们采用了两者相结合的方式来建立测试集，即先用仿真的方法来建立测试集，然后依据其完成的功能和电路结构对其进行逻辑分析，以确保建立正确的标准测试集。

（2）测试周期的确定。进行逻辑测试一个必须要考虑的因素是被测对象的响应时间。继电器的响应时间是动作时间与释放时间之和，综合扫雷车中所用某型继电器的动作时间不大于 8ms，释放时间不大于 4ms。这样每个继电器测试时至多应有 12ms 的测试周期。考虑到继电器串联的情况最多为 4 级，取 2 倍时间裕量，取测试周期为 100ms。PLC 控制器的响应时间是其扫描周期为主的逻辑量，扫描周期不仅与 CPU 模块的指令执行速度有关，还与输入输出量的多少及程序的编制有很大关系。对有 PLC 参与的测试周期的确定，经过反复测试，500ms 时结果可以稳定复现，且与逻辑分析一致，考虑到后级继电器电路的动作时间和时间裕量，取测试周期为 1s。

<u>测试内容2　时序量测试</u>

对手动通标和自动通标的测试重点是考查其输出量的占空比特性。取连续 3 个周期的信号做统计分析，分析其占空比特性是否满足标准指标的某个公差范围以判定其工作是否正常，详细算法流程见图 5-11。

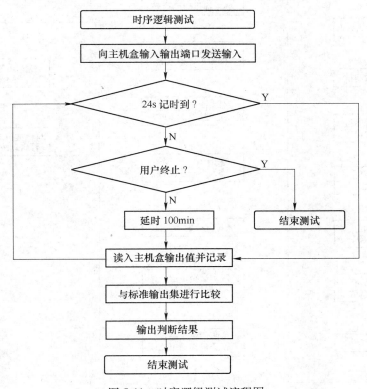

图 5-11　时序逻辑测试流程图

<u>测试内容3　主机盒整体测试</u>

根据以上分析，在主机盒的整机测试中，测试过程采用伪穷举法，其按功能划分为爆扫部分逻辑测试、磁扫部分逻辑测试和通标部分时序测试，每部分的测试任务又分为：

（1）爆扫部分逻辑测试：手动爆扫准备、发射、自动爆扫准备。

（2）磁扫部分逻辑测试：自动磁扫。

（3）通标部分时序测试：手动通标、自动通标。

整体测试的流程图如图 5-12 所示。

以上列举了爆扫控制系统中的所涉及的 3 种控制盒的整体测试方法，具有一定的代表性，综扫其他的控制盒或是操作面板盒，或是只有输入输出接口的"暗盒"，都与这 3 种之一类似，除了个别信号类别的差异，测试方法也大致相同，篇幅所限，就不一一列举。

5.1.2.2　按功能性能测试

整体测试中是按单个盒子的所有功能为基础组织测试方案，而按功能分类的性能测试是以所实现的功能为测试单位按合理的顺序分别检测与该功能有关的所有测试盒的相应接口针脚信号，判断引起功能故障的位置。以爆扫系统中某一功能为例详述其测试过程。

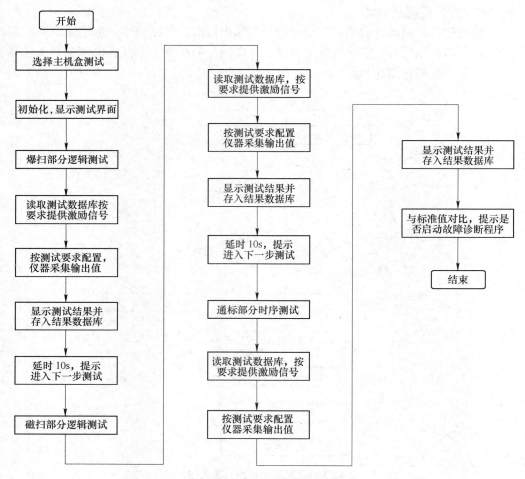

图 5-12　主机盒测试流程图

在爆扫系统中，所有可以实现的功能与参与控制的控制盒见表 5-1。

表 5-1　爆扫系统中实现功能与控制盒关系

功　能	控制面板盒	爆扫盒	主机盒	弹绳控制盒	阀盒
仓门开（关），发射架升起（降）（自动）	·	√	√		√
仓门开（关），发射架升起（降）（手动）	√	√			
磁扫支架升起（收回）	√				
火箭弹夹紧（解脱）	√	√			√
火箭弹发射	√		√		
火箭弹弹绳解脱	√	√		√	√
行程开关工作指示	√	√	√		

以仓门开（关），发射架升起（降）自动控制为例，首先要通过控制盒相应开关启动此项功能，再由主机盒发出相应的控制信号，同时主机盒要接受来自爆扫盒的反馈信号，依次触发下一步的动作而这些反馈信号是由机械部分动作时压合行程开关产生的，爆扫盒负责为这些行程开关供电和接受反馈信息再转送给爆扫控制面板盒和主机盒用于指示灯的

显示和下一步动作的控制。测试过程中测试的先后顺序根据实践中损坏的几率而定，其测试的方法如图 5-13 所示。

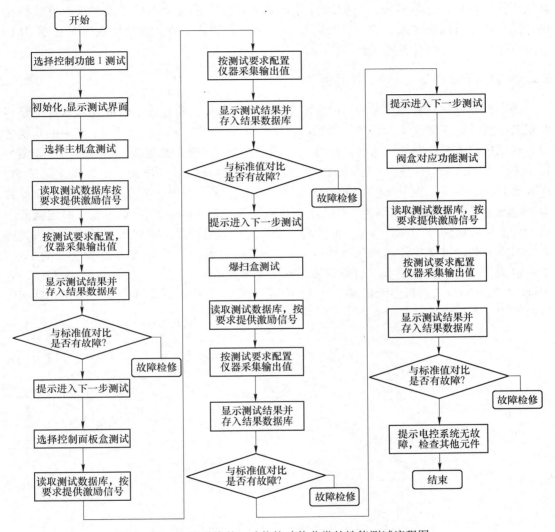

图 5-13　电控系统某一功能按功能分类的性能测试流程图

5.2　布（扫）雷装备电控装置自动测试硬件平台

5.2.1　自动测试设备（ATE）系统发展概述

自动测试系统（ATS）一般由三大部分组成，即自动测试设备（ATE），测试程序集（TPS）和 TPS 软件开发工具。自动测试设备（ATE）是指用来完成测试任务的全部硬件和相应的操作系统软件。自动测试系统从第一代到第二代、第三代，从专用型到通用型的发展的历史，就是其相应的自动测试设备（ATE）从第一代向第二代、第三代发展的过程。

当 ATE 中的信号源、测量仪器、矩阵开关/多路转换器等设备为 VXI （或 PXI） 总线模块，系统组建以 VXI （或 PXI） 总线为基础时，则为第三代 ATE 系统。在这类系统中，其核心的测量仪器、信号源、开关组件等被集成到一个或几个 VXI （或 PXI） 总线机箱中，其控制器可以是嵌入式的，这时它是一个模块化的计算机，直接插入 VXI （或 PXI） 总线机箱中，也可以外置通用计算机。

5.2.2　自动测试设备 （ATE） 工作原理

采用自动测试设备最直接的目的是将测试过程自动化，实现这一目的的基本做法是将实现测试所需的资源 （测量仪器、激励源、转换开关、电源等） 集成到一个统一的系统之中，测试过程由系统中的控制器 （计算机） 通过执行测试软件来控制，其基本组成如图 5-14 所示。系统中，信号源提供测试 UUT 所需的各种激励信号 （电源、函数发生器输出，D/A 转换器输出等） 送往 UUT。测量仪器 （主要是数字多用表、A/D 转换器、频率/计数器、示波器等） 则用来测量 UUT 各测量点在施加激励后的响应。开关系统按照控制器的命令将信号切换到所要求的路径。控制器通常为通用微型计算机或嵌入式微型计算机，用来控制整个测试过程并处理所测得的数据。人/机接口是操作员与 ATE 进行交互的工具，主要包括 CRT 显示器、键盘、打印机等。测试夹具及适配电路是 UUT 与 ATE 的接口，它保证 UUT 与 ATE 之间可靠的机械、电气连接与匹配。其基本测试过程如下所述。自动测试设备的基本组成如图 5-14 组成。

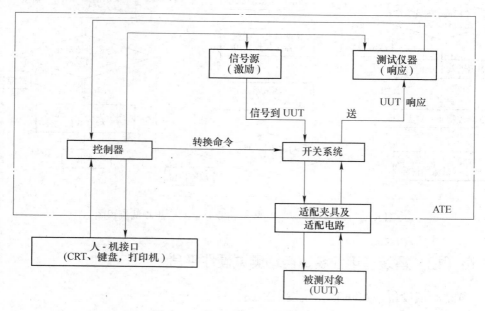

图 5-14　自动测试设备的基本组成

假定是由 ATE 输出一个 26V、400HZ 的正弦信号到 UUT 连接器的指定针脚，然后在该 UUT 的另外指定的针脚测量频率和交流电压幅值。

（1） 作者输入该 UUT 的预备信息。主要的预备信息是：产品的型号、产品系列号、测试日期、操作者姓名等。其中，产品型号供控制器调用对应的测试程序及检查测试夹具

/适配电路选择是否正确。其余设备信息供输出测试结果用，例如以报表形式输出检测结果。

（2）控制器经 PXI 总线发布命令设置函数发生器模块，使之提供 26V、400Hz 正弦信号，函数发生器模块按命令的要求产生信号。

（3）控制器经 PXI 总线命令开关矩阵/多路转换器设备，将函数发生器输出连接到 UUT 的指定输入，开关矩阵/多路转换器设备按照命令实现所要求的正确连接。

（4）控制器命令开关矩阵/多路转换器设备将所选择的 UUT 测量点连接到数字多用表（DMM）模块的输入，开关矩阵/多路转换器设备按命令实现这种连接。

（5）控制器发送命令到数字万用表模块将它设置为交流电压测量，数字万用表模块按命令进入所要求的交流电压测量方式。

（6）控制器命令数字万用表模块读取它输入端的交流电压值，并以数字的形式经 PXI 总线将该电压值发送给控制器。数字多用表响应该命令完成读输入交流电压的动作，并向控制器发送所读结果。

（7）控制器读取数字万用表模块发来的交流电压值。

（8）控制器计算所测得的电压是否在容许的范围内，给出"通过"或是"故障"提示。

（9）控制器程序继续进行下一项测试。

5.2.3　自测测试系统 ATE 硬件配置方案

5.2.3.1　硬件设计总体方案

布扫雷车电控系统在线综合检测装置主要采用越野车车载式测试结构方案。战时根据作战保障需要由越野车携带装备到作战地域实施作战使用前的装备技术性能检测和诊断维修等工作。

通过对被测对象（UUT）所需测试资源的详细分析，在我们所要测试的 6 种装备中测试工作量大，测试信号复杂，专用 ATE 难以满足测试需求，因此建立通用 ATE（Genral Purpose ATE，GPATE）自动测试平台，

总线技术、虚拟仪器技术是第三代自动测试的基础，硬件平台的模块化、开放性和可扩展性是 ATE 的发展方向。为了能够使测试系统适用于不同的测试任务和测试指标，而且要满足系统的标准化，系列化和通用化。吸收 ATE 发展的最新成果，采用 PXI 总线的为基础的第三代 ATE 测试系统。广泛采用各种商业货架产品（COTS），而尽量减少自制专用设备的数量。功能部件和各部分接口的设计遵守广泛使用的标准或协议，从而提高了系统的可扩展性。对布扫雷装备电控系统的检测诊断采用"主控计算机（含嵌入式控制器）+PXI 模块化仪器+程控仪器+连接器—适配器"的结构方式，如图 5-15 所示。

主控计算机通过标准总线连接 PXI 模块化仪器、程控设备和外部资源，测试资源和被测对象（UUT）之间通过连接器—适配器结构连接。

主控计算机运行系统软件和测控软件程序，实现对整个测试系统的管理和控制，并通过各种标准总线与测试仪器连接；标准连接器对上实现与模块化仪器相连接，对下通过连接器与信号调理模块相连，与测试仪器和矩阵开关共同构成整个测试系统的资源，完成测试和激励功能；测试资源与被测对象（UUT）之间通过连接器—适配器接口相连接。连接

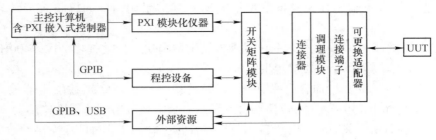

图 5-15 系统硬件总体方案

器与测试资源相对应，是测试资源对外的统一标准接口；适配器与被测对象相对应，针对一种被测对象只需要更换适配器模块就可以完成该对象的测试，从而较好地实现了系统的通用性。由于本通用测试系统中的测试资源不直接面向用户，而是通过标准的连接器接口提供给用户，这样系统的测试资源可以根据实际需要进行灵活的配置。同时由于连接器接口的标准性和统一性，可以根据不同的需要，开发不同的适配器，增加了系统的扩展性和灵活性。

5.2.3.2 测试资源配置

A 主控计算机

为便于整个系统的便携，主控计算机采用"商用 PXI 机箱+嵌入式控制器"的结构实现，而不采用通用计算机+PXI 机箱的结构。主控计算机是整个系统的控制与管理的核心，完成的功能包括测试控制、故障诊断控制、图形用户界面显示以及系统管理等。

（1）测试控制：控制检测平台系统的自检、自诊断和系统的检测流程以及测试过程。

（2）故障诊断控制：包括控制系统故障诊断模式和诊断过程。

（3）图形用户界面：完成系统主界面、虚拟仪器面板和测试数据显示，并把测试和诊断的结果进行储存和打印。

（4）系统管理：完成系统数据库、知识库的管理。

B PXI 测试模块化仪器

PXI 模块资源的选用和搭配充分考虑被测对象的测试需求和系统扩展能力。因系统采用标准 PXI 机箱+嵌入式控制器结构，故系统不需要 0 槽等模块。

PXI 测试资源主要包括：数字万用表模块、AD 模块、DA 模块、任意波形发生器模块、示波器模块、数字 I/O 模块、模拟 I/O 模块、定时器模块、多路开关模块、矩阵模块、计数器模块等。

（1）数字万用表模块：该模块与多路开关配合以实现多路扫描系统，实现对低速、高精度信号的采样。

（2）AD 模块：完成小信号和慢变信号的测试。

（3）DA 模块：提供测试系统所必需的激励信号、自校准信号等。

（4）示波器模块：选用 2 通道示波器模块，实现对交流快变信号的测试。

（5）数字 I/O 模块：实现对数字信号的输入、输出操作。

（6）多路开关和矩阵模块：完成信号通路的切换和信号的隔离。

（7）定时器计数模块：完成具有严格时间约束的测量任务。

具体选用模块型号见表 5-2，在 PXI 机箱内的布局见表 5-3。

表 5-2 布（扫）雷车电控系统检测装置硬件平台配置

序号	名　　称	型　　号	数　量	备　注
1	PXI 机箱	NI PXI-1044（14 槽）	1	
2	嵌入式控制器	NI PXI-8186（2.2GHz）	1	
3	PXI 数字万用表模块	NI PXI-4060（5 1/2）	1	
4	PXI 数字化示波器	NI PXI-5112（2CH，100M，bit）	1	
5	PXI 定时计数器	NI PXI-6624（8counter，32lineIO）	1	
6	PXI 数据采集模块	NI PXI-6259	1	扫描
7	PXI 同步数据采集卡	NI PXI-6133	1	同步
8	PXI 数字 I/O 模块	NI PXI-6508（96line）	1	
9	PXI 数据采集卡	NI PXI-6225（AI80CH，250K，bit）	1	扫描
10	PXI 串行接口模块	NI PXI-8420（8 RS-232）	1	
11	PXI 开关模块	NI PXI-2530	1	
12	PXI 数字 I/O 模块	NI PXI-6533（20M，32CH）	1	

表 5-3 PXI 仪器模块在机箱内的配置结构

14 槽 PXI 机箱（PXI-1044）													
嵌入式控制器 PXI-8186	空扩展用	高速 I/O 模块 PXI-6541	定时计数器模块 PXI-6602	空扩展用	数字化示波器 PXI-5112	M 系列采集卡 PXI-6259	M 系列采集卡 PXI-6225	普通 I/O 模块	空扩展用	多路复用模块 PXI-2530	数字万用表 PX-I4060	高压多路开关	串口控制模块 PXI-8420
零槽控制器	2号槽	3号槽	4号槽	5号槽	6号槽	7号槽	8号槽	9号槽	10号槽	11号槽	12号槽	13号槽	14号槽

C　激励资源需求

布（扫）雷车电子系统综合检测中需要的主要激励资源见表 5-4。

表 5-4 布（扫）雷装备电控系统检测中主要激励资源

序　号	名　称	电压/V	电流/A 或功率/W	频率/Hz	路　数	备　注
1	交流电源	0~220	20000（W）	50Hz	3	
2	固定直流电压	±5			2	
3	固定直流电源	±15			2	1U 高自制
4	程控直流电源	40	25（A）		1	1U 高

D　机柜设计

布（扫）雷电控装置测试系统采用柜式结构模式，如图 5-16 所示。自制 7U 机柜，该机柜具有良好的减震、防潮密封特性，适合于东南沿海的气候条件且便于运输，能够保证测试系统的运输安全性。在机柜内安装 PXI 系统、电源以及终端显示输入设备，平时不用或运输过程中，箱体组合前后部都加盖面板，防尘和防潮；训练或战时，打开箱体前后面板，在后部通过电缆把系统连接起来，前部是操作平台和 UUT 与测试系统的连接接口。该现场测试系统接口选用 VPC 公司生产的 90 系列产品，与测试适配器形成对插结构，VPC 基本结构如图 5-17 所示。

图 5-16　检测系统机柜设计图

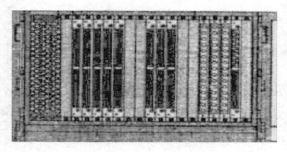

图 5-17　VPC 结构图

5.2.4　信号接口装置设计

5.2.4.1　连接器–适配器设计

连接器–适配器实现 ATE 测试资源与被测对象的物理连接，包括连接器（Receiver）和适配器（Fixture），如图 5-18 所示。根据被测对象的测试需求，它们与矩阵开关共同完成信号分配和信号调理功能。

A　设计功能要求

连接器—适配器结构主要完成测试资源到被测对象的信号连接和调理功能，基于对被测对象的需求，连接器—适配器结构完成的具体功能是：

（1）资源分配：实现测试资源到被测对象的连接，配合测试电缆和矩阵开关完成测试资源的分配。

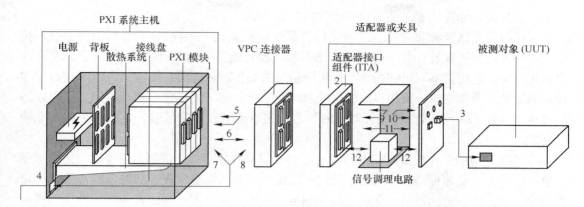

图 5-18 基于连接器-适配器结构的 ATE 系统接口结构

1—PXI 仪器前面板接口；2—ICA/ITA 接口；3—ITA/UUT 接口；4—系统机箱后接线盘；

5—PXI 仪器间的跳线；6—PXI 仪器与接卡器的连线；7—主机箱后接线盘至 VXI 仪器的连线；

8—主机箱后接线盘至接卡器的连线；9—适配器内测试资源配置跳线；

10—适配器内 UUT 接口间跳线；11—ITA 接口到 UUT 接口的连线；

12—ITA 及 UUT 与信号调理电路的连线

（2）信号调理：指信号的放大、衰减、屏蔽、滤波、驱动等，旨在消除噪声干扰，把信号幅度等参数限定在测试资源的量程范围之内。

（3）信号激励：提供某些测试项目的特殊激励信号或功率驱动。

（4）模拟负载：在完成某些测试项目时，需要加模拟负载，如电源组合的测试，需要加模拟负载来验证电源的激励能力。

B 设计目标

连接器—适配器结构的设计理念是最大限度地降低系统的使用、维护、管理和扩展升级的难度，提高性价比，实现硬件结构通用化、模块化、系列化、程控化、通道管理自动化的设计目标，最终将该结构融入标准体系结构中，形成技术设计规范。具体目标如下：

（1）建立一个开放的 COTS 电气和机械结构，建立电路设计定义，提供足够的空间，以满足信号、电源和同轴等连接需求，支持生命周期效能和维护，满足产品现阶段和早期生命周期应用。

（2）最大限度地降低操作使用的复杂性，简化系统连接，以解决被测对象数目多、结构复杂的问题。

（3）建立系统的连接、配置模型，实现连接器—适配器结构良好的软件支持和程控设计，简化系统软件开发。

（4）针对测试资源的测试能力有重叠的现象，建立系统的资源分配原则，实现面向具体被测对象的测试资源最优化配置。

（5）适配器系统能够实现自检，确保在硬件平台级对测试结果不引入大的误差。

C 机械结构设计

适配器包括 UUT 连接电缆、UUT 接口、外层框架、直接信号连接电缆和信号转接模块等部分；连接器包括连接器部件和测试资源接口（指矩阵开关或直接电缆连接）等部分；矩阵开关是一系列开关模块的总称。连接器连接系统测试资源，适配器连接被测对象

（UUT），适配器和连接器之间通过插座接口实现互联。

连接器是测试资源和信号的汇集接口，是连接被测信号和向 UUT 输出激励的统一接口。它一面连接适配器；另一面连接测试资源，经过变换的 UUT 信号和测试资源要在这里实现对接。适配器实现对被测信号和激励信号的变换，在适配器结构中，UUT 接口是连接被测对象的测试端口，该接口上的信号通过适配器内部电缆或信号调理电路，最终在适配器接口（ITA）上形成与连接器对接的信号，完成测试资源和信号的连接、分配和变换等功能。

在 RFI 结构中，连接器是标准的、通用的（VPC 90 系列）；适配器可根据具体的被测对象进行设计，是非标准和专用的。在这一结构中，连接电缆实现被测对象信号到测试资源的第一次分配；适配器信号变换电路实现信号的第二次分配；连接器和矩阵开关实现信号的第三次分配，最终实现 UUT 与测试资源的对接和集成。

D　连接器-适配器设计方案

如图 5-18 所示，VPC 连接系统测试资源，测试资源由 PXI 仪器和连接器系统组成，连接器与 PXI 间采用通用模式连接，连接器通过 VPC 实现与 PXI 仪器模块和适配器接口的连接，在适配器内部通过开关矩阵或直接连接的手段实现对 PXI 仪器资源的分配和重构，其结构参见图 5-19 虚线框内结构所示。

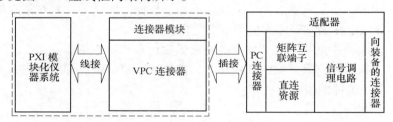

图 5-19　测试资源结构

适配器连接被测对象（UUT），适配器和连接器之间通过插座接口实现互联。在信号调理要求相同而适配器不同的情况下，可在连接器—适配器结构中更换与 UUT 相连的可更换适配器来快速的实现系统测试功能的转换。

在布（扫）雷装备的电子系统检测诊断中，对适配器在结构上采取"背板（底板）+插卡"的物理结构，见图 5-20 所示，以便于系统的扩展和功能更新。

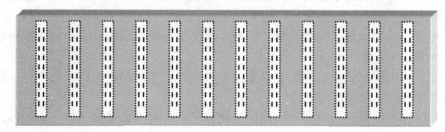

图 5-20　适配器底板结构

根据布（扫）雷装备的特点，系统主要设计 1 个适配器（布扫雷装备专用适配器）来实现不同装备的测试需求，该适配器在功能上主要完成信号的滤波（主要是提供 A/D 的低通抗混叠滤波）、放大、整形等功能，为布（扫）雷火控系统的性能检测与故障诊断提供标准信号。在组成上包括多种装备的调理模块以及 A/D 采集卡专用的低通抗混叠滤波模块等。25 槽适配器或连接器的接口定义见表 5-5 所示。

表 5-5　25 槽适配器/连接器的接口定义

25 槽连接器																								
J1	J2	J3	J4	J5	J6	J7	J8	J9	J10	J11	J12	J13	J14	J15	J16	J17	J18	J19	J20	J21	J22	J23	J24	J25
备用	96芯低频信号模块1	96芯低频信号模块2	定点专用	19芯同轴模块	不可用	备用	定点专用	定点专用	96芯低频信号模块3	备用96芯低频模块	不可用	96芯低频信号模块4	96芯低频信号模块5	96芯低频信号模块6	96芯低频信号模块7	96芯低频信号模块8	定点专用	不可用	96芯低频信号模块9	96芯低频信号模块10	不可用	不可用	16芯电源模块	12芯电源模块

在表 5-5 中各槽配线说明如下：

第 2 槽：连接直流程控电源信号和固定直流电源信号；

第 3 槽：连接程控负载和功率开关信号；

第 4 槽：连接高频仪器（PXI-5112）信号；

第 5 槽：连接 A/D 模块信号（PXI-6259、PXI-4060）的模拟信号；

第 8 槽：连接功率开关 DPST 信号；

第 9 槽：连接 A/D 模块信号（PXI-6225）的模拟信号；

第 10 槽：连接 A/D 模块信号（PXI-6225）的模拟信号；

第 13、14 槽：连接矩阵开关信号（PXI-2530）；

第 15 槽：连接数字 I/O 信号（PXI-6508）；

第 16 槽：连接数字 I/O 信号（有关 PXI-6259、PXI-6133 的数字 I/O 信号）；

第 20 槽：连接定时器信号接口（PXI-6624）；

第 21 槽：连接 RS-232 信号接口（PXI-8420）；

第 24 槽：连接高速模式 I/O 信号（PXI-6533）；

第 25 槽：连接并行 A/D 信号（PXI-6133）。

其具体连接关系如图 5-21 所示。

E　适配器电缆设计

对适配器电缆设计的基本思想是：每类装备在适配器上对测试装备提供一个连接插头，然后根据装备测试点，将此接头进行二次分配得到与每个测试点相配合的专用接头。为了防止电缆接入错误的适配器插座，提供错误信号，损坏被测对象和测试资源，在可更换的面向装备的适配器接口设计时采用机械防差错设计，保证不同组的插孔针数不同，同组针数相同的插孔公母相反。

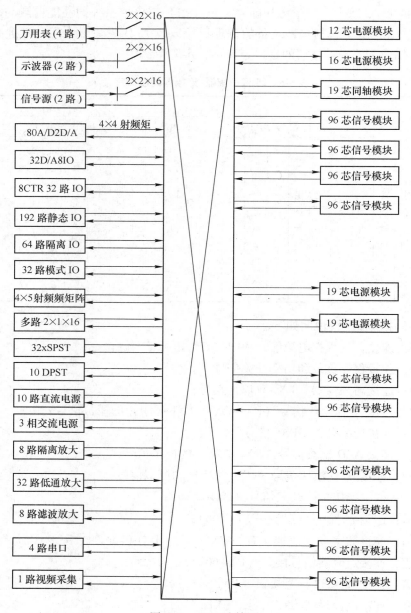

图 5-21　VPC 连接图

5.2.4.2　信号调理模块

布（扫）雷装备电控系统自动测试平台是自动获取信息的电子设备，系统的工作环境往往比较恶劣和复杂，其应用的可靠性、安全性就成为一个非常突出的问题。

影响测试系统可靠、安全运行的主要因素来自系统内部和外部的各种电气干扰，以及系统结构设计、元器件选择、安装、制造工艺和外部环境条件等，这些因素对测试系统造成的干扰后果主要表现在以下几个方面：数据采集误差加大；控制状态失灵；数据受干扰发生变化；程序运行失常。因此，我们一般不把来自被测系统的信号直接接入计算机的仪器模块，并且还要把信号范围控制在数据采集板的量程之内。总之，被测信号必须首先进行调理才能被测试仪器模块精确、可靠、安全地获取，它包括信号放大、滤波、隔离、多路转换、信号分配等功能。因此，信号调理附件是自动测试硬件系统不可缺少的组成部分。信号调理模块搭载在信号平台上，信号调理平台同时也是测试系统资源到被测对象的信号通路，其主要功能包括：连接来自测试资源的信号送往被对象的电缆；部分测试资源直接输出的通路转换和选择；与信号调理模块的连接；电源的通断和极性变换控制。

整个信号调理平台采用"底板+背板+信号调理总线+信号调理模块"的结构，如图5-19所示，底板固定于组合机箱的底部，背板插在底板的插槽中实现各种信号的连接，信号调理总线位于背板的下半部分，信号调理模块采用欧式标准模件，通过插件导轨、两组插针分别与背板下半部的信号调理总线和上半部的电缆连接插座构成插拔结构，并固定在嵌入式机箱中，以实现模块的更换。从信号调理模块的前面板引出电缆连接测试仪器模块使各被测对象与所需的测试资源相对应。每种信号调理模块的作用如下：

（1）A/D 信号处理电路包括程控放大/衰减、滤波等电路，对来自被测对象的模拟响应信号进行预处理，并调理到适合 A/D 模块测量的范围。

（2）D/A 信号处理模块包括放大、滤波电路对 D/A 模块的输出进行处理为被测对象提供精确高质量的激励信号。

（3）数字 I/O 信号处理电路包括输入和输出驱动控制以及整形等功能，以满足某些被测对象对数字激励的特殊要求。数字 I/O 信号处理电路亦包含缓冲电路以满足高速信号的需求。

（4）在线检测系统主要设计了多种布（扫）雷车的调理模块以及 A/D 采集卡专用的低通抗混叠滤波模块等。

5.2.4.3 开关系统设计

开关系统是自动测试系统中信号传输与分配的中枢，借助开关系统的不同组态，可以充分利用自动测试系统有限的测试资源，通过软件对信号进行切换，从而实现一套 ATE 可测量多种 UUT 的要求。自动测试系统中可以经过开关系统切换的信号种类繁多，包括模拟信号、串行数字信号、离散信号、功率信号、射频信号、高速数字信号、其他信号（视频信号、流体信号、光信号等等），信号的参数范围跨度大，信号频率从直流到几十兆赫，信号的幅度从几毫伏到几百伏甚至上千伏，电流从几毫安到几十安。

A 开关系统设计原则

自动测试系统中开关系统设计应该遵循以下基本原则：

（1）选用具有开放商业标准的开关系统模块。具有开放标准的产品货源多元化，品种系列化，维护和升级方便，有利于开关系统选型和未来技术支持。

（2）采用模块化可扩展的开关系统结构。模块化可扩展的开关系统结构不仅可以方便地扩大开关系统规模，而且使开关系统向上兼容，有助于实现测试系统 TPS 的移植和互操作。

（3）在能够满足移植、配置方便的前提下，减少备用扩展开关端子的数量。在高频信号传输中，开路的开关通过杂散电容向邻近的信号通道耦合噪声，所以应该减少不必要的开路开关数量。

（4）根据测试信号的参数决定开关的种类。不同开关类型具有不同的信号频带、耐压和电流/功率的承载能力，需要根据测试信号的参数选择合适的开关类型，这样才能实现安全、可靠和可信的测试信号路由。

B　本系统开关设计方案

本系统选用三块 PXI 的开关模块，具体应用见表 5-6 所示。

表 5-6　开关模块资源分配

型　　号	用　　途
NI PXI-2530（200P）	万用表资源分配
PXI Pickering 40-657-0 01-4/16/1	电源资源分配
NI PXI-2586	示波器资源分配

开关系统在自动测试系统中的布局：开关系统置于自动测试系统中，如图 5-22 所示。开关系统作为公共测试资源置于自动测试系统中，测试系统管理软件可以控制开关系统，这样的开关系统布局，测试接口装置设计简单，连线规整方便。

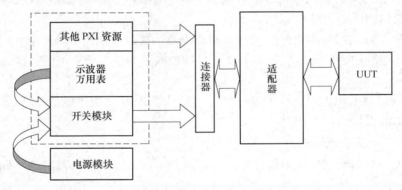

图 5-22　开关连接示意图

5.2.5　硬件集成的可靠性与安全性设计

5.2.5.1　抗干扰设计

A　噪声抑制

抑制 ATE 系统的噪声主要从三个方面考虑：

（1）噪声源的屏蔽。对经过噪声环境的信号进行滤波处理，限制脉冲上升时间，采用扼流环抑制浪涌电压/电流。屏蔽/双绞噪声导线，屏蔽层两端接地抑制辐射干扰。

（2）噪声传播途径的处理。双绞/屏蔽信号线，避免形成地环路，保持系统地和信号地分离，信号的隔离与屏蔽，地线尽量短，噪声敏感设备屏蔽，噪声敏感导线尽量短，高电平与低电平电路不供地。

（3）噪声引入点的处理。限制工作频带，采用带通滤波器，采用适当的电源去耦，信号与噪声、系统三类地分离，采用屏蔽罩，用小容量高频电容与电解电容并联。

B 接地设计

ATE 中接地原则是采用独立的接地系统，将信号地、功率地及安全地完全分开，最终在 ATE 工作现场的接地点共地。由于 ICA/ITA 等连接器接触电阻的存在，地线的连接通道也具有相对较高的阻抗，为减小信号在高阻抗地线通道上的相互影响，在适配器和 ATE 中分别采用两套独立的接地系统（信号地和安全地）。这样接地的主要目的：

（1）保证安全，ATE 资源的输出电压不可能出现在操作者可接触的机柜/机箱表面。

（2）提供了静电的泄放回路，保护 ATE 系统静电敏感设备不受损坏。

（3）避免了交流电源线噪声通过信号地耦合。

采用同轴电缆的单端仪器的屏蔽层应通过开关接地（信号地），而不采用直接与接口适配器中信号地连通，否则由于单端仪器的屏蔽层已接机壳安全地，如果通过屏蔽层又使安全地和信号地连通，这将违背 ATE 系统单点接地的原则。双绞屏蔽线的屏蔽层通过 ATE 信号接口装置连到接口适配器中的信号地，形成单点接地，在仪器资源端屏蔽层悬空。

此外，不依靠机柜中的金属隔板或导轨实现仪器机箱接地，这种不可靠的接地方法将影响 ATE 系统测量重复性和可靠性，同时使不同测量系统间的移植与互操作变得困难。

5.2.5.2 安全性设计

作为复杂的电子设备，当自动测试系统发生故障或操作人员误操作时，应该能够保护操作者的安全和尽量减小、避免测试设备的损坏；因此，自动测试系统的安全性设计是不可忽视的重要环节。

A 防差错设计

自动测试系统防差错设计的目的就是从技术上消除产生人为差错的可能性，保证测量系统按正常工作状态运行。

为适配器和测试线缆的连接，可在适配器中加入如图 5-23 所示的识别电路。不同的适配器选择不同阻值的 $R_1 \sim R_4$ 电阻，测试线缆内预先连接与专用插座对应的短路线，如与插座 1 对应的测试电缆连好后，将造成电阻 R_1 短路，这样通过测试适配器中总的识别电阻 R_x，可以判断出是否连接了正确的适配器，测试专用电缆是否连好以及是否连接正确。如果同一插座上可以连接多个 UUT 测试对象，可以在测试电缆中添加不同的电阻 R，这样总的识别电阻 R_x 随 UUT 的不同而各异。对于那些测试接口完全相同的 UUT，可以通过测量 UUT 端口上的特征电阻加以区别。

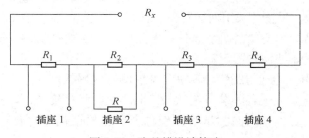

图 5-23 防差错设计策略

B 上电安全设计

只有满足一系列安全供电条件，自动测试系统才能向 UUT 输出供电电源，否则将危及操作人员，被测设备或自动测试系统自身的安全。上电安全设计就是要为供电操作建立强制性的条件，保障测试过程的安全。

　　a　上电安全的前提条件

　　只有在连接了正确的接口适配器，测试电缆和 UUT 并且 UUT 内无电源短路现象，测试系统自身的状态满足正常工作要求（例如电源系统正常，前/后柜门已经关闭、应急开关开启等），自动测试系统才能够通过测试接口安全地向 UUT 供电。

　　b　主要设计思路

　　将安全供电条件转换为可检测的信号量，如开关量、电阻值，采用软件、硬件手段保证供电操作与安全上电条件间的逻辑约束关系，建立多组供电电源间互锁逻辑，保证供电安全的一致性。

　　C　开关系统的保护设计

　　开关系统是自动测试系统的中枢，开关系统的故障将直接影响自动测试系统的正常工作，危及测试仪器及 UUT 的安全。其中并联的多个开关的非正常同时导通造成的短路是开关系统最常见的故障。由于开关导通速度远低于软件执行速度，所以在开关通道切换时容易发生开关短路现象一般通过软件延时来避免开关短路，但过长的延时将降低测试效率，同时随着测试控制器的升级和 TPS 的移植，延时时间都需要重新调整。开关系统的保护设计可以在适当软件延时的基础上，通过增加保护电阻避免测试通道间的直接短路，如图 5-24 所示。这样对开关速度不一致或开关故障造成的测试通道间的短路都能起到保护作用。

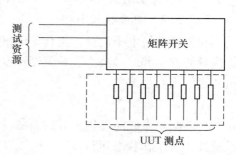

图 5-24　矩阵开关的保护设计

5.3　布（扫）雷装备电控装置自动测试软件平台

5.3.1　软件平台总体结构设计

　　故障检测平台要对多种不同布（扫）雷装备进行检测，采用传统的面向测试流程的编程方法，需要分别编写各种装备的测试程序，其工作量非常大，程序维护性差。为了提高编程的效率，便于程序维护，采用面向对象的模块化软件框架设计方法来构建通用测试的软件平台。其基本结构主要包括四个部分：主控程序、测试程序集、软件工具集和测试功能接口软件包。其总体结构如图 5-25 所示。

　　（1）主控程序用于管理与配置计算机和开发测试应用软件。

　　（2）测试程序集是完成各种装备测试与诊断的执行程序集合，以应用程序格式被主控程序调用执行，用于配置、控制测试平台硬件资源；根据提出的要求完成对测试信号采集、处理并生成数据报告。

　　（3）软件工具集包括仪器资源管理、矩阵开关配置、适配器模型配置工具、接口映射配置工具、安装包制作工具等，完成测试程序执行前建立运行时环境的功能。

　　（4）测试功能接口软件包是以动态链接库形式被测试程序集调用，完成某一项激励、

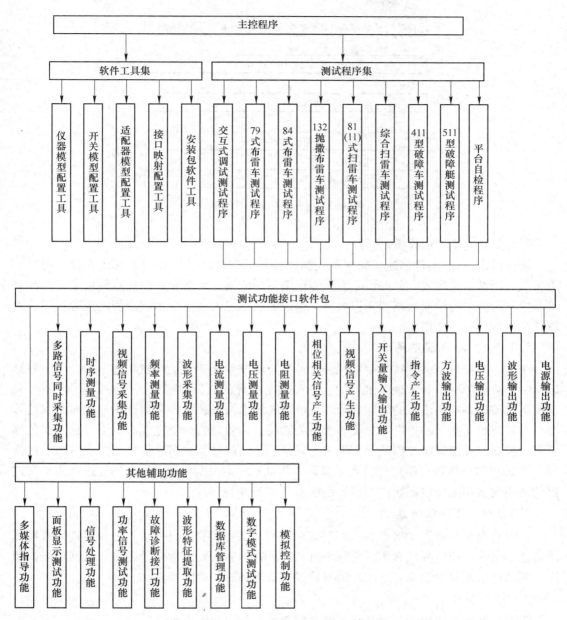

图 5-25 测试软件模块组成

测试、数据管理、显示、打印等功能，功能接口软件包封装了仪器控制、数据库操作、面板显示、多媒体管理的细节，并以统一的函数接口提供给测试程序集开发时使用。

5.3.2 软件的层次结构

为了减少不同部分开发工作的嵌套，测试系统开发采用如图 5-26 所示层次结构。

软件平台体系结构功能层次划分中借鉴 IVI-MSS 和面向信号 ATS 的软件结构，并参照了 ABBET 分层模型，对仪器的控制进行了逐层抽象。系统一共分为六层。

图 5-26　测试程序的层次结构

5.3.2.1　测试需求层

测试需求/策略组件描述了如何查找测试各种类型产品的最好的方法，查找与测试环境无关的测试定义形式，并提供了测试程序编写的依据。数据和知识规范集成了支持高级诊断控制所要求的诊断数据和知识表示。采用测试描述语言进行测试流程的规范描述，形成初步的测试程序文档。

5.3.2.2　测试程序层

测试程序接口组件支持采用多种语言进行与测试系统无关的测试程序开发。TPS 只是表达一个测试步骤，各种编程语言的表现形式是相异的，但对测试信号的需求是一样的，编程语言接口将不同语言的表述翻译成测试需要的虚拟资源（即对测试信号的需求和信号端口与被测单元连接的需求）提交给资源管理层，由资源管理层完成虚拟资源到真实仪器资源的映射。虚拟资源与测试语言无关，只是表述测试过程对测试信号的需求本质，这使得 TPS 的可移植性和可重用性得到了保证。测试程序集根据测试程序文档通过调用平台提供的通用测试功能接口函数，完成最终的 C 语言程序编写。

5.3.2.3　资源管理层

资源管理层是通用 TPS 软件运行环境的核心，其主要任务是寻求一种快速查询匹配算法高效率实现虚拟资源到真实资源的映射。资源管理层主要包括信号类库、仪器功能模型库、测试通道配置模型库、适配器信号转接模型库和测试功能接口。

A　信号类库

实现仪器可互换性的关键是驱动器对仪器的驱动和调用应当是面向信号的，而不是面向仪器的，仪器的变化或升级，只要信号类型不变，就不必变动驱动软件结构。信号类模型正是按信号特征对传统仪器驱动器进一步分类抽象成组件模型，利用组件的重载特性，针对不同的信号类提取同样名称的测试功能接口来实现对真实资源的控制。当有特殊信号出现时，我们只需要丰富信号类库，并为该信号类提供测试接口就可以实现该类信号的测试。

B　资源模型

本软件平台中的资源模型包括测试资源功能模型、测试通道配置模型和适配器信号转接模型。

对系统来讲，无论多么复杂的测试系统，其测试的信号种类总是有限的，为此我们建立了信号类模型，而具体对某一类信号，不管采用什么仪器或模块进行测量，在功能上是一样的，比如利用 A/D 模块或 DMM 模块测量电压，对测试人员来说，其具体实现细节和仪器控制过程都不必了解。因此，我们可以根据功能对仪器进行封装，不管哪种仪器，只要具有相同的功能就具有相同的功能接口，建立标准的仪器功能模型。

测试通道配置模型是系统中各个开关资源的输入、输出连接关系的一种抽象，它是信号端口和被测单元连接最佳路径求解的基础。仪器功能模型和测试通道模型是与测试硬件平台资源对应的，而适配器信号转接模型是对 UUT 与仪器资源的连接关系的一种抽象，是与 UUT 一一对应的。

C　测试功能接口

测试管理层的核心是测试功能接口，由它完成对各种资源模型的最优化管理及虚拟资源到真实资源的高效映射。该功能接口主要完成几个方面的任务：它首先要根据测试程序提交的虚拟资源需求启动查询引擎，将虚拟资源映射到真实资源；其次，它需要按照适配器信号转接模型执行 UUT 端口和信号端口的连接算法，找出最优信号路径，并执行信号通道的连接控制；最后，它要根据信号规定的方法和属性，实现真实资源对应仪器属性的设定和测试/激励的执行。

5.3.2.4　软件接口层

软件接口层提供了信息共享、信息交换的统一接口，它决定了系统中各种对象间的如何相互作用，并对外屏蔽了系统对象间关系的复杂性，解耦了测试流程代码对仪器硬件的直接操作，它还支持多种 COTS 软件（如用作测试数据分析、数据记录等方面的 COTS 软件）的应用，同时还实现了测试和诊断的分离，将各种诊断方法通过标准接口以组件的方式接入通用检测系统。软件接口层的核心是运行服务系统，通过运行服务系统来实现对各 ATS 软件接口的管理。

5.3.2.5　仪器控制层

仪器控制层为各类仪器的驱动，如 SCPI、VISA、IVI 驱动器等，它不苛刻要求仪器驱动标准。

5.3.2.6　硬件层

硬件层提供了 TPS 软件运行环境的硬件平台基础。采用这种层次化体系结构有着几个明显的优点。首先，它支持不同抽象级别的设计，这使得可以把一个复杂的问题进行不同层次的分解和抽象，然后"分而治之"；其次，由于层次化系统中每层的改变一般只涉及它的邻近两层，所以利于扩展和维护；另外，由于对同一层，可以交互使用该层的多种实现方案，只要实现方案保持相同的层间接口即可，因此还有利于重用，这同时也带来了定义层间标准接口的可能。

5.3.3　测试程序集开发

测试程序集的包括各种装备测试程序，平台的自检程序和交互示调试测试程序。各种装备的测试程序开发是测试程序集开发的重点。

5.3.3.1　开发软件的选用

为了缩短开发周期，降低开发的复杂性，国外一些著名的仪器公司相继推出了各具特色的软件平台，如 ITG、HP VEE、LabVIEW 和 LabWindows/CVI 等。考虑到软件的编程效率，测试程序集的软件开发平台选用 NI 公司的交互编程语言 LabWindows/CVI，CVI 是利用 C 语言交互式编程的最新集成开发平台，建立在开放式软件体系结构之上，以工程文件为主体框架，将 C 和 C++源文件、头文件、库文件、目标模块文件、用户界面文件、动态链接库（DLL）和仪器驱动程序等多功能组合于一体，并支持动态数据交换（DEE）和 TCP/TP 等网络功能，为建立自动测试系统提供了很大的灵活性。该开发工具在仪器控制、虚拟面板设计、信号分析与处理、硬件访问方面具有强大功能，作为测试程序集的开发比较合适。

数据库开发选用通用性较强的 ACCESS 软件。对数据库的操作部分使用 NI 提供的在 LabWindows/CVI 下使用的 SQL for CVI Tookit 数据库工具包。

5.3.3.2　软件开发层次结构

在本测试系统中采用两种测试程序开发方式：针对较复杂的装备，采用基于测试描述语言的测试方法，而对于较简单的则采用基于数据库的开发方式。两种方式描述如下。

A　基于测试描述语言的测试方法

a　开发流程

基于测试描述语言的测试方法是将测试与诊断分别描述，测试程序集中只包含测试过程，由独立的故障诊断软件对测试结果进行综合诊断，即使修改诊断知识也不用修改测试程序。开发流程如图 5-27 所示。

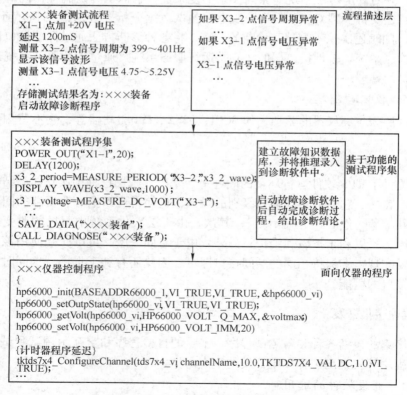

图 5-27　测试与诊断分别描述的开发流程

b 测试描述语言

测试描述语言的测试方法开发的基础是对测试流程的正确表述，以利于组织恰当的测试程序，而且要便于修改和其他人员的使用，当前对测试流程的描述主要的方式是流程图。流程图的最大优点在于其比较直观。但流程图绘制起来比较麻烦，而且由于各人风格的不同，要想制定流程图的绘制标准也有一定的困难，更重要的是要想直接将流程图翻译成测试程序难度较大。因此我们借鉴了 ATLAS 语言，制定了专用的测试描述语言（Test Describe Language，简称 TDL 语言）标准。利用测试描述语言实现对测试流程的标准统一的描述。

测试描述语言的主要特点如下：

（1）该语言是以中文为基础的，并采用了近似工作中使用的词汇、语法来实现对测试流程的标准化描述，便于快速掌握使用，同时，也使得测试程序具有良好的可读性，不经过专门的培训就可以理解许多 TDL 语句。

（2）该语言是与硬件无关的，测试语句不涉及具体的仪器，因此，该语言具有良好的可移植性。

（3）该语言是面向被测对象的，采用该语言编写的测试程序只描述被测对象的信号特征、测试流程，而不包含测试功能的具体仪器操作控制实现，从而实现了装备测试人员无需深入了解测试系统硬件构成便可独立完成初步测试程序集编写的目的。

（4）该语言具有精确性、标准性，排除了自然语言中的模糊描述语句。

测试语言描述的实例如图 5-28 所示。

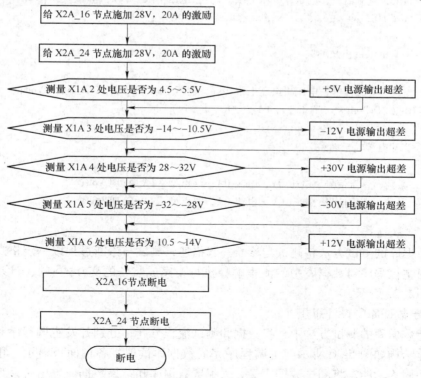

图 5-28 某装备功能测试流程图

图 5-28 是以某装备电控某一项功能为被测对象来说明测试流程，利用测试语言对上述流程描述如下：

X2A_16，激励，直流信号，电压 28V，电流 20A；浮点型 X1A_3_DCVolt；
X2A_24，激励，直流信号，电压 28V，电流 20A；　浮点型 X1A_2_DCVolt；
X1A_2，测试，直流信号，电压，电压上限 5.5V，电压下限 4.5V，X1A_2_DCVolt；
如果（X1A_2_DCVolt <4.5 ‖ X1A_2_DCVolt> 5.5）

{

提示，"+5V 电源输出超差"；

}

X1A_3，测试，直流信号，电压，电压上限 -10.5V，电压下限 -14V，X1A_3_DCVolt；
如果（X1A_3_DCVolt<-14 ‖ X1A_3_DCVolt> - 10.5）

{

提示，"-12V 电源输出超差"；

}

X1A_4，测试，直流信号，电压，电压上限 32V，电压下限 28V，X1A_4_DCVolt；
如果（X1A_4_DCVolt <28 ‖ X1A_4_DCVolt >32）

{

提示，"+30V 电源输出超差"；

}

浮点型 X1A_5_DCVolt；
X1A_5，测试，直流信号，电压，电压上限 -28V，电压下限 -32V，X1A_5_DCVolt；
如果（X1A_5_DCVolt <-32 ‖ X1A_5_DCVolt >-28）

{

提示，"-30V 电源输出超差"；

}

X1A_6，测试，直流信号，电压，电压上限 14V，电压下限 10.5V，X1A_6_DCVolt；
如果（X1A_6_DCVolt <10.5 ‖ X1A_6_DCVolt >14）

{

提示，"+12V 电源输出超差"；

}

X2A_16，激励，直流信号，电压 0V，电流 0A；浮点型 X1A_4_DCVolt；
X2A_24，激励，直流信号，电压 0V，电流 0A；浮点型 X1A_6_DCVolt；

B　基于数据库的测试方法

基于数据库的测试方法将测试与诊断一起描述，测试与诊断过程以一定格式录入到数据库中，由主控程序对数据库中的流程解释执行，完成装备的交互式测试与诊断的过程。其结构如图 5-29 所示。

a　基于数据库的设计思想

在基于数据库的测试方法中，将数据和测试流程分开，分别开发主调程序和测试数据库。其具体结构如图 5-30 所示。主调程序完成数据库读取、各种面板显示、相应仪器驱动程序的调用等功能。将测试数据库又分为配置数据库和结果数据库。由关系型数据库管理系统管理这些数据。配置数据库按一定的格式存储所有的供电电源及激励信号源参数、

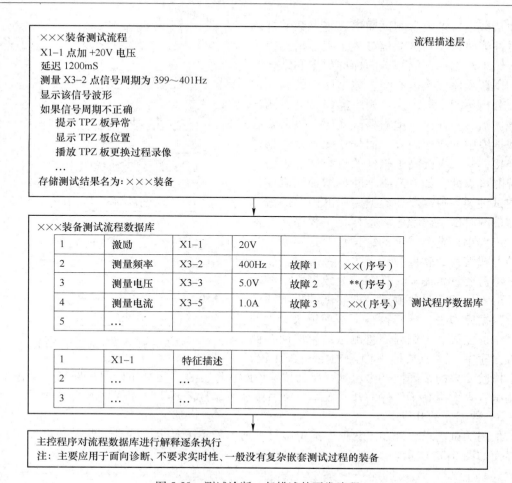

图 5-29 测试诊断一起描述的开发流程

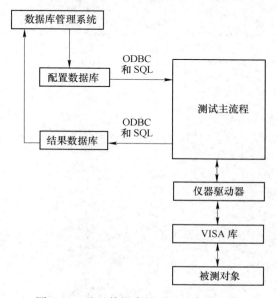

图 5-30 基于数据库的测试程序集结构

工作负载设置参数、测试通道设置参数、被测
信号性能参数、测试流程参数、程控指令等信
息、结果数据库存储测试的标准数据和结果数
据。主调程序依次读取配置数据库中的相应记
录，分析不同字段，执行相应操作，完成测试
任务。当其中任何一项需要改变时，只需要修
改数据库中的相应内容，而程序无须重新编译
和连接，这大大提高了软件的效率并且提高了
系统的可靠性。如果需要不断地增加测试项目
或测试种类，只需增加数据库中的内容或编写
新器件的测试主调程序。这样，主程序始终保
持一定大小，整个系统的维护也非常容易。当
这种方式编写的软件应用于另一系统时，软件
几乎不需要重新编写，只需修改数据库中的内
容即可。执行完一项测试，把测试结果填写到
结果数据库中去，接着执行下一项记录，直到
测试全部完成。主调程序将测试结果取回存储
到数据库中，并与数据库中的预定参数比较，

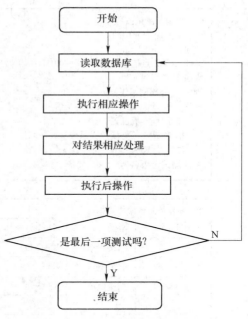

图 5-31　测试程序的工作流程

确定检验结果的正确性，决定是否启动故障诊断程序。程序运行中间可以跳转、暂停或终
止测试，大大提高了软件的开发效率、重用性和可靠性。其工作流程如图 5-31 所示。

　　b　数据库的开发

　　根据测试需求，开发了数据库配置工具，通过配置工具生成标准的测试数据库，其起
始界面如图 5-32 所示。

图 5-32　测试数据库开发平台

（1）增加新的测试对象测试记录。要为装备增加新的测试对象时，单击新建按钮，弹出的对话框如图5-33所示，选择要增加对象所属的装备类型和装备型号名称。填写所测试的对象名称。在"被测试对象名称"的输入框中，填上要添加的新的测试对象。如果输入测试对象已经存在，系统会提示是否将旧的测试表删除。

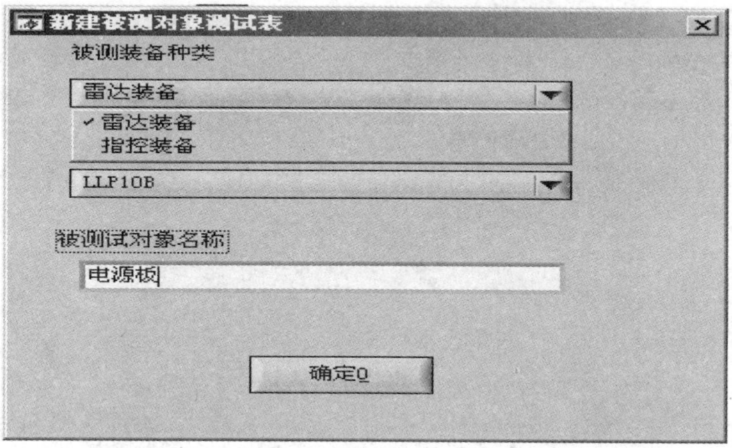

图5-33 新建测试对象表

（2）打开测试对象测试记录。要打开测试对象测试记录时，单击"打开"按钮。在弹出的对话框中选择您要打开对象所属的装备类型和装备型号名称，然后在被测对象名称一栏里选择被测对象。按"确定"，打开所选择的记录。如图5-34所示。

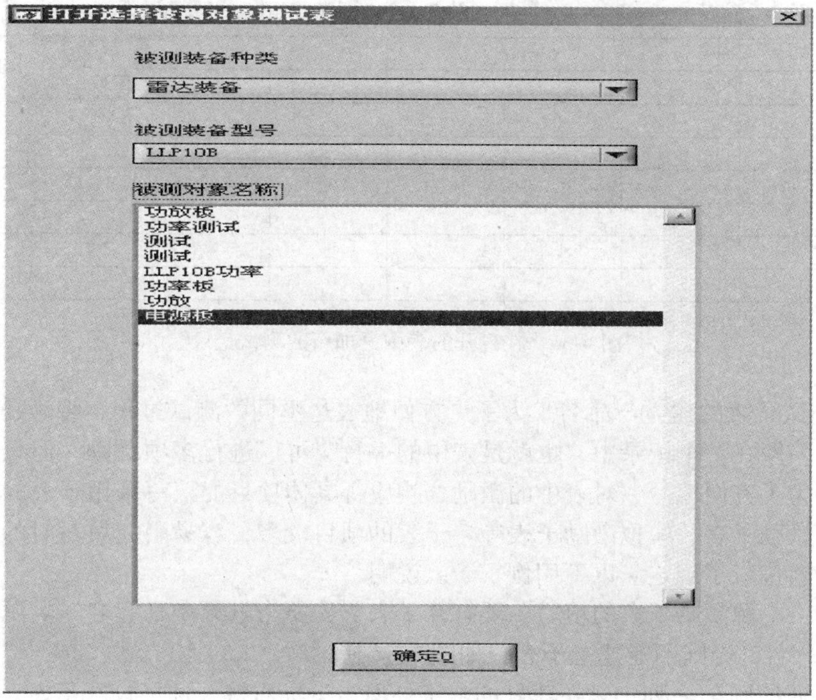

图5-34 打开选择被测对象测试表

（3）增加测试记录。打开新建测试记录表之后，在表格空白处，单击鼠标右键，弹出菜单根据提示增加测试记录，如图 5-35 所示。打开测试记录之后，在除了能打开子表的位置，单击鼠标右键，弹出菜单。根据提示，在指定位置向上或向上增加测试步骤。如图5-36 所示。

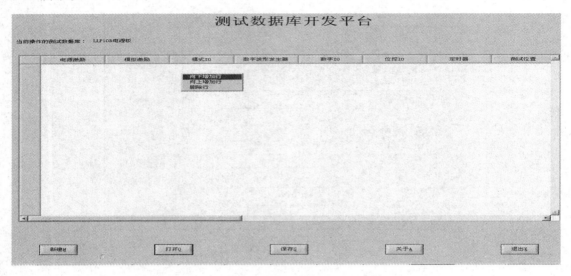

图 5-35　在新建表中增加新的测试记录

	电源激励	模拟激励	模式IO	数字波形发生器	数字IO	位控IO	定时器	测试位置
1	Power1	Anglo						A8
2		anhlo1					向下增加行	
3		Test2					向上增加行	
4							删除行	
5								B21
6								A21
7								B20
8								A20
9								B19

图 5-36　在打开的表中增加新的测试记录

（4）测试子表的建立与命名。为了更方便地表达不同的测试过程，将激励和响应分开进行描述。一般在一个记录中，也就是表中的一行，可以进行多项激励，但只进行一项测试。同时，为了方便填写，对表中的激励、响应等具体项目的填写采用子表的方式进行填写，如电源激励子表、模拟激励子表等。子表的项目较多，容易引起填写时的混淆，所以对子表的命名进行了规定。以下用例子予以说明。

第一步：电源激励子表的填写。要打开子表首先要为电源激励起名。电源激励必须以"Po"开头命名，否则不能建立子表。如图 5-37 所示。

在"电源激励"一列中，在建好的名字处单击鼠标右键，选择打开子表，如果子表不存在首先要建立新的子表，如图 5-38 所示。如果子表已经存在，就打开子表。

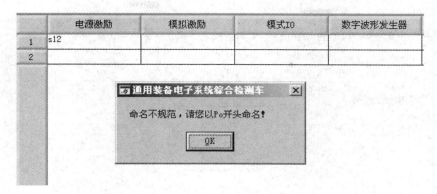

图 5-37　子表名称要符合规范

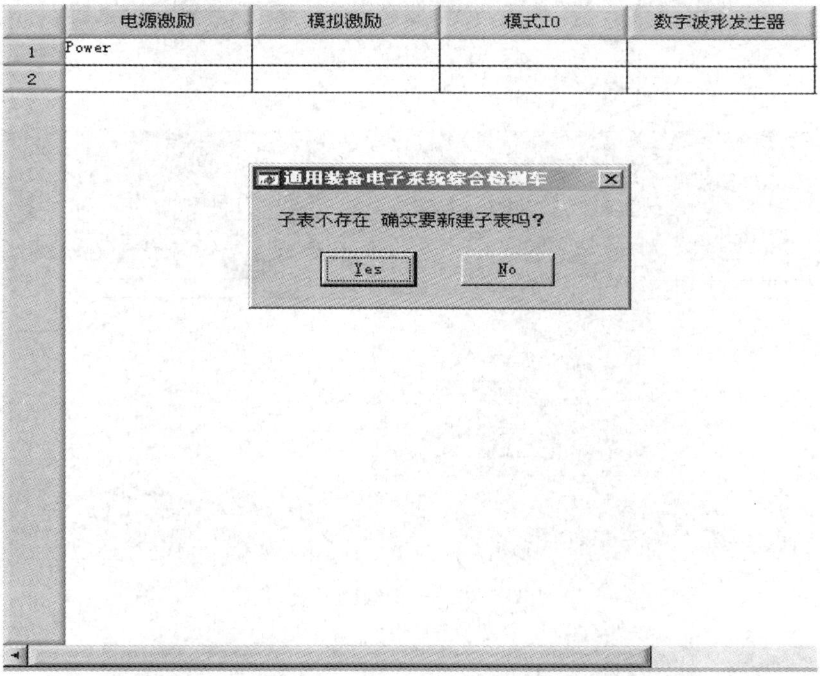

图 5-38　新建子表

　　子表打开后，在表格里单击鼠标右键，弹出菜单可以增加或删除测试记录。在"电源类型"一列中，双击鼠标左键，弹出对话框可以进行电源类型的选择。在其他列中双击鼠标左键时，会弹出填写说明对话框。子表填写完毕，按"保存"，可将子表保存，按"返回"，回到前一级。如图 5-39 所示。

　　第二步：模拟激励子表的填写。模拟激励的命名要以"An"开头。子表填写和电源激励子表的填写方法相同，在填写"信号参数"时，会有参数填写面板弹出，提示用户需要填写的参数。但是所列出的参数要求填写完整，或者全都不填。界面如图 5-40 所示。

　　第三步：数字激励的填写。模式 IO 以"Pa"为开头命名。建立新子表及打开子表的方法同上述的一样。输出参数和时钟设置均有面板弹出，将参数一一填写即可。不需要填

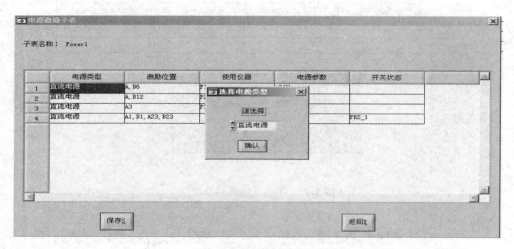

图 5-39　电源激励的填写

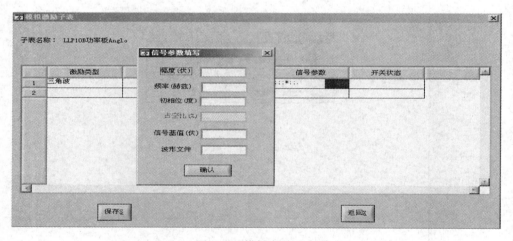

图 5-40　模拟激励子表

写的用"＊"代替。如图 5-41 所示。

C　测试软件的主调流程

基于数据库的测试方法具体测试过程为：首先读取数据库中第一项记录；然后根据测试字段中包含的任务找到并执行对应的函数，这些函数都是测试软件提供的，并且可以扩充；执行完一项测试，就把测试结果再填写到结果字段中去，接着执行下一项纪录，直到测试全部完成，中间可以跳转、暂停或终止测试。主调程序流程如图 5-42 所示。

在自动测试软件框架中，测试项目流程操作的读取、解释、执行，测量结果的获取、判断、显示等操作全部由主调程序负责调度，测试程序通过 ODBC（Open Date Base Connection）实现与数据库的连接过程，再用 SQL 语言找出相应的记录和字段，配置和驱动仪器，完成测试。我们选用 LabWindows/CVI SQL Toolkit 作为 CVI 与数据库之间进行数据交换的工具。连接过程中所用到的函数关系如图 5-43 所示。

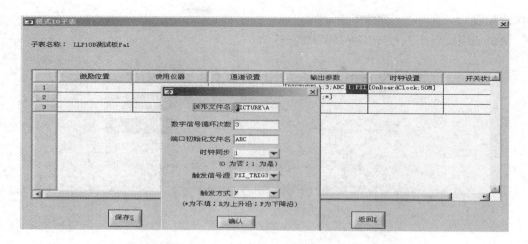

图 5-41 模式 IO 的子表

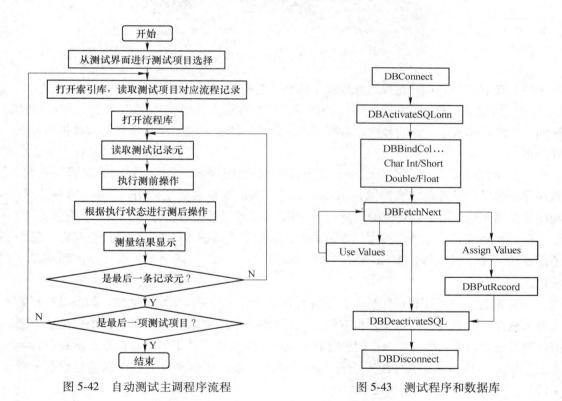

图 5-42 自动测试主调程序流程   图 5-43 测试程序和数据库

5.3.4 测试通道配置工具开发

在软件编制过程中开发了测试通道配置工具，我们通过该软件根据被测对象的适配器设计，将被测对象的测试通道映射到连接器上对应的资源或开关模块。该软件不仅可以自动管理和维护所有装备的适配器配置文件。而且自动配置被测对象的测试通道经过适配器后与连接器上对应资源或开关模块的映射关系，当适配器设计改变后可以很方便地针对改变修改配置。

测试通道配置工具程序主界面如图 5-44 所示。

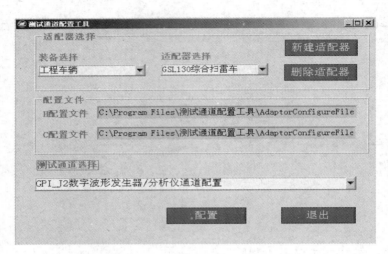

图 5-44　测试通道配置工具主界面

（1）装备选择：用户选择适配器属于的装备名称。

（2）新建适配器：新的适配器设计好后，用户点击"新建适配器"按钮，弹出对话框如下，然后输入适配器的名称，名称必须符合 Windows 系统文件命名规则，名称不带文件后缀。

（3）删除适配器：当不需要某个适配器的配置文件时，点击"删除适配器"按钮，程序将提醒用户是否确定要删除该适配器文件，弹出提醒对话框。用户选择"Yes"后，程序将自动删除该适配器对应的"适配器名称 . h"和"适配器名称_switch. c"配置文件。

（4）配置文件：配置文件中用文本的形式给出了当前选中的配置文件的全路径，每个适配器将生成"适配器名称 . h"和"适配器名称_ switch. c"两个配置文件，供测试程序使用。

（5）配置：点击配置按钮后，程序将首先判断当前是否选中配置文件，如果没有则弹出对话框提示"适配器配置文件没有设置"；如果当前选中的有配置文件，则根据选中的测试通道配置，弹出配置界面，程序将自动读取上次配置文件中的配置信息显示在配置界面上，如图 5-45 所示，其中配置面板上的"确定"按钮根据面板上的设置信息重新配置文件。"退出"按钮退出该项目的配置。

（6）退出：用户点击"退出"按钮结束测试通道配置程序。

以开关模块的资源配置图为例，如图 5-46 所示。我们只需要根据 UUT 到仪器资源通道的信号转接关系，在该针对应的文本框中填入与该针相连接的 UUT 节点的逻辑名（例如 X1J_1）或其他资源管脚的逻辑名（例如 DC_1），填写完毕后，点击"确定"按键以形成 UUT 节点到仪器资源通道映射关系的配置文件提交给软件开发人员，点击"退出"按键可退出该配置界面。

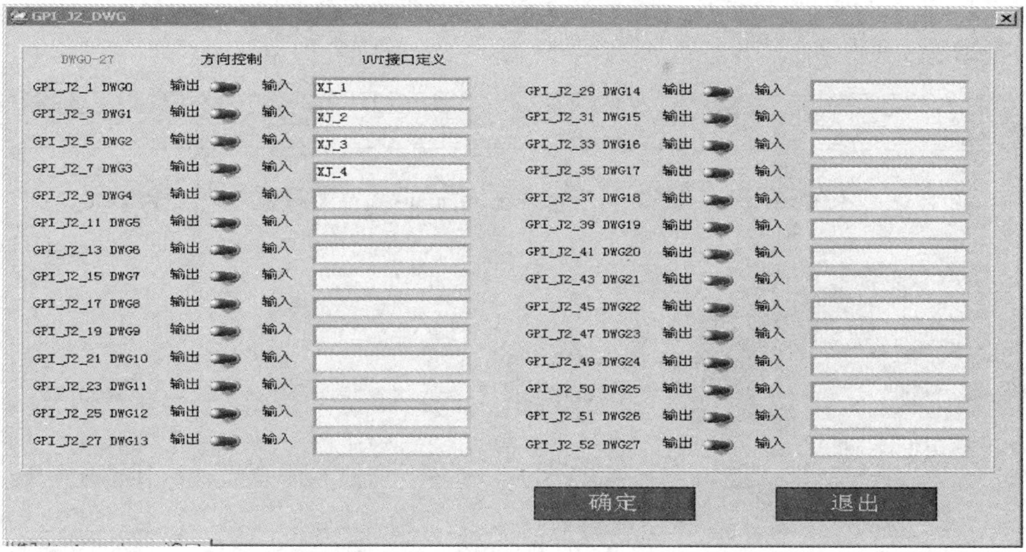

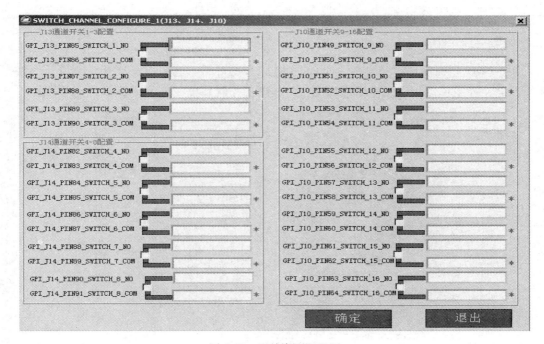

图 5-45 通道配置界面

图 5-46 开关资源配置图

5.3.5 软件开发示例

根据设计要求的软件开发界面如图 5-47 所示。

图 5-47 检测系统起始界面

在图 5-47 中选择相应的装备，如 GSL130 综合扫雷车，点击进入如图 5-48 所示的装备简介界面，如果点击相应的检测系统按钮，如爆扫控制系统，进入图 5-49 所示界面。

图 5-48 装备简介界面

在该测试界面的左边选择相应的需要测试的功能，下方测试单元中是实现这种功能所要涉及的所有测试单元，比如实现仓门打开自动操作功能所要经过的控制盒有爆扫面板

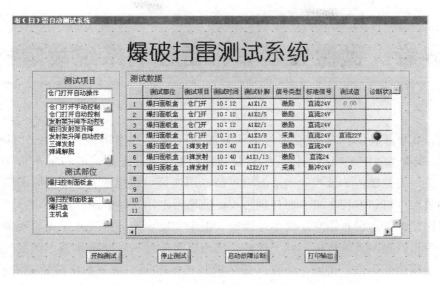

图 5-49 爆扫系统检测界面

盒、爆扫盒和主机盒，哪一个盒子的相应功能故障都会使该功能失常。测试分为整体和部分，整体测试中我们将所有的有关控制盒都测试一遍，部分测试是选择我们认为最可能存在问题的单元来检测，希望快速找到故障位置。右边的数据表中将测试过程中从数据库中读取的测试信息和仪器检测到的测试数据都记录下来，操作者可以从诊断状态栏的指示灯状态判别出哪些航插的针脚输出信号异常。检测完成后启动故障诊断按钮，进入故障诊断程序，所有航插的针脚信号大小，信号种类，信号作用，可能的故障原因都以一定的结构储存在数据库中，故障诊断程序通过确定异常针脚位置取出相应的故障原因显示出来，供用户参考。面板上的打印输出按钮是用来输出和保存测试数据的。

5.4 习题

5-1 简述某型履带式综合扫雷车爆扫、磁扫、犁扫和通标各个电控单元的工作原理、结构特点与故障特性。

5-2 试说明自动测试系统的硬件组成策略、各部分功能，以及如何构建通用硬件检测平台。

5-3 试分析自动测试系统的测试流程描述语言和相关仪器描述模型、开关矩阵描述模型、测试适配器描述模型的概念及应用方法。

5-4 试分析自动测试系统的硬件集成与软件集成步骤及特点。

5-5 如何开发基于测试描述语言的测试系统程序？

5-6 如何开发基于数据库的自动测试系统？

5-7 试描述测试程序集的开发方法。

第6章 抛撒布雷车布雷控制系统故障检测

目前，我军装备的抛撒布雷车包括两种抛撒布雷车（本书中分别用 A 型和 B 型指代）。抛撒布雷车的主要控制与执行机构是布雷控制系统，A 型抛撒布雷车布雷控制系统由布控主机、发控辅机、装控辅机、抛撒箱及专用连接线缆组成；B 型抛撒布雷车布雷控制系统由装控主机、发控主机、布控辅机、抛撒箱及专用连接线缆组成。

实际作业时，抛撒布雷车经常出现装定、退电、发射信号丢失或错误等现象，这些问题主要是由布雷控制系统故障引起。因此，实现野战条件下对抛撒布雷车布雷控制系统故障进行快速检测、定位、排除，是提高部队抛撒布雷车训练水平和作战效能的重要保证，为了尽快形成抛撒布雷车的野战抢修能力，本章系统地研究了布雷控制系统的故障检测与维修技术。

6.1 抛撒布雷车布雷控制系统检测仪总体设计

检测仪总体设计中主要包括两部分：检测仪主机、检测仪便携式检测终端。由于检测仪主机无法检测布雷控制系统末端抛撒箱单个弹位的信号。在野战条件下，若是个别抛撒弹出现异常情况，可使用便携式检测终端进行故障检测；若是抛撒弹大面积出现异常，可通过检测仪主机快速定位故障位置。

6.1.1 布雷控制系统故障信号分析

6.1.1.1 布雷控制系统主机信号分析

A 型抛撒布雷车布控主机与 B 型抛撒布雷车装控、发控主机是两种型号布雷车布雷控制装置的核心部分，所有的布雷控制信号均由其发出，同时主机通过辅机获取布雷弹的反馈信号，判断地雷的状态。A 型抛撒布雷车布控主机上共有 4 个信号连接插座，分别是电源接口、转速传感器接口、装控辅机接口和发控辅机接口；B 型抛撒布雷车装控主机上共有 2 个信号连接插座：电源接口和布控辅机接口，发控主机上共有 3 个信号连接插座：电源接口、布控辅机接口和转速传感器接口（转速信号主要用于控制布雷密度，转速信号异常只会影响布雷面积，不会影响布雷控制系统的使用功能，因此本书对转速信号不做研究）。

A 电源信号及测试需求

a 电源测试信号

A 型抛撒布雷车布控主机电源接口针脚定义见表6-1，B 型抛撒布雷车装控主机、发控主机电源接口针脚定义分别见表6-2 和表6-3。

表 6-1 A型抛撒布雷车布控主机电源接口针脚定义

连接件	引脚号	用 途	备 注	信号幅值
抛撒布雷车 布控主机电源接口	1	+12V		+5V
	2	GND		地线
	3、4	空		

表 6-2 B型抛撒布雷车装控主机电源接口针脚定义

连接件	引脚号	用 途	备 注	信号幅值
抛撒布雷车 装控主机电源接口	1	+12V		+5V
	2	GND		地线
	3、4	空		

表 6-3 B型抛撒布雷车发控主机电源接口针脚定义

连接件	引脚号	用 途	备 注	信号幅值
抛撒布雷车 发控主机电源接口	1	+12V		+5V
	2	GND		地线
	3、4	空		

b 测试需求

检测仪需对这些电源接口端子的故障状态进行检测，确定电源信号极性是否正常，电压值是否在规定范围内，功率是否满足要求。测试资源共需 1 个信号 I/O 通道。

B 主机装定信号及测试需求

a 主机装定信号

A型抛撒布雷车布控主机装定信号幅值见表 6-4，B型抛撒布雷车装控主机装定信号幅值见表 6-5。

表 6-4 A型抛撒布雷车布控主机装定信号幅值表

连接件	引脚号	用 途	备 注	信号幅值
抛撒布雷车 布控主机装控接口	1	ZD7		+5V
	2	VCC		+12V
	3	ZDB		+5V
	4	GND	地线	
	5	C-E		+5V
	6	T/Z		+5V
	7	ZD0		+5V
	8	空		
	9	ZD1		+5V
	10	空		
	11	ZD2		+5V
	12	空		

续表 6-4

连接件	引脚号	用 途	备 注	信号幅值
	13	ZD3		+5V
	14	空		
	15	ZD4		+5V
	16	空		
抛撒布雷车	17	ZD5		+5V
布控主机装控接口	18	空		
	19	ZD6		+5V
	20~24	空		
	25	VL		+5V
	26	GD/C	逻辑地	

表 6-5 B 型抛撒布雷车装控主机装定信号幅值表

连接件	引脚号	用 途	备 注	信号幅值
	1~32	装定信号		5V
抛撒布雷车	33、34、35、36	空		
装控主机装控接口	37	GND		地线
	38~41	空		

b 测试需求

A 型抛撒布雷车布控主机的装定信号比较复杂，（ZD0 ~ ZD7）分别为 8 个抛撒箱的装定信号输出端子。从上一小节的工作原理可知，布控主机装定信号的发送是与箱选信号（AH~HH）、列选信号（AL~FL）和弹位选择信号（AW~FW）同步发送，以保证所选地雷的装定信号能够准确发送给选择的对象雷。测试任务就是 8 个装定信号通道的状态检测与故障判定。除此之外，另有"装定/退电选择"信号通道及电源共 4 路信号需要检测，需 12 个信号 I/O 通道。在查阅资料以及调研过程中均未能找到后一抛撒布雷车装控主机引脚定义，通过查阅车上的说明书以及实际测量得出其信号幅值为+5V，需 32 个信号 I/O 通道。

C 主机发射信号及测试需求

a 主机发射信号

A 型抛撒布雷车布控主机发射信号幅值见表 6-6，B 型抛撒布雷车发控主机发射信号幅值见表 6-7。

表 6-6 A 型抛撒布雷车布控主机发射信号幅值表

连接件	引脚号	用 途	备 注	信号幅值
	1	AH（1 号箱）		
抛撒布雷车	2	BH（2 号箱）		
布控主机发控接口	3	CH（3 号箱）	箱选	+5V
	4	DH（4 号箱）		

连接件	引脚号	用 途	备 注	信号幅值
抛撒布雷车 布控主机发控接口	5	EH（5号箱）	箱选	+5V
	6	FH（6号箱）		
	7	GH（7号箱）		
	8	HH（8号箱）		
	9	AL	列选	+5V
	10	BL		
	11	CL		
	12	DL		
	13	EL		
	14	FL		
	15	AW	位选	+5V
	16	BW		
	17	CW		
	18	DW		
	19	EW		
	20	FW		
	21	E1	检测	+5V
	22	J-GND	逻辑地	
	23	GND	地线	
	24	D12-ON		+5V
	25	VCC		+12V
	26	+5V		+5V

表6-7 B型抛撒布雷车发控主机发射信号幅值表

连接件	引脚号	用 途	备 注	信号幅值
抛撒布雷车 发控主机发控接口	1	AH（1号箱）	箱选	+5V
	2	BH（2号箱）		
	3	CH（3号箱）		
	4	DH（4号箱）		
	5、6、7、8	空		
	9	AL（1~6）	列选	+5V
	10	BL（7~12）		
	11	CL（13~18）		
	12	DL（19~24）		
	13、14	空		

续表 6-7

连接件	引脚号	用　途	备　注	信号幅值
	15	AW		
	16	BW		
	17	CW	位选	+5V
抛撒布雷车	18	DW		
	19	EW		
	20	FW		
发控主机发控接口	21	E1	检测	+5V
	22	J-GND	逻辑地	
	23	GND	地线	
	24	空		
	25	+12V		+12V
	26	+5V		+5V

b　测试需求

发射信号种类见表 6-6，主要检测资源是箱选信号、列选信号和弹位选择信号等，占用测试资源共 24 个 I/O 信号通道。实质上，这些选择信号如前所述，在装定时也是需要的。对这些信号的工作状态的监测非常重要，这是保证控制装置工作正常的前提。

D　主机退电信号及测试需求

退电信号的检测实质上是与装定信号同时检测的，测试任务主要是检测退电信号的极性和电压幅值是否达到要求，以及退电信号的持续时间等。

6.1.1.2　布雷控制系统辅机信号分析

A　辅机装定信号及测试需求

a　辅机装定信号

由辅机输出的装定信号，已经解析为布雷弹对应的装定信号。A 型抛撒布雷车装控辅机装定信号幅值见表 6-8，B 型抛撒布雷车装控辅机装定信号幅值见表 6-9。A 型抛撒布雷车与 B 型抛撒布雷车信号电缆分为相同的 8 套和 4 套，分别与 8 个和 4 个抛撒箱的信号输入端相连。

表 6-8　A 型抛撒布雷车装控辅机装定信号幅值表

连接件	引脚号	用　途	备　注	信号幅值
A 型	1~36	装定		+5V
抛撒布雷车	37	GND	脉冲信号	地线
装控辅机装控接口	38~41	空		

b　测试需求

检测每个抛撒箱的装定信号状态，并判断故障发生部位所在。占用测试资源共 36 个 I/O 信号通道。

表 6-9　B 型抛撒布雷车布控辅机装定发射信号幅值表

连接件	引脚号	用　途	备　注	信号幅值
B 型 抛撒布雷车 布控辅机 装定发射接口	1~24	1~24		+5V
	25~32	空	空	
	33	Z1		+5V
	34	Z2		+5V
	35	Z11		+5V
	36	Z12		+5V
	37	GND	地线	
	38	Z17		+5V
	39	Z18		+5V
	40	Z19		+5V
	41	Z20		+5V

B　辅机发射信号及测试需求

a　辅机发射信号

由辅机输出的发射信号，已经解析为布雷弹对应的发射信号。A 型抛撒布雷车发控辅机发射信号幅值见表 6-10，B 型抛撒布雷车布控辅机发射信号幅值见表 6-9。前一抛撒布雷车 B 型抛撒布雷车信号电缆分为相同的 8 套和 4 套，分别与 8 个和 4 个抛撒箱的信号输入端相连。

表 6-10　A 型抛撒布雷车发控辅机发射信号幅值表

连接件	引脚号	用　途	备　注	信号幅值
A 型 抛撒布雷车 发控辅机发控接口	1~36	1~36		+5V
	37	GND	地线	
	38~41	空		

b　测试任务

检测每个抛撒箱的发射信号状态，并判断故障发生部位所在。占用测试资源共 36 个 I/O 信号通道。

6.1.1.3　检测仪检测信号处理方法

为了达到对布雷控制系统故障准确定位的要求，抛撒布雷车布雷控制系统检测仪分为检测仪主机与检测仪便携式检测终端两部分进行设计。

抛撒布雷车布雷控制系统检测仪主机确定布雷车控制系统故障检测的故障机理和测试功能需求，信号测量通道达到 129 个，信号类型主要是信号电压幅值、持续时间、脉冲数等，因此抛撒布雷车布雷控制系统检测仪主机的功能需包括：布雷控制系统装定自毁时间功能、退电功能和信号连接电缆与接插件等状态检测与故障判别功能、布雷控制系统发射功能及相关发射电路性能的检测与故障判断功能等。

6.1.2　检测仪主机性能要求

作为检测仪的重要组成部分，检测仪主机的主要功能是检测布雷控制系统装定、发射等性能，快速定位故障部位，判断故障原因。

6.1.2.1　主机功能要求

A 型抛撒布雷车布雷控制系统主要由布控主机、装控辅机、发控辅机、抛撒箱连接电缆附件等组成，B 型抛撒布雷车布雷控制系统主要由装控主机、发控主机、布控辅机、抛撒箱和连接电缆等附件组成。控制系统的故障主要发生在以上所列部件上，这些部件相关故障的检测涉及因素比较复杂，检测所需资源和信号通道较多，检测仪主机的功能设计按图 6-1 进行。

为了实现检测仪主机功能，对主机有以下要求。

A　LCD 液晶显示功能要求

LCD（Liquid Crystal Display）即液晶显示，主要实现信息的实时显示功能，为提高系统操作简便性，需在 LCD 液晶屏上设置 4 线电阻触摸屏，用于实现人机交互功能。LCD 液晶显示的功能需求包括：

显示器类型：尺寸≥10.4 英寸 LCD 显示器；

显示分辨率：≥800×600；

屏幕比例：普屏 4∶3；

触摸屏类型：4 线电阻式。

B　串行通信功能要求

检测仪主机内部采用 RS-232 串行通信方式进行数据传递，波特率设定为 9600b/s，规定一次传输的数据是 10 位，其中最低位为启动位（逻辑 0 低电平），最高位为停止位（逻辑 1 高电平），中间 8 位为数据位。

C　接口扩展功能要求

为增加检测仪主机的可扩展性，在进行系统设计时，需要预留功能扩展接口，便于系统功能的进一步升级完善。本系统预留有 RS-232 接口、USB 接口、4 芯航插接口，可根据需要进行系统升级。

D　电源模块功能要求

电源模块采用检测仪主机自带的蓄电池作为供电电源，通过电源转换模块，将蓄电池电压 12V 转换成能满足检测仪主机工作需要的 5V、12V 等供电电压。

E　数据采集与处理功能要求

数据采集与处理功能是检测仪主机设计的关键，主要包括下位机数据采集及上位机数据处理。航空插头主要实现与布雷车布雷控制系统航插的匹配，便于数据采集及处理，通过下位机将采集到的数据传输至上位机进行数据的分析处理，并作出故障的判断。

采集数据的选择必须直接反映布雷控制系统工作是否正常，根据故障诊断的相关知识理论，通过查阅大量资料，结合布雷车布雷控制系统使用情况的要求，本着真实反映布雷车布雷控制系统工作状态的原则，选取以下特征参数：

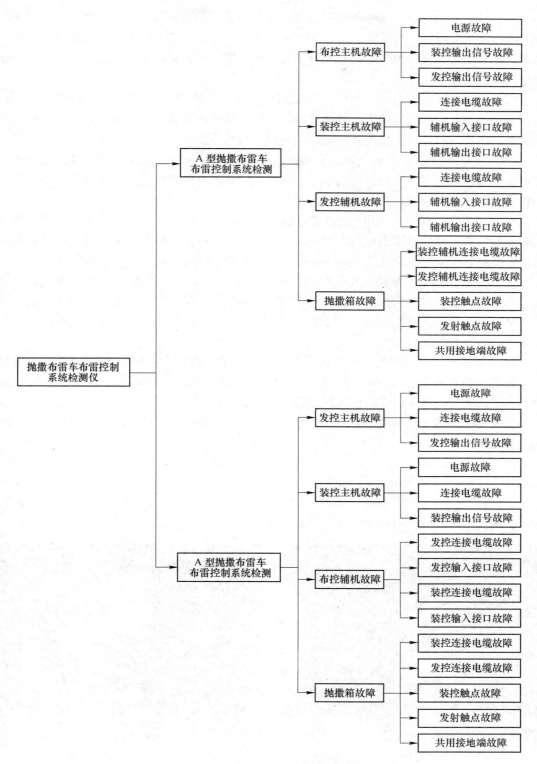

图 6-1 检测系统总体功能设计图

（1）系统供电电压。布雷车蓄电池为布雷控制系统提供的供电电压可能的变化范围是 0~14V，根据工程机械的要求，通常电压保持在 12±2V。蓄电池电压过低会影响布雷控制系统的正常启动，过高也会影响电气系统的正常工作，因此要对蓄电池电压进行监测，在其过低或过高时给出维修提示。

（2）主机装定信号幅值。检测 A 型抛撒布雷车布控主机在完成地雷自毁时间的装定、引信的加电过程中的信号幅值，判断布控主机装定信号是否正常。B 型抛撒布雷车的主机装定信号是从装控主机发出的，检测原理同前一抛撒布雷车。

（3）主机发射信号幅值。检测 A 型抛撒布雷车布控主机在完成地雷发射过程中的信号幅值，判断布控主机发控针脚信号是否正常。B 型抛撒布雷车的主机发射信号是从发控主机发出的，检测原理同前一抛撒布雷车。

（4）退电信号幅值。退电电压为负电压，满载时绝对值不小于 3V。检测 A 型抛撒布雷车布控主机在完成地雷退电过程中的信号幅值，判断布控主机装控针脚退电信号是否正常。B 型抛撒布雷车的退电信号是从装控主机发出的，检测原理同前一抛撒布雷车。

（5）点火检测信号幅值。布雷弹在发射之前必须先进行点火检测。检测 A 型抛撒布雷车布控主机在完成地雷点火检测过程中的信号幅值，判断布控主机发控针脚点火信号是否正常。B 型抛撒布雷车的点火检测信号是从发控主机发出的，检测原理同前一抛撒布雷车。

（6）辅机装定信号幅值、脉冲数。地雷的自毁时间是通过装定信号的脉冲数对地雷进行设置的，检测辅机装定信号的脉冲数，通过信号处理可计算得出自毁时间，通过 TDS3012 数字荧光示波器采集辅机装定信号波形，如图 6-2 和图 6-3 所示。根据示波器波形图绘制了辅机装定信号波形分析图，如图 6-4 所示。辅机装定信号脉冲数与地雷自毁时间换算的计算公式为：

$$H' = (8192 - N)/15 \tag{6-1}$$
$$H = |\ H'\ | \tag{6-2}$$
$$M = (H' - H) \times 60 \tag{6-3}$$

式中，N 为脉冲数；H 为自毁小时数；M 为自毁分钟数。

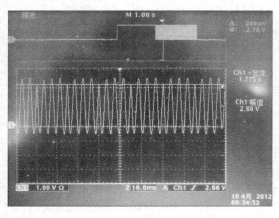

图 6-2　便携式检测终端底部示意图

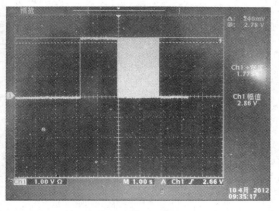

图 6-3　抛撒箱弹位示意图

检测 A 型抛撒布雷车装控辅机装定信号及 B 型抛撒布雷车布控辅机装定信号幅值及脉冲数，判断辅机的装定信号是否正常。

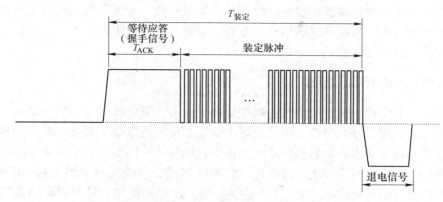

图 6-4　辅机装定信号波形分析图

（7）辅机发射信号幅值。辅机在装定自毁时间、点火检测后可对地雷进行发射，发射信号不小于 5V，检测 A 型抛撒布雷车布控主机在完成地雷发射过程中的信号幅值，判断发控辅机发射信号是否正常。B 型抛撒布雷车的辅机发射信号是从布控辅机发出的，检测原理同前者。

6.1.2.2　主机使用环境要求

野战条件下，为了使检测仪能够达到对抛撒布雷车布雷控制系统故障进行快速、准确检测的要求，需对检测仪主机的使用环境进行约束。

A　体积、重量要求

根据课题任务书要求：检测仪主机体积限制在 50mm×50mm×30mm 以内；检测仪主机重量不大于 10kg。

B　温度、湿度要求

（1）工作温度：−20～+55℃；

（2）储存温度：−40～+70℃；

（3）相对湿度：≤95%。

C　防护要求

（1）防尘防水性能：防护等级达到 IP56；

（2）抗扰性：抗干扰性与抗振动性强。

D　存放要求

野战条件下，检测仪需便于存放在抛撒布雷车中携行。在 A 型抛撒布雷车在车头后挂有备件存储箱，其尺寸为：120cm×70cm×70cm，检测仪主机在装箱后尺寸需限制在 60cm×60cm×40cm 以内，便于存放至抛撒布雷车的备件存储箱中。

6.2　抛撒布雷车布雷控制系统检测装置硬件设计

根据抛撒布雷车布雷控制系统检测仪主机的功能要求，检测仪主机可分为上位机、下位机、电源模块等部分进行设计。其中上位机核心为工控机，采用触摸显示屏与用户进行信息交互，并可外接键盘、鼠标、打印机等附件；下位机主体由 CPLD 处理电路和信号调理电路等组成，主要负责布雷控制系统的信号采集与处理，采用串行总线与上位机进行信息交互。下位机与布雷控制系统的信号交互通过测试电缆连接实现，上、下位机和电源模块等全部安装于检测仪主机的机箱内。

6.2.1　检测仪主机硬件总体设计

抛撒布雷车布雷控制系统检测仪主机主要由上位机、下位机及电源模块组成。上位机完成采集信号的数据处理与分析，下位机用于根据上位机的指令采集被测对象的状态信息并将采集结果转换为十六进制数据传输至上位机，电源模块用于为上位机和下位机提供匹配的工作电压。上位机由工控机、液晶屏、触摸屏组成；下位机由电源电路、CPLD 处理电路、复位电路、时钟电路、JTAG 程序下载电路、数据采集与信号调理电路及通信接口电路组成，电源模块运用成熟的电源转换模块，各硬件模块经优化内部连接线路后综合集成在专用仪器箱体内。检测仪主机硬件框图如图 6-5 所示。

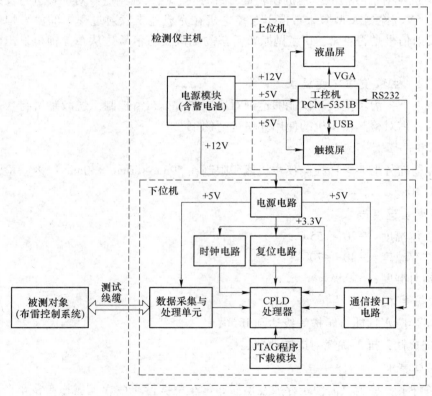

图 6-5　检测仪主机硬件框图

6.2.2　下位机硬件系统设计

由于布雷控制系统发射通道数和信号种类比较多，要求检测仪信号通道数较多，目前常用的单片机等比较经济的芯片难以满足，若扩充多路开关电路，则系统又较为复杂，可靠性与稳定性不能保证。经多方面权衡，选择采用 CPLD 这种开发难度适中且性价比合理的芯片完成检测任务。

下位机主要承担两种型号的抛撒布雷车布雷控制系统工作参数的采集与系统控制等作用，其主要模块组成见表 6-11。其核心是由 CPLD 器件构成的处理器，配合信号调理电路、时钟振荡电路、串口信号传输电路和其他的外围连接件，完成信号的采集、控制、传输与处理等作用。

表 6-11 下位机主要模块

序 号	名 称	主要技术指标	主要功能
1	电源电路	$V_{in} = +12V$； $V_{out} = +3.3V$、$+5V$	为下位机提供电源
2	CPLD 处理电路	不少于 129 个 I/O	下位机主处理单元
3	时钟电路	频率：11.0592MHz	为下位机提供时钟信号
4	JTAG 程序下载电路	标准 JTAG 接口	程序下载
5	数据采集与信号调理电路	$0V < V_{out} < +3.3V$	采集调理信号
6	通信接口电路	RS-232	与上位机通信

6.2.3 上位机硬件系统设计

上位机的核心是 PCM-5351B 工控机，该型工控机性价比高、可靠性好、适应性强。PCM-5351B 的主机板是无源型底板，其上设计有多个标准插槽，底板与标准插槽之间的板载总线结构形式多样，包含了 STD、ISA 和 PCI 总线等，工控机的主要附件，如中央处理 CPU 主板、CRT 显示器接口板、数据采集卡等都可以通过标准插槽与工控机集成。PCM-5351B 型工控机主板的结构基于模块化的思想进行设计，能够根据不同的控制需求，以模块化的板块结构形式设计成不同的功能模板，组成不同控制对象的控制系统。其硬件采用了固态数据存储设备，其容量为 8GB，满足检测仪检测与诊断功能的需求。上位机硬件系统部件见表 6-12。

表 6-12 上位机硬件设备

序 号	名 称	主要技术指标	主要功能
1	PCM-5351B 主板	8GB 硬盘，512MB 内存	核心数据处理单元
2	液晶屏	10.4 英寸	数据显示
3	触摸屏	4 线电阻式	数据输入与人机交互

为适应检测仪现场使用的需求，工控机采用了工业级液晶屏和触摸屏等外部显示与用户交互器件，方便现场用户的操作使用。

6.2.4 数据传输方案设计

检测仪在数据传输过程中，首先由以 CPLD 为核心的下位机采集数据并进行分析，通过串行总线（RS-232）传输到工控机主板，供 CPU 进行故障检测与判断等后续处理；其次工控机通过 USB 总线以及 VGA 口分别与触摸屏和液晶屏连接，达到程序显示的要求。

根据第 2 章的数据采集需求分析，系统需要的数据采集通道及 I/O 口数为 129 个，由于单个 CPLD 的数据采集 I/O 口最大为 116 个，单个 CPLD 无法满足系统数据采集需求。因此系统选用了两个同型号的 CPLD 用于数据采集，分别定义为主 CPLD 与从 CPLD。

对于主 CPLD 与从 CPLD 之间的信号传输，最初考虑采用并行信号传输方式，根据第 2 章对布雷控制系统的工作原理分析可知，装定信号脉冲数最少为 4096 个脉冲，这样在并行传输数据时至少需要 12 个 I/O 口，加上 3 根控制线，就需要 15 个 I/O 口，EPM1270T144C5 芯片的 I/O 口显得不敷使用。因此，在主、从 CPLD 之间最终采用了串行数据传输模式。EPM1270T144C5 的串口信号端口是一种精简模式的串行发送方式，可以采用如图 6-6 所示的控制模式进行串行信号的传输与交换。

检测仪运行过程中，主 CPLD 接收上位机传输指令，控制布雷控制系统的运行，从 CPLD 是接收主 CPLD 的指令。因此，只有主 CPLD 的串口接收端接收数据，而主、从 CPLD 采集的布雷控制系统的状态参数，必须经由串口发送端 Tx 上传给上位机，故存在端口冲突。解决的方案如图 6-6 所示。当主 CPLD 发送数据时，从 CPLD 的 Tx 置高电平 "1"，与门打开，主 CPLD 的串行数据发送端 Tx 发送信号给上位机；当从 CPLD 发送数据时，主 CPLD 的串口输出端 Tx 置 "1"，与门打开，从 CPLD 的串行数据通过下位机串口发送给上位机。这样，通过一个串口，可完成两个 CPLD 芯片的数据上传。

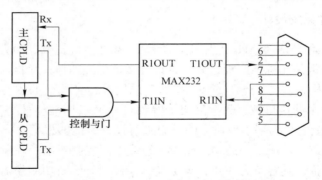

图 6-6 主、从 CPLD 芯片信号串口传输示意图

6.2.5 CPLD 处理电路设计

6.2.5.1 CPLD 器件的特点与选型

CPLD 作为下位机的核心，主要负责布雷控制系统各种控制信号的采集与传输功能。考虑到布雷车工作现场的复杂的干扰信号和恶劣的操作环境，CPLD 必须选用可靠性强、稳定度高的芯片。检测仪所采集和处理的布雷控制信号共有 129 路。综合这两点，拟选择 Altera 公司的 MAX II 系列的 EPM1270 芯片，TQFP 封装形式。

MAX II 器件能够为成本和功率受限的控制通道应用提供所需的功能。MAX II 更低的价格，更低的功率和更大的容量使其成为复杂控制应用的理想方案，包括以往不可能在 CPLD 中实现的新应用。MAX II 器件采用了全新 CPLD 体系结构，比以往的 MAX 的器件有重大改进，如价格减半、功耗降至十分之一、容量增加 4 倍、性能增加两倍。

这些优势允许设计者将多个控制应用集成到单个器件中。主要的控制通道功能可分为 4 类：I/O 扩展、接口桥接、上电顺序和系统配置。MAX II 器件基于 0.18μm Flash 工艺，是即用型和非易失器件，成本不到上一代 MAX 器件系列的一半。表 6-13 是 MAX II 系列芯片的特征参数。该系列 CPLD 的特点概括如下：

（1）I/O 扩展。MAX II 器件具有低成本灵活的 I/O 能力，满足现今 I/O 管脚有限的数字路径器件的需求，包括 ASSP、数字信号处理器和微控制器。MAX II 器件可以只用主处理器最少的输入来控制板上大量的器件。地址译码需要大量的 I/O 管脚，耗费板子资源。MAX II 器件基于 LUT（Look-Up-Table，显示查找表）的逻辑有效地支持地址译码且不会浪费宝贵的 I/O 资源。

（2）接口桥接。MAX II 器件为把一种总线协议转换为另一种总线协议提供了成本最低的解决方案。这些应用包括电平搬移（即从 3.3V 输入至 1.8V 输出），总线转换应用（如将专用系统转换为业界标准系统），多占总线桥接，串并/并串总线转换和加密。MAX II CPLD 高效的 LUT 体系能够实现高速的地址译码。MAX II CPLD 提供了更大的容量来支持复杂的总线系统，如支持 32 位 33MHz 的 PCI 总线设备——完全符合 PCI I/O 标准。

（3）上电顺序。大容量 MAX II CPLD 为设计者控制复杂的关键系统的上电顺序提供了更多所需的逻辑。上电顺序是按顺序将电压加载到电路板的其他器件上，确保所有的器件正常工作。上电顺序通常是一个多电压环境，完成诸如系统上电、系统复位和片选等功能。

（4）系统配置。MAX II CPLD 具有灵活的可编程接口，用户 Flash 存储器和 JTAG 转换器，是配置和初始化多功能器件的低成本方案。MAX II CPLD 合并了分立的 Flash 存储器件，能够快速和容易地配置 FPGA、数字信号处理器、ASSP 和 ASIC。MAX II CPLD 和厂商专用配置器件不同，可以编程为和任何分立的存储器件接口，能够适应由于可用性或成本造成的存储器件的变化。

表 6-13　MAX II 系列芯片特征参数表

特　性	EPM240	EPM570	EPM1270	EPM2210
逻辑单元（LE）	240	570	1270	2210
典型等效宏单元	192	440	980	1700
最大用户 I/O 管脚	80	160	212	272
用户 Flash 存储量	8192	8192	8192	8192
速度等级	3，4，5	3，4，5	3，4，5	3，4，5
最快 tPD1（角至角性能）	4.5ns	5.5ns	6.0ns	6.5ns
可用封装	100-pin TQFP	100-pin TQFP 144-pin TQFP 256-pin BGA	144-pin TQFP 256-pin BGA	256-pin BGA 324-pin BGA

6.2.5.2　CPLD 处理电路的设计与实现

根据上述分析，考虑芯片焊接的难易程度，采用两片 TQFP 封装的 EPM1270 芯片作为处理器，一片作为主处理器，一片作为辅处理器，EP1270 芯片封装与 I/O 口数量对应关系见表 6-14。由于两种型号的抛撒布雷车布控辅机装定信号均为脉冲信号，程序占用的逻辑单元比较多，所以主处理器采集处理前者装控辅机装定信号和后者布控辅机装定信号；辅处理器采集处理剩余所有信号。

表 6-14　EP1270 芯片封装与 I/O 口数量对应表

封装形式	144 针 TQFP 封装	256 针微型 BGA 封装	256 针 BGA 封装
I/O 口	116	212	212

　　两片 CPLD 芯片之间留有 13 根通信线，由于并行通信方式在调试中存在误差，之后改进为串行通信方式实现两片 CPLD 芯片之间的通信。图 6-7 是主、从 CPLD 的功能模块示意图。

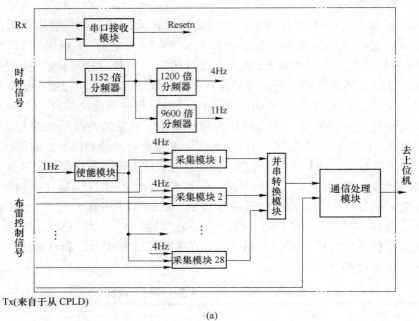

(a)

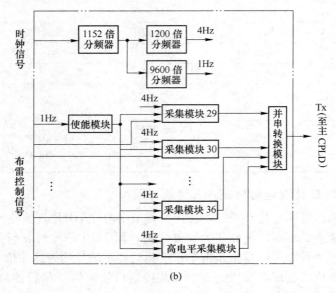

(b)

图 6-7　CPLD 功能示意图

(a) 主 CPLD；(b) 从 CPLD

CPLD 控制单元代码设计是实现 CPLD 控制功能的重要组成部分，代码编写能充分体现 CPLD 器件设计控制信号的灵活性，可方便进行更改设计而不需改动硬件电路即可实现设计要求，CPLD 设计代码首先要把 CPLD 各个端口——排列出来，定义好输入输出端口，以便设计代码实现各个端口引脚的输入输出功能。然后根据布雷控制系统需要 1Hz、4Hz 和 9600Hz 等频率的输出控制要求，设计代码实现上述分频电路。根据布雷控制系统信号检测的需求，设计了信号的采集模块、并行/串行信号转换模块、串口信号接收模块、通信处理模块、使能模块等功能电路。

6.2.6 数据采集与信号调理电路设计

在检测仪主机设计的要求下，设计数据采集与信号调理电路以提高下位机采集数据的稳定性，满足 CPLD 处理器采集数据的要求。

6.2.6.1 设计思路

下位机的数据采集与信号调理电路采用施加负反馈的运算放大器放大电路，数据采集与信号调理电路采用了 4 通道运放电路芯片（LM224），它是比较常用的 TTL 电平的运放电路，运用 LM224 搭成的同相比例输入电路可以调节直流脉冲信号及高电平信号的电平大小，最后由 CPLD 完成直流脉冲信号或高电平信号的捕获。

在不加负反馈的放大电路中，运算放大器的增益受到温度、电源电压、输出电压及频率等影响发生较大变化，不保持恒定。施加负反馈后，不但增益稳定，而且噪声、失真、输出阻抗都降低了，输入阻抗增大。

6.2.6.2 电路设计

数据采集与信号调理电路原理如图 6-8 所示。图中，V_{in} 表示同相端输入电压，V_{ref} 表示反相端输入电压，V_{out} 表示最终输出电压。

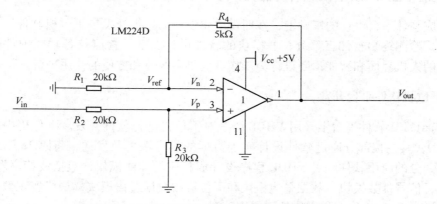

图 6-8 数据采集与调理单元电路原理图

V_p 为 V_{in} 加载在 R_2 和 R_3 上的串联分压，V_p 的计算公式（6-4）：

$$V_p = V_{in} \times \frac{R_3}{R_2 + R_3} \tag{6-4}$$

根据运算放大器的虚短路原则得出公式（6-5）：

$$V_n = V_p \tag{6-5}$$

此处运算放大器外加 R_1 和 R_4 构成了同相比例运算放大电路，由 V_{ref} 和 V_p 得到同相输入电压 $V_x = V_p - V_{ref}$（$V_{ref} = 0$），得出同相输入比例运算电路的计算公式为（6-6），再将 V_p 的计算公式代入得到 V_{out} 和 R_1、R_2、R_3、R_4 的函数关系式（6-7）。

$$V_{out} = \left(1 + \frac{R_4}{R_1}\right) \times V_x = \left(1 + \frac{R_4}{R_1}\right) \times V_p \tag{6-6}$$

$$V_{out} = \left(1 + \frac{R_4}{R_1}\right) \times V_x = \left(1 + \frac{R_4}{R_1}\right) \times V_p = \left(1 + \frac{R_4}{R_1}\right) \times V_{in} \times \frac{R_3}{R_2 + R_3} \tag{6-7}$$

CPLD 芯片 I/O 口输入最高的信号电压为 +3.3V，V_{in} 输入最高的电压为 +5V，电阻选择：$R_1 = 20k\Omega$、$R_2 = 20k\Omega$、$R_3 = 20k\Omega$、$R_4 = 5k\Omega$；计算 $V_{out} = +3.125V$，满足设计要求。

在检测退电等负电压信号时，接反相输入，原理和同相比例运算放大电路相同，电路原理图如图 6-9 所示。

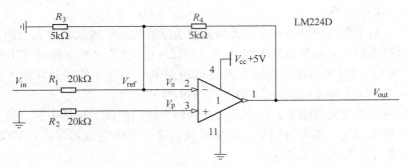

图 6-9　负电压信号采集与处理单元电路原理图

6.3　抛撒布雷车布雷控制系统检测仪软件开发

在完成硬件平台设计的基础上，按照模块化设计的思想开发了下位机软件、上位机软件及便携式检测终端软件三部分，各模块的软件设计保证了检测仪各功能硬件的正常运行、友好的人机界面和智能诊断设计为操作者提供了快捷和方便的使用平台。

6.3.1　下位机软件平台开发

在 Quartus II 软件平台上采用 VHDL 语言对下位机进行软件开发。下位机中核心器件是双 CPLD，其主控部分通过软件设计实现数据的实时采集及发送，每隔 1s 刷新一次数据。主控部分的应用软件经过 VHDL 程序设计成相应的功能模块，包括波特率发生模块、使能模块、信号计数模块、数据采集模块和下位机的数据通信模块，最终实现数据的实时采集及发送。图 6-10 为下位机软件程序流程图。

6.3.1.1　波特率产生模块

频率合成技术是现代通讯系统的重要组成部分，是对一个高精度和高稳定度的基准频率进行加、减、乘、除四则运算，产生具有同样稳定度和基准度的频率。分频器是数字逻辑电路设计中经常使用的一个基本电路。一个数字电路往往需要多种频率的脉冲作为驱动，通常采用一个高频晶振产生一种高频率的脉冲，再利用其他的分频方法进行分频，从而产生各种不同频率的脉冲，是一种常用的方法。

检测仪下位机硬件设计中采用的是 11.0592MHz 频率的钟振芯片，在实际应用中需要对 11.0592MHz 进行分频以得到所需的各种频率，例如：串口的波特率为 9600b/s、每隔 1s 刷新一次采集的数据等。分频模块的设计是下位机软件开发的基础，其设计的合理与否关系到数据采集及发送是否准确。

A　分频原理

在设计偶数分频器时，采用通过一个由待分频时钟上升沿所触发的计数器循环计数来实现 N 倍（N 为偶数）分频的实现方法，这种方法可以实现占空比为 50% 的任意偶数分频。

B　设计方法

在 CPLD 上，整数分频包括偶数分频和奇数分频，对于偶数 N 分频，通常是由模 $N/2$ 计数器实现一个占空比为 1∶1 的 N 分频器，分频输出信号模 $N/2$ 自动取反。对于奇数 N 分频，上述方法不适用，而是由模 N 计数器实现非等占空比的奇数 N 分频器，分频输出信号取得是模 N 计数中的某一位，不同 N 值范围会选不同位。这种方法同样适用于偶数 N 分频，但占空比不总是 1∶1，只有 2 的 n 次方的偶数分频占空比才是 1∶1。图 6-11 所示为波特率发生模块流程图。

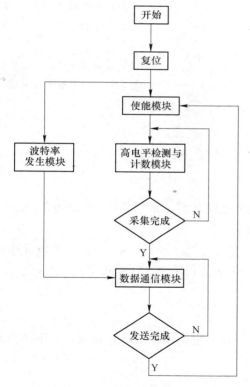

图 6-10　下位机软件流程图

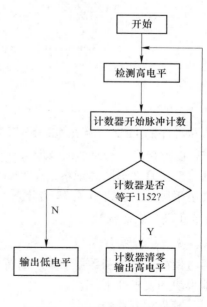

图 6-11　波特率发生模块流程图

以串口通信的波特率 9600b/s 为例设计基于 VHDL 语言的分频模块。波特率为 9600b/s，即每秒发送或接收 9600 位数据，根据公式（6-8）计算得出分频比：

$$f = 1/T, \quad N = f_0/f \tag{6-8}$$

式中，T 为周期，s；f 为分频输出信号频率，Hz；f_0 为输入信号频率，Hz；N 为分频比。

由于下位机选用的钟振频率 $f_0 = 11.0592$MHz、$T = 1/9600$s，得出 $N = 1152$。

（1）程序实体部分首先对分频输出信号频率 DIV_out 及计数器 count 进行复位：计数器 count 清零，分频输出信号频率 DIV_out 为低电平。

（2）当检测到输入信号频率 MCLK 的上升沿后，计数器 count 开始计数。

（3）只有当 count = 1152 的时候，分频输出信号频率 DIV_out 输出高电平，计数器 count 复位为 0，否则分频输出信号频率 DIV_out 一直保持低电平。

（4）循环第 2 步至第 3 步。

这样每隔 1152 个时钟脉冲输出一个高电平脉冲，即进行 1152 倍分频，得到 9600Hz 的频率。波特率发生模块程序实体代码如下：

```
process（Resetn, MCLK）
    variable count : integer range 0 to1152 : = 0;
    begin
        if Resetn = '1' then
            DIV_out <= '0'; count : = 0;                --复位操作
        elsif（MCLK'event and MCLK = '1'）then          --检测到高电平
            count : = count+1;                          --计数器计数
            if count = 1152 then
                count : = 0;                            --计数器复位
                DIV_out <= '1';                         --输出频率为高电平
            else
                DIV_out <= '0';
            end if;
        end if;
    end process;
```

由于程序的 1152 分频在 Quartus II 仿真后观察效果不好，故以 32 分频为例在 Quartus II 上进行波形仿真，仿真后的波形文件如图 6-12 所示。

通过对仿真波形图的观察，在 Resetn 高电平复位之后，DIV_out 每隔 32 个脉冲输出一个高电平脉冲，即进行了 32 倍分频，观察可知分频波形稳定，证明程序设计可靠。

6.3.1.2 使能模块

A 使能模块程序需求

通过使能模块控制数据采集、刷新、发送的时序，根据检测仪设计要求，对下位机软件使能模块的要求如下：

（1）实时采集数据。

（2）数据每隔 1s 刷新。

（3）主处理器与辅处理器交替发送数据。

B 使能模块程序设计方法

主处理器程序的设计原理如图 6-13 所示，辅处理器程序的设计原理如图 6-14 所示。

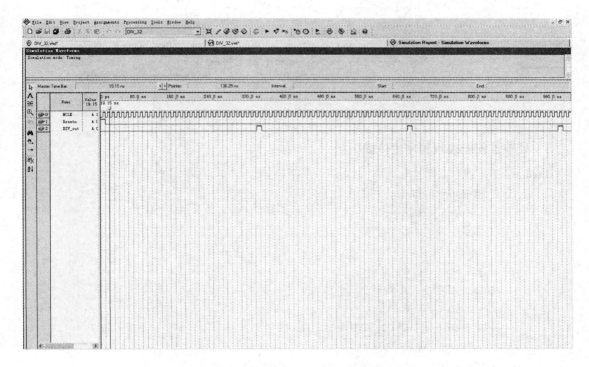

图 6-12 分频程序仿真波形图

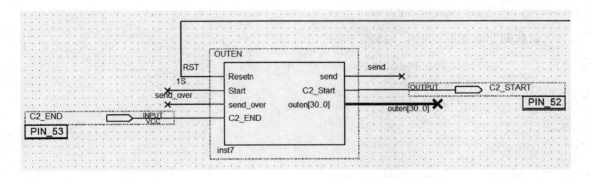

图 6-13 主处理器使能模块程序原理图

主处理器与辅处理器的使能模块原理相同，但在两块处理器的数据交互上有所区别。RST 为模块的复位信号；Start 为主处理器刷新周期；send 为通信模块发送数据使能信号；send_over 为通信模块数据发送完成信号；outen 为数据采集使能信号，由于共有 36 路布雷车辅机装定信号需要进行脉冲计数，占用的逻辑单元较多，为了充分利用 CPLD 的逻辑单元，在主处理器上采集处理 28 路布雷车辅机装定信号，辅处理器采集处理 8 路布雷车辅机装定信号及其余高电平信号。C2_Start 为主处理器控制辅处理器开始采集数据的使能信号，C2_END 为辅处理器信号采集完成信号。

图 6-14   辅处理器使能模块程序原理图

主处理器使能模块程序主体如下：

begin

    if   Resetn = '1' then

        outen <= (others => '0');

        count: = 0;

        send <= '0';

        C2_ Start <= '0';

    elsif C2_ END = '0' then

        C2_ Start <= '0';

    elsif   Start = '1' and C2_ END = '1' then

        outen <= (others => '0');

        outen (0) <= '1';

        send <= '1';

        count: = 1;

        C2_ Start <= '0';

辅处理器使能模块程序主体如下：

    elsif send_ over'event and send_ over = '1' then

        if count = 0 then

            send <= '0';

            outen <= (others => '0');

            C2_ Start <= '1';

        else

            outen <= (others => '0');

            outen (count) <= '1';

            count: = count+1;

            if count = 31 then

                count : = 0;

        end if;

在程序设计完成后进行了波形仿真，仿真后的波形文件如图 6-15 所示。

通过对仿真波形图的观察：在 C2_ Start 为高电平，即辅处理器开始采集信号时，C2_END 一直处于低电平，即辅处理器停止向主处理器发送数据；达到了使能模块的设计要求。

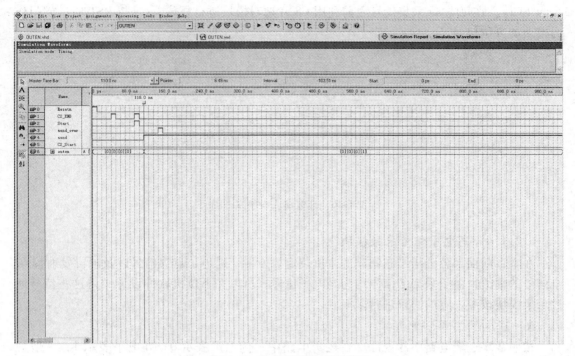

图 6-15　使能模块仿真波形图

6.3.1.3　脉冲信号计数模块

在本章前面部分分析了布雷车辅机装定信号的波形图、幅值及脉冲数。为了检测装定信号设置的地雷自毁时间，对布雷车辅机装定信号的脉冲数进行计数，下位机在信号调理单元的硬件基础上，通过软件中设计的计数模块实现这一功能。

A　脉冲信号分析

分析布雷车辅机装定信号波形，如图 6-4 所示（见 6.1.2 小节）。$T_{装定}$<4s；脉冲信号前端高电平为握手信号，其宽度 T_{ACK} < 2s；4096 < 脉冲数 < 8192。

B　采集脉冲信号程序需求

CPLD 在采集布雷车辅机装定信号软件设计的过程中，重点是对脉冲进行计数。分析信号的波形后，对程序有以下需求：

（1）每隔 4s 采集一次布雷车辅机装定信号。

（2）采集过程中过滤第一个上升沿，即过滤握手信号。

（3）最大计数值不大于 8192。

（4）保持所采集的脉冲信号直至复位。

C　计数模块设计方法

程序的设计原理如图 6-16 所示。图中 MCLK 频率为 8Hz，在进行 32 倍分频之后得到 1/4Hz 频率，即为程序提供 4s 的采集周期；OutEN 为程序的保持信号，在每隔 1s 数据刷新一次过程中保持采集到的数据；ZDXH 为输入的装定脉冲信号；DATA［12..0］为输出的 13 位数据，由于采集的脉冲数最大为 8192 个，为 2 的 13 次方，所以输出的数据位数最少为 13 位；在每隔 4s 采集信号之前利用 CS 片选对模块进行复位，CS 与 RST 通过或门作为模块的复位信号。

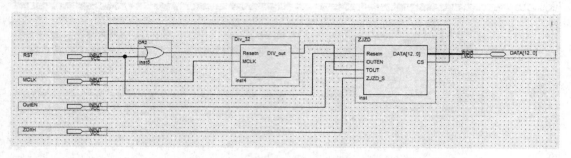

图 6-16　计数模块程序原理图

6.3.1.4　高电平信号采集模块

在本章前面部分分析了布雷车的主机装定、发射、退电、点火信号以及辅机发射等 67 个信号的幅值，由于采集的信号均为高电平信号，所以在下位机软件设计中将这些信号通过采集模块按照一定的协议进行采集。

A　高电平信号分析

按照数字逻辑电路中的说法，在逻辑电路中，低电平表示 0，高电平表示 1；一般规定低电平为 $0 \sim 0.25V$，高电平为 $3.5 \sim 5V$，$+3.5V <$ 信号幅值 $< +5.0V$，退电信号中的负压通过下位机硬件设计后反相为正压。

B　采集模块程序需求

通过辅处理器采集高电平信号，分析信号特性，对程序有以下需求：

（1）67 个信号的采集发送顺序规整；

（2）数据每次发送 13 位。

C　采集模块程序设计

由辅处理器采集高电平信号，之后将 67 个高电平信号按协议编为一个 67 位的数组，每次向主处理器发送 13 位，发送 6 次即可将数组发送完成，由于 $13 \times 6 = 78$ 位，在数组发送的最后一次低位补 11 位 "0"。此段的源程序如下：

```
if outen (0) = '1' then
data_out<= REG (12 downto 0);
elsif outen (1) = '1' then
data_out<= REG (25 downto 13);
elsif outen (2) = '1' then
data_out<= REG (38 downto 26);
elsif outen (3) = '1' then
data_out<= REG (51 downto 39);
elsif outen (4) = '1' then
data_out<= REG (64 downto 52);
elsif outen (5) = '1' then
data_out<= "00000000000" &REG (66 downto 65);
```

else

data_out<=（others=>'Z'）；

6.3.1.5 数据通信模块

A 通信模块程序需求

通过通信模块将主处理器、辅处理器采集到的数据按协议发送至上位机，根据检测仪主机设计要求，对下位机软件使能模块的要求：

（1）波特率为 9600b/s。

（2）主处理器发送数据时辅处理器等待，辅处理器发送数据时主处理器等待。

（3）数据采集时一次采集 13 位，发送时一次发送 8 位。

B 通信模块设计方法

通信模块所采用的是异步通信方式，可以规定传输的一个数据是 10 位，其中最低位为启动位（逻辑 0 低电平），最高位为停止位（逻辑 1 高电平），中间 8 位是数据位。使用 11.0592MHz 的晶振 1152 次分频得到 9600b/s 的波特率。

利用状态机进行程序设计，状态机在无论是与基于 VHDL 的其他设计方法相比，还是与完成相似功能的 CPU 相比，都具有其独到的优点，主要体现在以下几个方面：

（1）状态机克服了纯硬件数字系统顺序控制不灵活的缺点。状态机能够按照输入信号的控制和预先设定的执行顺序在各个状态间顺序地执行、切换，具有明显的顺序特征，能够很好地执行顺序逻辑。

（2）状态机的实现方式简单，设计方案相对固定，其设计与优化能够被多数综合器所支持。

（3）与 VHDL 其他描述方法相比，状态机具有程序层次分明、结构清晰的特点；在模块修改、优化和移植方面也具有其独到的特点。

（4）在高速运算与控制方面，和 CPU 相比，状态机具有明显的速度优势。

通过分频模块得到 9600Hz 的串口数据传输频率；当通信模块接收到数据发送使能 send 信号时，主处理器发送数据、辅处理器等待；主处理器数据发送完成向使能模块发送数据发送完成信号 send_over；采集的数据为 13 位，串口一次发送 8 位数据位，将采集到的 13 位数据高位添 3 个 "0" 整合成 16 位数据，通过串口分两次进行发送。数据通信模块程序原理如图 6-17 所示。

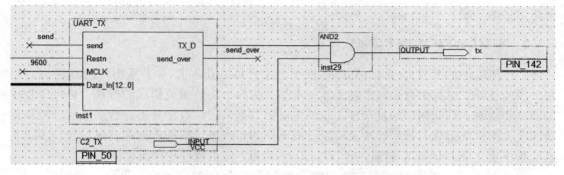

图 6-17 数据通信模块程序原理图

　　在使能模块中，实现对主处理器及辅处理器发送时序的控制：主处理器发送数据时辅处理器等待，辅处理器发送数据时主处理器等待；主处理器发送的数据与主处理器发送的数据通过与门向上位机发送数据。

6.3.1.6　下位机软件集成

　　利用 Quartus II 中原理图设计方法，将下位机各模块的程序编译无误后生成原理图符号，将各模块连接起来，完成后的下位机软件顶层原理图设计，从 CPLD 顶层原理如图 6-18 所示。

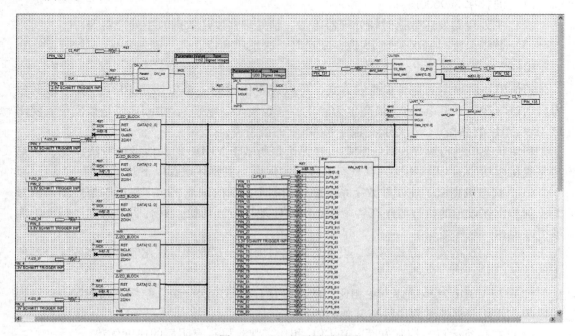

图 6-18　CPLD 顶层原理图

　　下位机采集到的信号为二进制数据，通过串口发送至上位机，上位机读取为十六进制数据。以辅机装定一个弹位 100 小时自毁时间为例，下位机采集到的数据为：1A 24，将 1A 24 换算成十进制为：6692，即采集到 6692 个脉冲，根据式（6-1）～式（6~3）计算得装定时间为 100h，下位机采集的信号准确，经过初次实验，其软件编写实现了实时、准确采集信号的功能。

6.3.2　基于 LabVIEW 的上位机软件开发

　　上位机软件的开发基于 LabVIEW 平台，由于 LabVIEW 是基于模块化的程序设计思想，因此在开发过程中也是基本遵循这一思想，将每个功能做成集成的模块，以便于程序的调试和修改，降低程序的复杂性。软件主要由数据采集、数据分析、数据显示和故障诊断四个大的模块组成，每个模块又可以分成不同的子模块，根据检测的具体情况，可以将模块程序建立成 LabVIEW 特有的子 VI。图 6-19 为上位机软件程序流程图。

　　图 6-20 为进入抛撒布雷车布雷控制系统检测仪软件的主界面，界面上有四个按钮，分别为：系统简介、A 型抛撒布雷车、B 型抛撒布雷车及退出。点击"系统简介"按钮可

图 6-19 上位机软件流程图

以了解此系统的一些基本情况；点击"A 型抛撒布雷车"及"B 型抛撒布雷车"按钮即可进入对应各布雷车的检测界面；点击"退出"按钮即退出检测软件。

图 6-20 抛撒布雷车布雷控制系统检测仪软件的主界面

6.3.2.1 数据读取模块

下位机采集到的信号为二进制数据，在下位机将采集到的数据通过串口发送至上位机后，上位机读取为十六进制数据。根据下位机通信模块编写的程序，采集的布雷车辅机装定信号每个占用两个字节，其余高电平信号占一个数据位。根据上位机与下位机之间的通信协议，LabVIEW 程序的数据采集模块读取信号。上位机与下位机的通信协议见表 6-15。

表 6-15 上位机与下位机通信协议表

0~71 字节	72 字节	73 字节
FJZD1~FJZD36	0 0 0 FJFS1 ZJZD12~ZJZD9	ZJZD8~ZJZD1
74 字节	75 字节	76 字节
0 0 0 FJFS14~FJFS10	FJFS9~FJFS2	0 0 0 FJFS27~FJFS23
77 字节	78 字节	79 字节
FJFS22~FJFS15	0 0 0 TZ4~TZ1 FJFS36	FJFS35~FJFS28
80 字节	81 字节	82 字节
0 0 0 TD8~TD4	TD3~TD1 TF3~TF1 TZ6 TZ5	0 0 0 ZJFS11~ZJFS7
83 字节	84 字节	85 字节
ZJFS6~ZJFS1 DH2 DH1	0 0 0 0 0 0 0 ZJFS20	ZJFS19~ZJFS12

注：数据栏中字符为布雷控制系统信号的拼音代码，即 FJZD—辅机装定信号；FJFS—辅机发射信号；ZJZD—主机装定信号；TZ—停装信号；TD—退电信号；TF—停发信号；ZJFS—主机发射信号。

在上位机读取串口数据过程中，由于数据是实时刷新的，采用现有的一些读取方法例如：添加标志位、从首个非 0 的数据位读取等方法均有其缺陷，不能适用于检测仪上位机的程序当中，故在程序编写过程中设计了一种适用于检测仪软件的串口数据读取方法，程序的流程如图 6-21 所示。

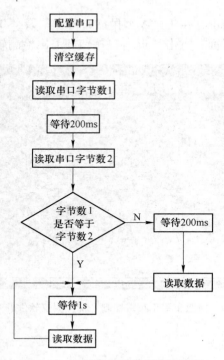

图 6-21　数据读取模块程序流程图

每隔一秒下位机向上位机上传一次数据，由于下位机每次发送的数据量为 86 个字节，串口传输的波特率为 9600b/s，数据完全接收的理论时间为 86/9600≈90ms。如图 6-22 所示，在 1s 的时间内前 90ms 是数据区间，图中阴影区；后 910ms 为空闲区间，图中空白区。

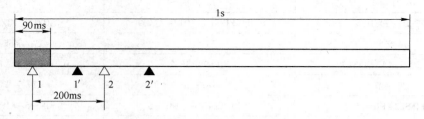

图 6-22　串口数据读取方法设计示意图

该程序实现的步骤如下：

第一步：完成串口配置；

第二步：清空串口的缓存；

第三步：读取串口的缓存字节数，根据上图此时读取位置可能出现两种情况：情况 A，数据区节点 1；情况 B，空闲区节点 1′；

第四步：等待 200ms 后保证数据完全接收，读取此时串口的缓存字节数，对应第三步分别为节点 2 与节点 2′；

第五步：进行判断：情况 A，第三步的读取的字节数 B1 不等于第四步的读取的字节数 B2，B1≠B2，则再等待 200ms 保证数据读取时处于空闲区，这样下次就能读到正确的串口数据，之后每隔 1s 循环读取串口数据即能保证数据正确采集；情况 B，第三步的读取的字节数 B1′等于第四步的读取的字节数 B2′，B1＝B2，之后每隔 1s 循环读取串口数据即能保证数据正确采集。用 LabVIEW 编写的程序框如图 6-23 所示。

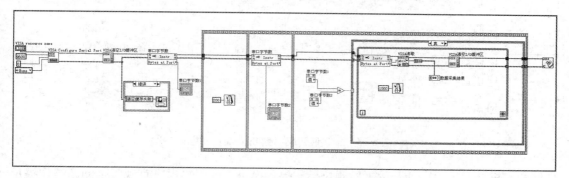

图 6-23 数据读取模块框图程序

6.3.2.2 数据解析模块

上位机通过串口采集到下位机发送的数据后，对数据进行分析计算，将数据转化为可供用户直观判断的对象，如：辅机装定时间、高电平信号正常与否等。以辅机装定信号为例，图 6-24 所示为辅机装定信号数据解析的程序流程图。

图 6-24 数据解析模块程序流程图

该程序实现的步骤：

第一步：串口读取的数据为字符串型，将其转换为无符号字节数组；

第二步：根据协议截取字节数组中对应的字节，例如图 6-24 中装定时间 1 截取的为字节 0 与字节 1；

第三步：将截取的两段字节转换成二进制，若直接将两个十进制数据在之后的过程中进行拼接则会导致数据丢失，故先将其转换为二进制；

第四步：将转换的两段二进制字节拼接；

第五步：将拼接后的二进制数据转换为十进制；

第六步：根据式（6-1）～式（6-3）计算装定时间。

图 6-25 所示的为布雷车辅机装定信号解析模块的程序框图。

6.3.2.3 操作步骤显示模块

在检测仪检测过程中需要对抛撒布雷车布雷控系统进行操作，且检测仪每一项检测对布雷控制系统的操作都不同，考虑到检测仪的实用性及操作准确性，上位机利用 LabVIEW

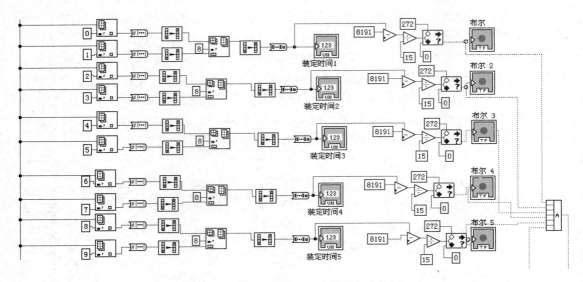

图 6-25　辅机装定信号解析模块程序框图

良好的人机交互界面设计开发了检测仪操作提示模块，为用户提供直观、生动的操作提示界面。图 6-26 为检测仪的操作步骤界面的截图。

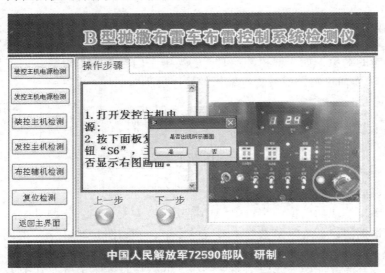

图 6-26　B 型抛撒布雷车检测软件操作界面

以辅机装定检测为例叙述操作步骤显示模块的设计。在操作步骤显示模块的设计中首先对软件进行初始化，之后对界面以及按钮进行控制。

A　软件初始化

软件的初始化包括对下位机的复位以及对显示界面各控件的初始化，这些控件包括文字、图片、按钮。

如图 6-27 所示，在图中方框 1 是点击"装定检测"按钮后向下位机发送"1"使得下

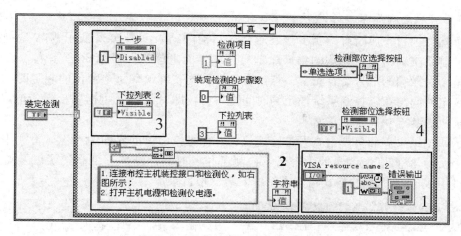

图 6-27 装定检测初始化框图程序

位机复位；方框 2 为点击"装定检测"后步骤 1 中的操作提示文本显示；方框 3 是对操纵界面中"上一步"及"下一步"按钮的初始化；方框 4 中各属性节点实现控件的初始化："检测部位选择按钮"属性节点说明在装定检测中需要选择检测部位；默认为图 6-26 的"主机检测"按钮，"下拉列表"属性节点表示调用图片框中的第 3 张提示图片，"检测项目"属性节点的作用是将图 6-26 中 7 个检测项目标号，点击"装定检测"便调用装定检测的操作步骤以及图片。

B 界面及按钮控制

软件的整个操作界面根据用户的视觉习惯进行设计，将检测项目的按钮置于界面的左边，操作步骤文本提示置于中间位置，界面右侧加载的是每一步操作的图片提示。

为了便于用户操作，在界面设计中添加了"上一步"、"下一步"按钮，图 6-28 所示的为"上一步"按钮的程序框图。

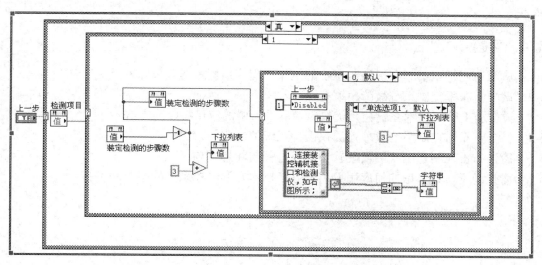

图 6-28 上位机界面及按钮控制框图程序

6.3.2.4　检测结果显示模块

每个检测项目完成所有检测步骤之后会显示检测结果。图 6-29 所示为 A 型抛撒布雷车布雷控制系统辅机装定检测的结果显示界面，界面上模拟抛撒箱 36 个弹位，非常直观的观察整个抛撒箱的信号是否正常，点击右侧针脚列表可观察每个弹位的装定时间，将检测到的装定时间与布雷控制系统设定的时间进行比较即可判断 A 型抛撒布雷车布雷控制系统装控辅机的装定功能是否正常。

显示检测结果界面可点击查看维修建议，并在维修建议的界面中可生产检测报告，如图 6-30 所示。检测报告包含的内容有：检测部位、时间、结果、维修建议以及检测人签字，通过生成 TXT 文本的格式存储在系统安装的根目录下。

图 6-29　检测结果显示界面

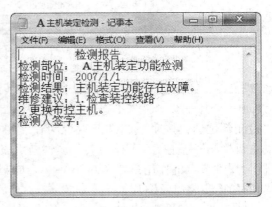

图 6-30　生成检测报告

6.3.2.5　上位机软件实现

通过 LabVIEW 编写的上位机程序实现了数据最终的处理，并将结果显示给用户，用户通过操作能够控制检测仪主机进行检测，实现了人机交互功能，达到了上位机软件设计的要求。

6.4　习题

6-1　试简述两种布雷车布雷控制系统的工作原理、结构组成与故障特点。

6-2　试分析布雷控制系统故障模型特点。

6-3　试分析 CPLD 技术在电控系统故障检测平台中的应用特点与方法。

6-4　试分析布雷控制系统故障检测仪硬件系统的组成与特点。

6-5　简述布雷控制系统检测仪硬软件集成过程与注意事项。

6-6　请查询资料并思考如何应用 FPGA 电路技术开发电控系统故障检测平台。

第7章　基于在线测试的工程装备电控设备电路维修测试系统

在线测试技术是指对电路器件进行测试过程中，在器件不焊离电路板的情况下进行测试的相关技术。在线测试的概念最早由美国通用公司提出，相对传统的测试方法，在线测试无需将被测器件焊离电路板，避免了维修时对电路的二次损害。同时，在线测试技术将器件测试技术与计算机技术结合，使其在自动化程度、测试准确度、测试精度、测试效率等方面具有很大优势。

部队各级修理机构现有的各类工程装备电路检测设备，通常只能将故障定位至箱组或板件级，尚不具备器件级的检测手段和修理能力，电控设备的检修主要以返厂或更换单元的方式为主，由于技术垄断等原因，板件级更换成本昂贵，在一定程度上造成资源浪费，且不利于野战条件下装备的快速维修保障，本章以某型登陆破障艇为研究重点，在深入剖析登陆破障艇电控设备结构组成及故障模式的基础上，采用嵌入式技术、复杂可编程逻辑（CPLD）等技术研制了工程装备电控设备电路维修测试系统，为工程装备电控系统的检测维修提供了一种通用、便捷、可靠的电路检测技术和方法，可有效地解决当前工程装备电控设备电路维修难题。

7.1　工程装备电路维修测试系统总体设计

以某型登陆破障艇为例对工程装备电控系统结构组成和电路故障机理进行分析。根据电路测试信号要求，提出了电路测试系统的性能需求，结合野战条件下装备电控系统的快速检测和运输需求，分析了测试系统的使用环境要求，在此基础上对测试系统总体方案进行了设计。

7.1.1　登陆破障艇电控系统故障机理研究

登陆破障艇主要用于渡海登陆作战中的直前破障，破除敌方设置于水际的轨条砦等登陆障碍物，为突击上陆的登陆艇、水陆两用坦克和两栖装甲车等开辟通路。该型登陆破障艇结构较为复杂，技术含量高，涉及专业范围广，是集船舶、机电、自动控制、火炮控制于一体的高科技复杂装备，且主要在海上使用，维护保养要求较高。

7.1.1.1　登陆破障艇电控系统组成

登陆破障艇总体设计较为先进，主要由动力艇体、发射炮座、驾驶台等组成，如图7-1所示。

登陆破障艇电控系统主要完成航迹控制、探障分析、发射控制和遥感控制功能，主要包括航迹控制分系统、探障分系统、发射控制装置、遥控装置。

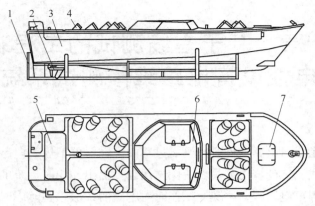

图 7-1　登陆破障艇结构组成

1—底座；2—舵平台；3—动力艇体；4—发射炮座；

5—机架固定件；6—驾驶台；7—声呐箱

A　航迹控制分系统

航迹控制分系统主要完成破障艇航迹航向的控制功能，主要由总控台、航迹控制机箱内部电路、计程仪以及电子罗盘等组成。

a　总控台

总控台与发控装置共用一个中间隔开的铸铝机箱，主要由面板和机箱组成。面板上装有显示屏、键盘、起航插座、电源开关及指示灯等。总控台还有控制艇上电子设备的工作电源开关，包括"总电源"、"航迹"、"探障"、"发控"、"遥控"等，见表 7-1。

表 7-1　总控台各电源开关功能

开关名称	功　　能
"总电源"开关	控制各受控机箱及附属外围设备工作电源
"航迹"开关	控制航迹控制分系统所属机箱、方位仪等工作电源
"探障"开关	控制探障分系统所属机箱工作电源
"发控"开关	控制发射控制装置机箱工作电源
"遥控"开关	控制遥控装置受控机的工作电源

b　机箱

航迹控制机箱有插座分别连接到总控台、人工驾驶台等设备。

B　探障分系统

探障系统主要用于破障艇探障控制，采用磁声复合探测体制，由探障梯度仪、探障声呐和探障综合处理仪三部分组成。

a　探障声呐

探障声呐主要包括声呐换能器和声呐处理器。其中声呐换能器向外辐射和接收声波，由发射阵、接收阵组成；换能器将声呐回波信号放大后的由专用电缆传输到声呐处理仪机箱；声呐处理器主要完成声呐发射、声呐接收、波束形成、信号采集等功能。探障声呐机箱面板上插座、指示灯和按钮功能见表 7-2。

表 7-2 探障声呐机箱面板上插座、指示灯和按钮功能

类　别	名　称	功　能
插座	电源	连接 24V 蓄电池
	输出	连接探障综合处理仪，传输声呐探测信号
	检测	连接探障声呐检测箱，检测探障声呐的各项指标
	换能器	连接声呐换能器，进行信号传输
指示灯	状态指示灯	自检状态指示
	电源指示灯	指示仪器是否处于通电状态
按钮	复位	手动对系统进行复位

b　探障磁梯度仪

磁梯度探测仪主要是完成磁梯度探测控制，主要由梯度传感器、三分量磁传感器以及相关传动装置等构成。磁梯度传感器位于艇体两侧，其信号电缆经探杆尾部穿出，通过收放机构与磁梯度电子装置相连；三分量包括 X 分量、Y 分量和 Z 分量，其磁传感器位于艇艏内平台上，其内部有磁通门探头通过电缆与磁探机箱连接，三分量电子装置的每一部分包括激励电路和测量电路。磁梯度探测仪机箱面板上各插座、指示灯的功能见表 7-3。

表 7-3 磁梯度探测仪机箱面板插座、指示灯功能表

类　别	名　称	功　能
插座	电源	连接 24V 蓄电池
	X 分量	连接对应 X 分量
	Y 分量	连接对应 Y 分量
	Z 分量	连接对应 Z 分量
	左梯度	连接左磁梯度传感器
	右梯度	连接右磁梯度传感器
	输出	连接探障综合处理仪，传输磁梯度探测信号
	检测	连接磁梯度探测仪检测箱，检测各项指标
指示灯	状态指示灯	左右梯度值状态指示
	电源指示灯	指示仪器是否处于通电状态

c　探障综合处理仪

探障综合处理仪完成对探障信息的综合处理，主要由主机箱和远距离报警传输设备组成。机箱内含有具有实现特殊功能的电路板，包括 PC 控制板、电源板、继电器板、报警板等。

PC 控制板是探障综合处理仪的核心部分，相当于一台工控机，内部包括 CPU 板、A/D 板、I/O 采集板、网络通信板，通过层叠式结构组合而成；报警板与车载台、对讲机及连接电缆线构成远距离报警传输系统。探障声呐机箱面板上插座、指示灯和按钮功能见表 7-4。

表 7-4　探障声呐机箱面板插座、指示灯和按钮功能表

类　别	名　称	功　能
插座	磁探	连接探障磁梯度仪机箱、接收磁探信号
	调试	连接检测箱，用于检测综合处理仪状态
	声呐	连接探障声呐机箱，接收声呐信号
	电源	连接 24V 电源
	左探杆	连接左探杆传动装置
	右探杆	连接右探杆传动装置
	航迹	连接航迹机箱
指示灯	状态指示灯	工作状态、磁补偿状态、发出"发控"指令
	电源指示灯	指示仪器是否处于通电状态
按钮	左进	手动控制左探杆前进
	左退	手动控制左探杆后退
	右进	手动控制右探杆前进
	右退	手动控制右探杆后退
	复位	手动对系统进行复位

C　发射控制装置

发射控制装置主要用于破障艇发射控制，由电源模块、主控电路板、装定信号输出电路板等组成。主控电路板与加电装定信号输出电路板各通过 D 型插头与面板内侧插座引出导线连接，两板之间通过一根两端有 D 型插头的电缆相互连接。

D　遥控装置

遥控装置主要完成破障艇的远距离遥控，由主控机和受控机组成，主控机主要完成遥控指令的发送、遥测信息的接收和显示，由收发信机、天线、操控器等组成，备有大屏幕显示接口。主控机面板布置及功能见表 7-5。

表 7-5　遥控装置机箱面板插座、窗口和按钮功能表

类　别	名　称	功　能
插座	天线	连接主控机天线
	操控器	连接操控器
	驾驶台	连接驾驶台
	GPS	连接 GPS
窗口	频道显示	显示频道数
按钮	频道▲	频道数递增
	频道▼	频道数递减
	右进	手动控制右探杆前进
	右退	手动控制右探杆后退
	复位	手动对系统进行复位

操控器是遥控装置实现遥控、遥测功能的操作和显示的部件，根据显示界面的提示、操作相应的键盘控制破障艇的工作状态。面板键盘分为上挡键和下挡键，下挡数字键主要用于预输入参数，上档键主要用于功能控制。遥控装置机箱面板及功能见表7-6。

表 7-6   遥控装置机箱面板功能表

类别	名　称	功　　能
下挡键	数字	输入参数
上挡键	操控器	连接操控器
	正车	连接驾驶台
	空挡	连接 GPS
	倒车	显示频道数
	加速	频道数递增
	减速	频道数递减
	定向/手动	手动控制右探杆前进
	左舵	手动控制右探杆后退
	右舵	手动对系统进行复位
	缩放	选择航迹显示窗口为翻页或全程显示

7.1.1.2　登陆破障艇电控系统故障分析

装备的电控设备故障模式跟其操作环境密切相关，某型登陆破障艇主要用于渡海登岛作战，其操作环境主要为海洋大气环境。电子设备除一般的失效原因，如使用、操作不当造成的器件损坏，线路故障等，还有一个重要因素，即盐雾对电子器件和线路的腐蚀造成的器件损坏，短路、断路失效等。虽然破障艇针对其服役环境和操作特点进行了防护设计，但由于以下原因，其电路的故障和失效不可避免：

（1）电路制造工艺精细，采取防护措施难度大。电路使用的电子器件多、接线多、焊点多、制造工艺较为精细、机械强度低、耐腐蚀能力低。不易于对单个器件、节点、环节采取足够有效地防护措施，加上设备多在盐雾环境下使用，导致器件和线路极易受到腐蚀和其他损害。

（2）电路接插部件较多，接触面易产生腐蚀。该设备由多个电控箱组组成，箱组与箱组之间、内部电路之间接插件多，接触面易磨损，接触面间的微小缝隙接触潮湿空气易产生化学腐蚀。同时接触面对导电性要求较高，不易采取有效地防护措施。

（3）各组件安装位置分散，线路易产生腐蚀。考虑到不同功能的顺利实现，需要将组件布局在合理的位置，造成各组件安装位置分散，安装位置的环境复杂，组件之间点多线长，同样不利于采取防护措施，且较长的线路也易受到潮湿大气和盐雾的腐蚀。

（4）由于散热和维护需求，机箱密封性不够强。机箱内电路发热器件多，为避免过热损坏器件，机箱设计时要考虑箱组散热性，同时还要方便维修人员对内部电路进行维护，也导致机箱密封性不够强。盐雾甚至海水极易侵入箱组内部，在电路器件和线路之间产生腐蚀。

（5）器件线路种类数量多，腐蚀控制指标难统一。电路中一旦某个器件损坏，极可能会导致整个电路甚至整个电控设备的失效，但由于多种原因，设计时难以对设备使用的各种器件和线路进行完全的统一，这也是电路故障的重要原因之一。

　　A　航迹控制分系统故障分析

　　航迹控制分系统常见故障主要集中在电缆连接及机箱内部电路。常见故障及排除方法见表 7-7。

表 7-7　航迹控制分系统常见故障及排除方法

序号	故障现象	故障原因	排除方法
1	操舵无响应且液压电机不工作	1. 液压电机保险丝熔断； 2. 舵机开关接触不良； 3. 接触器未正常工作； 4. 非以上原因	1. 更换保险丝； 2. 更换开关； 3. 更换接触器； 4. 检查电缆、电机
2	液压电机正常工作、操舵无响应，手推电磁阀芯舵机无响应	液压电机电磁阀芯滞动	维修、更换电磁阀
3	液压电机正常工作、操舵无响应，手推电磁阀芯舵机有响应	1. 操舵开关失灵； 2. 操舵驱动信号没有输出； 3. 非以上原因	1. 维修、更换操舵开关； 2. 检查、维修机箱内部电路； 3. 检查电缆
4	中心计算机能够启动，但是找不到硬盘	1. 操舵开关失灵； 2. 操舵驱动信号没有输出； 3. 非以上原因	1. 维修、更换操舵开关； 2. 检查、维修机箱内部电路； 3. 检查电缆
5	自行起航	起航控制线未安装好或已断开	检查起航控制线，重新安装或更换

　　B　探障分系统故障分析

　　探障分系统常见故障主要集中在电缆连接及机箱内部电路。常见故障及排除方法见表 7-8。

表 7-8　探障分系统常见故障及排除方法

序号	故障现象	故障原因	排除方法
1	机箱面板状态指示灯指示不正确	1. 电缆连接不正确； 2. PC-104 嵌入计算机故障	1. 检查机箱各电缆连接是否正确、可靠； 2. 更换 PC-104 嵌入式计算机
2	探杆不能正常伸缩	1. 电源电压低； 2. 梯度电缆线被绞住； 3. 因艇体受撞击而使探杆支承机构移位或在探杆出口处被卡； 4. 继电器控制板故障； 5. 传动机构与探杆齿形带间隙过大或过小； 6. 传动电机故障	1. 检查动力艇蓄电池电压是否正常，必要时进行充电； 2. 检查电缆线状况，理顺电缆； 3. 调整各支承机构位置； 4. 维修继电器控制板； 5. 调整传动机构与齿形带间隙； 6. 更换电机
3	探杆动作时，电缆收送不正常	1. 电缆线被绞住； 2. 收线机构内压线轮间除过大或过小； 3. 收线电机故障	1. 检查电缆线状况，理顺电缆； 2. 调整收线机构内压线轮间隙； 3. 更换电机

C 发射控制系统故障分析

发射控制系统常见故障主要集中在电缆连接及机箱内部电路。常见故障及排除方法见表 7-9。

表 7-9 发射控制系统常见故障及排除方法

序号	故障现象	故障原因	排　除　方　法
1	面板状态指示灯不亮或听不到两声短促的"嘟"声	自检不通过	检查电源电缆插头是否正确插入电源插座，连接是否牢固
2	未装弹艇定期检查时，电点火头不发火	无点火输出	1. 检查发控装置与综合检测仪连接是否正确； 2. 检查发控机箱保险开关是否打开； 3. 点火具插座是否连接正确和牢固

D 遥控装置故障分析

遥控装置常见故障主要集中在布控主机及装控与发控电路。常见故障及排除方法见表 7-10。

表 7-10 遥控装置常见故障及排除方法

序号	故障现象	故障原因	排除方法
1	主控机电源接通后，频道显示窗口无显示或忽亮忽暗，操控器 EL 屏不显示或亮后灭	电池电压过低	将电池组重新充电或换上充好电的备份电池组
2	主控机操控器进不了主界面	主、受控机电台不在同一频道；主控机操控器设置的受控机 ID 号有误	将主、受控机电台调整在同一频道上；校正主控机操控器设置的受控机 ID 号
3	主控机操控器 EL 屏无 GPS 信号显示	受控机所处环境有屏蔽；跟踪卫星少于 3 颗	待受控机离开有屏蔽的环境；等待跟踪卫星多于 3 颗
4	遥控遥测距离近	地形地物影响；主、受控天线馈线转接处接触不良	移动主控机天线位置（条件允许应往地势高处移动）；查天线馈线转接处连接状况，然后进行校正或更换

E 破障艇电控系统电路板结构组成及故障分析

a 电路结构分析

在轨迹控制、探障分析、发射控制等系统中，使用了大量 PCB 电路板，实现功能多样，如信号采集、运算放大以及电源控制等，但其基本组成都是相同，电路的最小单元是集成电路芯片和分立器件，集成电路分为数字集成电路和模拟集成电路。

数字集成电路是将逻辑器件和线路集成在一块芯片上，以实现数字信号的处理功能的集成电路。数字集成电路的分类方式有以下几种：按集成电路规模的大小分，按电路规模数字集成电路通常可以分为小、中、大、超大规模集成电路。通常划分标准为：小规模集成电路通常是指逻辑门个数小于 10 门（或含元件数小于 100 个）的电路；中规模集成电路通常包括逻辑门数为 100~999 门（或含元件数小于 100 个）的电路；大规模集成电路通常是指含逻辑门数位 1000~9999 门（或含元件数 1000 个到 99999 个）的电路；超大规模集成电路通常是指所含逻辑门数大于 10000 门（或含元件数大于 100000 个）的电路。

　　按数字电路实现的功能分，可分为组合逻辑电路和时序逻辑电路。组合逻辑电路包括：

　　（1）门电路：与门/与非门、或门/或非门、非门等；

　　（2）编/译码器：二进制/十进制译码器、BCD-7 端译码器等；

　　时序逻辑电路包括：

　　（1）触发器、锁存器：R-S 触发器、D 触发器、J-K 触发器等；

　　（2）计数器：二进制、十进制、N 进制计数器等；

　　（3）运算电路：加/减运算电路、奇偶校验发生器、幅值比较器等；

　　（4）时基、定时电路：单稳态电路、延时电路等；

　　（5）模拟电子开关、数据选择器；

　　（6）寄存器：基本寄存器、移位寄存器（单向、双向）；

　　（7）存储器：RAM、ROM、EPROM、Flash ROM 等；

　　（8）CPU。

　　此外，还有其他几种分类方式，按电路结构来分，可分为 TTL 型和 CMOS 型两大类数字电路的分类如图 7-2 所示。

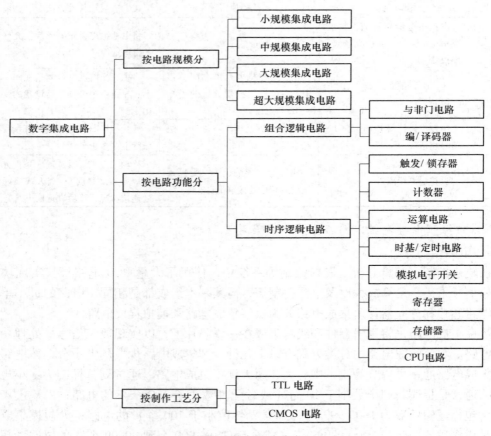

图 7-2　数字电路分类

模拟集成电路是将模拟器件组合集成在一块芯片上以实现某种逻辑信号处理功能的集成电路。常见模拟集成电路有包括运算放大器、开关电路、滤波电路、反馈电路等。

分立器件广泛应用于电子设备，可分为分立功率器件和特种器件及传感器，分立功率器件主要有半导体二极管、半导体三极管、电阻、电容等，特种器件包括压力敏感器件、磁敏器件等。

b 电路失效分析

通过对故障电路的大量维修数据进行分析，电路板的故障因素主要分为器件故障、时序故障、线路问题、程序出错，焊点虚焊，可调量值改变等，在对登陆破障艇近三年来大修中磁梯度检测机箱内各电路板的维修数据进行分析，见表7-11。

表 7-11 磁梯度检测机箱电路故障率分析 （%）

电路板	器件故障	时序故障	线路故障	程序出错	焊点虚焊
电源板	93.6	0	4.2	0	2.2
右梯度	95.1	3.6	0.1	0	1.2
右地磁	94.3	3.1	0.7	1.0	0.9
右激励	92.5	2.6	1.2	0.6	3.1
Z测量	93.1	1.8	0.3	2.7	2.1
Y测量	96.3	1.5	0	0.3	1.9
X测量	94.8	2.9	0.6	0	1.7
左梯度	92.7	3.3	0	4	0
左地磁	90.5	6.8	0.5	0.4	1.8
左激励	93.4	4.1	0.8	0.3	1.4

由以上可知，该机箱内各电路板出现的各类故障中，器件故障约占94%，时序故障约占3%，焊点虚焊约占2%，其他故障约占1%，如图7-3所示。由此进一步证明了在对电路进行维修时，通过将占故障94%的器件故障排除，即通过更换故障器件来实现电路维修的合理性。

F 器件级维修的优势

（1）节约维修成本。目前电控设备检

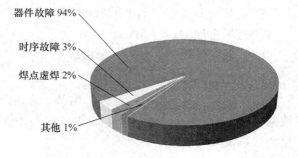

图 7-3 电路板故障分布图

修主要以返厂或更换单元的方式为主。由于厂家技术封锁等原因，维修价格昂贵。若能实现故障器件定位，通过更换故障器件进行维修，则可节约大量维修成本。

（2）提高维修效率。传统基于电路原理的维修方法，是在维修人员熟悉电路板原理的前提下进行的，对于复杂电路，维修人员需要搜集维修资料、花大量时间对电路原理进行研究，同时对维修人员专业水平有较高要求。而器件级维修将整个电路板的故障检测转化为板上器件的检测，省略了对复杂原理的分析过程，因此提高了维修效率。

（3）通用性强。电路都是由各种器件和器件之间的连接构成的，通过器件级的检测对电路故障进行定位，理论上对各种工程装备电控设备电路板都适用，因此通用性较强。

7.1.2　测试系统性能需求分析

7.1.2.1　测试系统功能需求

测试系统通过在线测试电路器件功能和分析电路节点电位特性来定位故障器件，以实现装备电控设备的器件级维修。要能实现对包括数字器件、模拟器件及分立器件等各类器件的 V-I 曲线分析测试。

A　总体功能需求

（1）通用性强。能检测大多数工程装备电控设备的包括数字、模拟以及混合等多种不同类型的电路板，其器件测试库能包含绝大部分器件的测试数据。

（2）检测速度高。能自动、快速地对器件进行检测，并得出检测结果。

（3）准确率高。能保证足够的检测准确率。

（4）具有便于用户操作的交互界面。检测时对使用人员进行操作提示，且能清晰直观地显示检测过程。

（5）能将测试过程生成记录存储、导出，方便维修人员对数据进行分析处理。

（6）应具备自检功能，具有较高的安全性和可靠性。

B　显示功能需求

为实现信息的实时有效显示，系统拟采用现今主流的 LCD 液晶显示屏。为提高系统操作简便性，在液晶屏上设置触摸屏，用于实现人机交互功能。考虑野外光线干扰及触摸操作的便捷性，屏幕尺寸拟设置为常用的 22 寸，LCD 液晶显示的功能需求包括：

（1）显示器类型：尺寸不大于 22 寸 LCD 显示器。

（2）显示分辨率：不小于 800×600。

（3）屏幕比例：4∶3。

（4）触摸屏类型：红外式触摸屏。

C　通信功能需求

测试系统上、下位机通信拟采用 PCI 的通信方式进行数据传递，考虑到测试系统传输数据较多，PCI 总线采用 32bit 传输，工作频率采用 66MHz，以保证数据的高效传输，满足测试系统高测试速度的要求。

D　接口扩展功能需求

为增加测试系统主机的可扩展性，在进行系统设计时，需要预留功能扩展接口，便于系统功能的进一步升级完善。本系统预留有 USB 接口，可根据需要进行系统升级。

E　电源模块功能需求

电源模块采用 220V 交流供电，为简化设计，采用开关电源的方式进行测试系统下位机+5V、+12V 等供电需求。

F　数据采集与处理功能需求

数据采集与处理功能是测试系统主机设计的关键，主要包括下位机数据采集及上位机数据处理。通过下位机将采集到的数据传输至上位机进行数据的分析处理，并作出故障的判断。

7.1.2.2 测试系统环境适应性

野战条件下，为了使测试系统能够达到对工程装备电控系统故障进行快速、准确检测的要求，需对测试系统的使用环境进行约束。

A 体积、重量要求

为便于野战携行，对测试系统外形尺寸进行限制，测试系统外形尺寸（长×宽×高）不大于 600mm×380mm×300mm，整机重量不大于 20kg；

B 正常工作环境要求

温度：−10～+40℃；湿度：≤90%；

C 防护要求

抗干扰性与抗振动性强。

7.1.3 测试系统总体设计思路

7.1.3.1 测试系统设计关键点分析

工程装备电控设备电路维修测试系统设计关键点主要有以下三个方面：

（1）被测器件的在线隔离。电路板上器件种类、数量较多，器件间联系紧密，在线对其中某个器件进行检测时，会受到其他器件的影响，从而影响测试的准确性。如何在加电的情况下实现器件与其他器件的隔离而不损坏器件，是测试系统设计首先要考虑的问题。

（2）不同类型器件的测试的实现。电路类型不同，测试的原理则不同，需要设计相应的测试电路。如数字器件测试的是数字量信号、模拟器件测试的是模拟量信号。数字器件测试涉及测试向量的产生、施加、采集和处理等，模拟器件测试涉及模拟测试信号的生成、处理等。

（3）器件测试库的建立。测试向量直接影响数字器件的测试故障覆盖率和测试准确率。目前中小规模数字电路可以通过电路真值表等直接编辑测试向量，大规模、超大规模电路则须通过软件仿真得出，并建立足够大的测试库。

7.1.3.2 测试基本原理分析

器件故障是指器件由于某种原因不能完成其规定功能的现象，规定功能是指器件的技术文件中明确规定的功能。对于集成电路而言，器件故障主要分为功能故障和参数故障。功能故障是指器件不能完成其技术资料规定的基本功能，如模拟开关失效、编码器不能编码等；参数故障是指器件能完成基本功能，但不能达到其规定的指标，如放大器虽能放大，但放大倍率与要求值相比出现下降，比较器阈值出现偏差等。要实现电路的器件级检测，还要兼顾检测的通用性和可靠性。

针对不同类型器件输入输出信号特点，拟采用两种基本测试功能：直接功能测试和 V-I 曲线测试。直接测试功能主要针对数字器件测试，通过夹具对器件输入端施加测试图形，采集输出响应完成测量；V-I 曲线作为功能测试的补充功能，对器件引脚以及电路节点进行测试，通过输出扫描电压，测量电流值，并直接在系统屏幕显示 V-I 曲线，通过分析曲线判断器件是否故障。

A 直接功能测试原理分析

数字器件在加电时通常会表现出三种状态特征：输入与输出的逻辑关系、管脚间的连接关系、各管脚的逻辑状态（电源、地、高阻、信号等）。发生故障时，上述三种状态特征一般会发生变化，利用这一特性可对器件进行测试。根据器件的真值表、内部逻辑图等仿真出器件状态特征进行建库，或直接从完好器件中提取状态特征参数建库，测试时从库中调用参数进行对比。具体测试流程为：系统以数字测试程序库为基础，在被测器件输入引脚强制输入测试向量，并采集输出端输出。将实际输出与库中标准输出进行比较，一致则测试通过，反之则不通过。功能测试原理如图 7-4 所示。

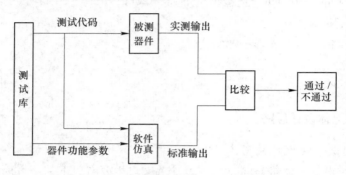

图 7-4　数字器件在线功能测试原理图

功能测试一般需具备两个条件：一是要对器件施加工作电源；二是要建立包含被测器件的测试程序库。测试中用到的测试向量，是测试过程中以并行的方式，按一定频率施加到被测器件输入端的二进制信号，为 "0"、"1" 的组合，如某器件为八输入器件，则其输入信号为 "11001010"、"11100011" 等。测试时要比较器件的输出响应和无故障响应是否一致，因此测试时还要给测试向量附加上无故障响应向量，这就是测试图形。如上面八输入器件有四位输出，对应 "11001010" 的输出为 "1010"，则按照先输入后输出的排列顺序，其输出图形为 "110010101010"。

通常器件有多个输入和输出，仅靠一条测试图形显然无法覆盖所有被测线路和节点的故障，因而需要一个包含多条测试图形的测试集才能满足需求。对于小规模集成电路，穷举法是测试图形的生成最简单的方法，但当集成电路引脚增加时，穷举法就无法满足需求了。近年来针对测试图形的生成出现了很多算法，如遗传算法、蚁群算法和粒子算法以及相关的改进型算法等，各种算法根据其不同特点用在不同的测试中，如前所述的八输入器件的测试集可以见表 7-12。

表 7-12　八输入器件测试集

序号	测试向量								测试响应			
	1	2	3	4	5	6	7	8	Y1	Y2	Y3	Y4
1	1	1	0	0	1	0	1	0	1	0	1	0
2	1	1	1	0	0	0	1	0	1	0	1	0
3	0	1	1	0	0	1	0	1	0	0	0	1
⋮				⋮						⋮		

测试向量的施加速度和读取速度通常应当保持一致，而测试向量数据一般存储在专用的存储器中，因此存储器的读取速度就成为制约测试速度的一个重要因素，工作频率也成

为测试系统测试性能的一个重要指标。

B 端口特性测试原理分析

端口特性测试是建立在模拟特征分析技术基础上的，主要是针对端口 V-I 特性的分析。电路出现故障时，通常会在相关节点的 V-I 特性上反映出来。在节点间注入一个一定幅度和频率的周期信号，并进行周期采样，多个采样点即可形成一条 V-I 特性曲线，V-I 特性曲线的形状由两节点间的阻抗特性决定，图 7-5 中的两条曲线分别为普通二极管和电阻的 V-I 特性曲线，其中二极管的 V-I 特性曲线表现为正向导通反向截止，电阻则是一条直线。

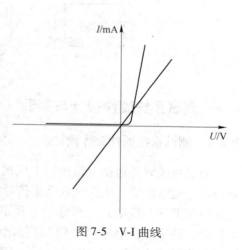

图 7-5 V-I 曲线

V-I 曲线是节点间阻抗特性的反映，在提取 V-I 曲线时必须有测试点和参考点，通常以地为参考点，也可以节点间互为参考点。V-I 曲线测试原理如图 7-6 所示，测试系统输出周期扫描电压至被测器件端口，以地为参考点分析端口 V-I 特性，内阻阻值已知，测两端电压，用公式 $I = (V_1 - V_2)/R$ 可求出电路电流，电压则可通过 V_2 测出，通过周期采样，将所有采样点连接起来即得到器件 V-I 特性曲线。

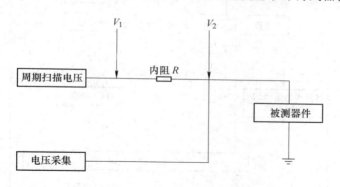

图 7-6 V-I 曲线测试原理图

V-I 曲线测试是电路故障测试的一种重要方法，该方法不用事先编写复杂的测试程序，可以直观发现器件故障，而无需考虑器件内部是功能故障还是参数故障。通常是先用好的电路进行建库，测试时将实际测试参数与库中数据进行逐一比对。该方法也能直观发现器件参数故障，如管脚漏电，输出管脚扇出能力下降等，对于晶体管、光耦、电容等器件的测试，可通过其端口 V-I 特性是否满足规定功能来判断器件好坏。

7.1.3.3 测试系统结构组成

测试系统由上位机、下位机和通讯模块组成。上位机控制下位机产生测试激励施加给被测器件，并对下位机采集到的输出信号数据进行分析处理；通讯模块由 PCI 接口板、数据转接器和电缆组成，实现上位机和下位机的通讯功能，测试信号通过测试夹传输给被测器件。测试系统总体结构如图 7-7 所示。

图 7-7　测试系统结构框图

7.2　测试系统硬件设计与实现

7.2.1　测试系统硬件总体设计

　　测试系统硬件包括上位机、下位机和电源模块三大部分。上位机由工控机、显示屏、触摸屏、键盘组成，主要完成采集信号的分析处理；下位机包括主板控制电路、分板测试电路以及 PCI 总线电路三部分，主要完成测试电源的控制输出和测试信号的产生、施加、采集等。其中主板电路包含 CPLD 控制电路、电源继电器控制电路和 6 个总线插槽。分板测试电路包括 4 块数字功能测试板、1 块 V-I 模拟测试板和 1 块继电器开关控制板，如图 7-8 所示，分板依次安插在主板插槽上，测试系统面板设置电源输出端口和测试信号输出接口，测试信号通过专用的电缆施加给待测器件。

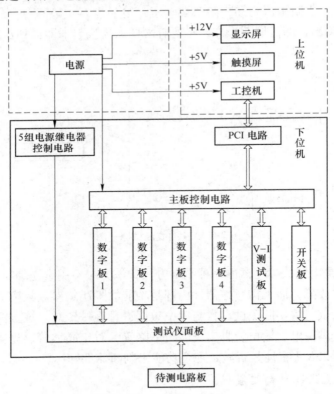

图 7-8　测试系统硬件原理图

　　系统结构采用一体化箱体结构，集成度高，便于野战条件下搬运和运输，同时箱体结构还具有很强的抗震、抗冲击功能，能有效保护系统内部电路不受损害。测试系统硬件外观如图 7-9 所示。

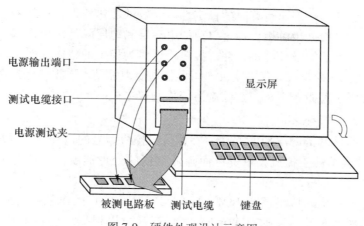

图 7-9 硬件外观设计示意图

7.2.2 上位机硬件选型与设计

上位机硬件设计的主要任务是对选用的工控机、液晶屏、触摸屏及电源模块定型，并调试这些模块正常工作。上位机硬件的选型是否正确直接关系到检测仪主机能否对下位机采集的数据进行处理并实现人机交互功能。

7.2.2.1 工控机选型

为提高系统的抗干扰性、可靠性和使用性能，设计中选用了 PCM-5351B 工控机作为系统的主控制核心单元。图 7-10 为工控机的外观图。

图 7-10 工控机的外观图

A 工控机特点

（1）低功耗：PCM-5351B 主板采用 AMD Geode LX800 低功耗芯片组设计，板载 AMD Geode LX800 500MHz 处理器。

（2）高速网络：另外网络芯片为软件提供高速以太网网络环境，使远程控制变得更加简单，而板载看门狗功能使设备变得更加智能，控制更加方便。

（3）稳定性：支持电源管理方案，采用了市场上技术成熟的电源设计方案和宽温设计的电源元器件，保证了在高速运算时的稳定性。高效的散热器很好地提升了显示芯片和附近芯片的稳定性。该板采用层板设计，单独的电源层和地层降低了电源信号间的干扰，同时各端口都进行了专门的设计处理，使工控机获得更为稳定的整体性能。

（4）强大的处理能力：运算速度快、图形处理能力强劲、数据传输速度快和优秀的稳定性设计，适合用于抛撒布雷车布雷控制系统检测仪主机。

B   工控机操作系统

工控机安装的是 Windows XPE 系统，在调研工控机型号的过程中，发现运用普通版的 Windows XP 系统会消耗工控机大量资源而降低数据的处理速度，为此在工控机中安装了 Windows XPE 系统。

Windows XPE 系统的特点：基于 Windows XP Embedded 操作系统，拥有 Windows XP 专业版的所有功能和属性，又拥有 Windows CE 产品可以根据应用需要任意裁剪的特点。系统内核小、占用系统资源少、启动速度快、系统拥有增强写保护等桌面 XP 系统所不具备的功能。Windows XP Embedded 和 Windows XP Professional 拥有相同的核心，所以它可以具备 XP Professional 的所有功能及应用软件的兼容性。Windows XP Embedded 拥有比 Windows XP Professional 更高的系统自身保护功能。

C   工控机使用

利用电源模块给工控机提供+5V 直流电源。工控机背面有 CF 卡接口，接入 8G 容量的高速 CF 卡作为工控机的硬盘；利用工控机上的 RS-232 串口与下位机进行串行通信；利用工控机上的 USB2.0 端口与触摸屏进行通信。

7.2.2.2   液晶屏及触摸屏选型

布雷控制系统检测结果中既有数字信息，也有图像信息，在现场检测时，必须考虑到光线等其他干扰因素，以保证检测诊断结果的有效显示，因此选用了 LG 10.4 寸液晶屏。

抛撒布雷车的检测维修现场环境比较恶劣，干扰源也比较多。项目组经反复研究比较，选用了四线电阻式触摸屏，该触摸屏具有耐污、耐腐性强、操作方便等特点，较好地解决了检测仪的现场使用问题。

7.2.2.3   上位机硬件实现

通过对工控机、液晶屏及触摸屏的选型调试，实现上位机硬件的设计。工控机在启动后运行 Windows XPE 系统，通过 RS-232 串行总线与下位机进行数据交互；液晶屏启动实现显示功能；触摸屏通过 USB 总线与工控机实现交互。至此，上位机硬件能够稳定读取下位机采集处理后的数据，实现了检测仪主机人机交互功能。

7.2.3   下位机硬件研制与实现

7.2.3.1   CPLD 器件及外围电路设计

CPLD 是下位机核心，负责对器件的测试过程进行控制，包括测试信号的读取、施加、采集等，系统对 CPLD 处理电路、时钟电路和复位电路进行了设计。

A   CPLD 电路设计

a   芯片选型

由于工程装备作业环境复杂，因此下位机 CPLD 必须具有较高的稳定性和可靠性，测试系统总线信号共 32 路，基于以上需求，选择 Altera 公司 MAX7000 系列的 EPM7128E 芯片。该型号 CPLD 芯片是 Altera 公司具备高性能、低功耗特点产品之一，采用当前先进的 CMOS EEPROM 工艺，集成度更高、性能更可靠，功耗更低，在功率节省模式下工作时，其功耗可降低到原来的一半或更低。该型号 CPLD 特点概括如下：

（1）系统配置。芯片在结构上包含了 32~256 个宏单元。每 16 个宏单元组成一个逻辑阵列块。每个宏单元有一个可编程的与阵和一个固定的或阵，以及一个寄存器，每个宏单元可使用可共享扩展乘积项和高速并行扩展乘积项，因此能构成复杂的逻辑函数。

（2）电源供电。该芯片采用 3.3V 或 5V 的 I/O 供电电平。采用专门的电源模块供电，支持低功耗模式下运行，当系统未使用低功耗模式时，切断电源以保存电源电量。

（3）I/O 扩展。该芯片支持共享和并联扩展乘积项，能直接送到各个逻辑阵列块从而可以实现各种复杂的逻辑函数。在进行逻辑综合时，并联扩展乘积项能有效节约 CPLD 逻辑资源，从而更加高效地完成逻辑控制。同时，该芯片还具备标准 JTAG 接口，采用最新的 MAX 结构，支持 ISP 功能等。

b　CPLD 处理电路的设计与实现

综上，本系统选用的 EPM7128E 芯片，其封装形式有三种形式，即 144 针 TQFP 封装、256 针的 BGA 封装以及微型 BGA 封装，考虑到后两者焊接工艺要求较高，因此选择 TPQP 封装。测试系统处理信号较多，程序要占用较多的逻辑单元，系统在设计时，对其逻辑进行了设计，对测试信号的产生、测试向量的写入和读取，以及向量的格式化编码进行了设计，本设计中 CPLD 电路原理如图 7-11 所示。

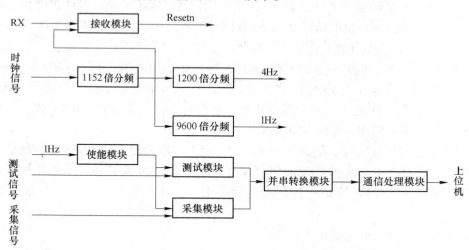

图 7-11　CPLD 功能示意图

B　时钟电路

时钟电路的主要为 CPLD 提供时钟信号，系统波特率设定为 9600b/s。系统采用固有频率为 11.0592MHz 的时钟芯片，因此要经过 1152 倍的分频才能得到系统要求的波特率。

时钟电路原理如图 7-12 所示，芯片 2 号为接地引脚；4 号为电源引脚，接 +3.3V 电源；3 号引脚输出时钟信号。为防止干扰，提高信号精度，在电源与地之间配置 1 个

100pF 电容进行滤波处理。

C　复位电路

复位电路主要完成测试过程中数据的缓存清空，以及防止程序出现跑飞现象。测试系统在上电时，系统对残余测试数据进行清空，主要采用的是 RC 复位电路。

本系统的 RC 复位电路原理如图 7-13 所示。上电复位通过典型 RC 电路进行复位，RC 电路的响应时间由 $T=2\pi RC$ 求得，其中 $R=20\text{k}\Omega$，$C=10\mu\text{F}$，则有 $T=2\pi\times20\text{k}\Omega\times10\mu\text{F}\approx1.25\text{s}$，满足复位要求。

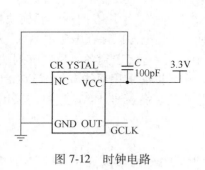

图 7-12　时钟电路　　　　　　　　　　图 7-13　复位电路原理图

7.2.3.2　分板控制电路设计

上位机软件根据被测器件类型、型号等信息决定相应测试模块完成测试，分板控制电路实现各分板功能测试模块电路的选通。

分板控制电路主要通过译码芯片产生选通控制信号，输出控制电源输出电路、数字激励产生电路、模拟信号产生电路以及模数/数模转换电路的选通。本测试系统至少需要产生 32 路控制信号，考虑当前译码芯片的限制，设计两个译码器并联实现，每个芯片实现 16 路，共 32 路刚好达到测试系统控制信号译出需求。选用常用 74LS154 芯片，该芯片能将 4 个二进制编码输入译为 16 个彼此独立的输出，输入端钳位二极管简化了系统设计，且与大部分 TTL 和 DTL 电路完全兼容，其最大电源电压 7V，最大输入电压 7V，工作温度 $-65\sim150$℃，能满足测试系统的使用需求。

分板选通控制信号实现电路如图 7-14 所示，经总线收发器驱动后的 8 位控制信号通过 2 个 74LS154 译码器共实现 32 路选通信号输出，非门 74LS04 实现对两个芯片控制。选通信号连接各功能模块输入的锁存控制电路使能端，从而控制了各个测试分板及模块的选通。

7.2.3.3　电源输出控制电路设计

测试系统在对器件测试时，需要对其施加电源，如大部分数字器件工作电源在 ±5V，而一些模拟器件，如放大器测试时可以根据需要采用多种幅值电源，本测试系统为设计方便，同时在不影响测试结果的前提下，采用了常用幅值电源 3.3V、±5V、±12V 来代替多幅值电源电压，为保证系统安全性，还对电源输出进行控制，只有在测试时才输出。

测试系统外接 220V 交流供电，采用通用的开关电源实现以上 5 种幅值电源的输出以及系统其他模块的供电，大大简化了系统的电源模块设计。通过软件控制继电器实现对电源输出的控制。开关电源选用艾硕 430 电源，该电源峰值功率 450W，额定功率 320W 以

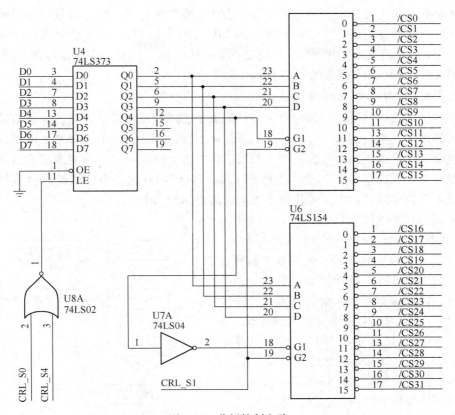

图 7-14 分板控制电路

上，交流输入电压 180~264V，电压输出为+12V、−12V、+5V、−5V、+3.3V，能满足系统功率及输出电压幅值需求，且具有智能温控静音、输出稳定、可靠性强的特点。

图 7-15 所示为继电器控制+5V 电源输出电路，图中继电器的+5V 输入电压即来自开关电源，控制继电器通断的控制信号由或非门产生，或非门输入均为低电平时，其输出为高电平，此时继电器为断开状态，反之，或非门任一输入为高电平，即可置继电器为导通

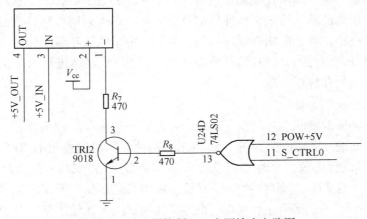

图 7-15 继电器控制+5V 电源输出电路图

状态。驱动控制继电器通断。继电器采用 AQZ262 光电继电器，能有效进行信号隔离，避免造成干扰，且该继电器为小型化扁平 4 脚 SIL 型高容量 PhotoMOS 继电器，能简化线路的布置，平均导通电阻仅 0.036Ω，平均复位时间 0.32ms，因此小模拟信号即可进行控制，其他幅值测试电源也采用相同办法控制输出。

7.2.3.4　数字功能测试模块设计

数字器件的功能测试主要是对数字器件的真值表进行逻辑验证，测试系统对数字器件输入管脚施加一定激励信号，检测输出是否与标准输出一致。当前工程装备电路板采用了功能更复杂、集成度更高、管脚数更多的数字器件，为保证测试系统的测试覆盖率，在满足破障艇相关测试的基础上，设计其测试管脚最多达到 80 路。测试系统提供多种测试频率以满足不同数字器件的不同工作频率需求，最高达到 75kHz。

数字板原理框图如图 7-16 所示，应用 CPLD 芯片技术结合多通道分时复用的思想，在标准总线上集成实现 20 路通道的功能检测。图中测试信号通过总线缓冲器驱动，和滤波调理后通过继电器施加给被测器件，继电器采用的是 S1A05D 干簧管常开继电器，供电电压 5V，每块数字板共有这种继电器 20 个，PLD（GAL20V8B）输出高低电平控制继电器通断。器件输出信号经采集后由逻辑比较器与标准值进行对比，返回数据经锁存器由总线传输给计算机处理，PLD（GAL16V8B）控制锁存器，与信号施加进

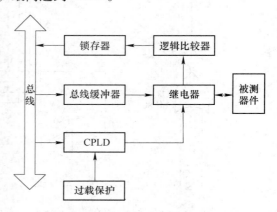

图 7-16　数字功能测试电路原理框图

程协同工作，完成测试数据的施加和输出响应的采集，此外，该电路还设计了电路的自检功能和负载过载自我保护功能。数字功能测试电路各部分的具体实现分别介绍如下。

A　数字信号输出电路

数字信号输出电路的主要功能，是进行数字测试信号的施加和控制，如图 7-17 所示，输出电路对被测芯片输入端施加的测试信号，由数据缓冲器 74ACT244 驱动产生。为使测试信号强度达到引脚的输入要求，缓冲器信号输入输出端均采用双路并联的方式。输出端连接二极管保护电路，保证电压在规定幅值，为防止由于电压和温度的变化引起电路电流急剧变化损坏器件，保持测试信号的频率稳定性，增加 LC 网络进行大电流缓冲，测试信号通过继电器施加到器件输入端。

B　数字信号采集电路

数据采集电路读取被测芯片的输出响应，并与系统仿真标准输出比较，将比较输出上传至 CPLD 进行处理。实现电路如图 7-18 所示，器件实际测试输出的 REL 信号分别与系统标准 COM 信号进行比较，分时复用设计可以实现多路信号的处理。设计时考虑功耗、比较精度以及可以与 TTL、CMOS 兼容等因素，采用双电压比较器 LM339 控制输出信号。LM339 输出与 74LS373 数据锁存器相连，由 CPLD 控制读入比较数据，其他没用引脚全部接地。为保证锁存器能接收到比较器数据，在比较器输出端增加 10kΩ 上拉电阻。

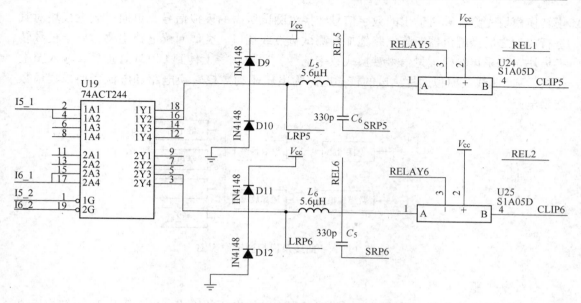

图 7-17 驱动控制电路

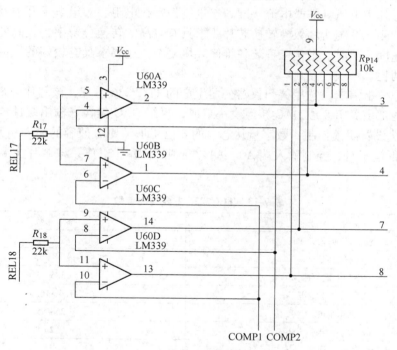

图 7-18 LM339 比较输出电路

7.2.3.5 V-I 曲线测试模块设计

根据 7.1.3.2 节对测试基本原理的分析，V-I 曲线模拟通道测试电路主要基于端口 V-I 特性分析以实现集成电路的 V-I 曲线分析功能，以及对其他模拟器件和三端器件的故障检测功能。原理框图如图 7-19 所示，测试时需给被测器件施加扫描电压，因此设计一个数模转换模块先将计算机输出的数字信号转换为测试所需的模拟信号，再通过放大模块对其进行放大之后经继电器矩阵电路施加到测试节点或端口。类似回读电路主要为一个模数转换模块，将采集的模拟量信号转换成数字信号，通过总线上传到 CPLD 处理后，输入至上位机。V-I 曲线及模拟通道测试的核心电路为电压驱动数模转换电路和电流变换采集模数转换电路。

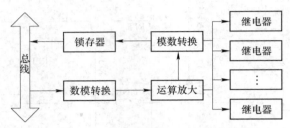

图 7-19　V-I 曲线及模拟通道原理图

A　电压驱动电路

电压驱动数模转换电路完成 V-I 测试过程中阶梯电压的输出。电路采用 D/A 转换模块完成数字量到模拟量的转换，再经滤波放大施加给器件。D/A 转换芯片是电路核心，基本的数模转换芯片由电压基准或电流基准、二进制精密权电阻、一组电子开关及权电流求和电路构成，本测试系统所用数模转换芯片要求具有较高的转换分辨率、较高的转换精度和较快的转换速度，同时，由于工程装备维修环境复杂，还要求具有较好的温度稳定性，尽量具备较低功耗。

综合考虑以上需求，选用德州仪器公司生产的 TLC7226 芯片，该芯片为 8 位并行数模转换芯片，内部由 4 组 8 位 DAC 转换模块组成，每组 DAC 包含了输出缓冲放大器，每组 DAC 转换模块设置闭锁控制，数字量从芯片的 8 位 TTL/CMOS 兼容的输入端 DB0~DB1 输入，/WR 为低电平时，控制输入端 A0、A1 决定哪个 DAC 工作，该芯片主要性能参数见表 7-13。

表 7-13　TLC7226 主要性能参数

性　　　能	参　　　数
最高转换速度/MHz	50
分辨率/bit	8
VSS 电压范围/V	−5.5~0
VDD 的电压范围/V	11.4~16.5
工作温度/℃	−25~85
最大增益误差/LSB	0.25
积分线性误差/LSB	±1

电压驱动数模转换电路实现如图 7-20 所示，数模芯片电源电压由稳压器 MC7905T 提供，VDD=12V，VSS=−5V，VGND=+5V，DGND 接地，参考电压 REF 由 MC7805T 提供，REF=+5V。稳压电源在接入芯片电压输入管脚之前，为防止电源纹波对数模转换的干扰，采用并接两个接地电容的方式进行滤波处理。

由于测试信号是有正负的扫描电压，因此 TLC7226 和运算放大器 OPA551 组成单极性

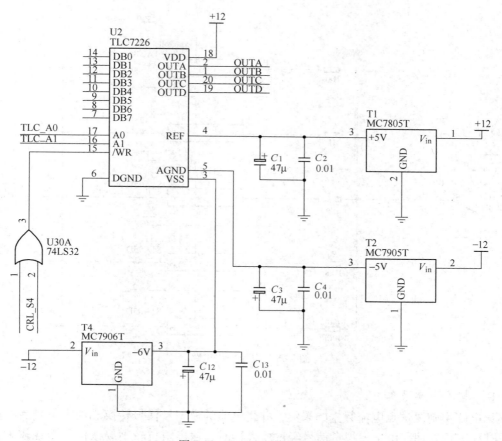

图 7-20　TLC7226 接线电路

输出，通过改变基准电压 V_{ref} 属性来实现电压的双极性输出，如图 7-21 所示，转换芯片数字输入端数字量信号为 0 时，其输出电压为正；数字量信号为 1 时，运算放大器 U5 的输出电压经电压跟随器 U6 输出，使输出电压为负。V-I 扫描电压通过继电器控制电路施加给被测器件，其电路如图 7-22 所示。

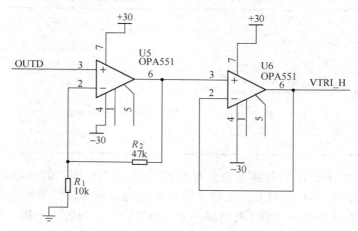

图 7-21　双极性输出电路

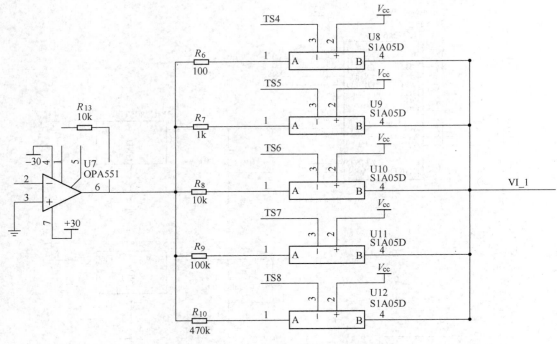

图 7-22　电压输出电路

B　电流变换采集电路

该电路实施测试点电流数据的采集，并将电流的模拟量信号转换成数字信号后，上传到 CPLD 进行处理。由于模拟量信号经过放大器时，输出阻抗较高导致信号损耗较大，因此设置差分放大电路 LM343 对测试点进行电压跟随，将电流值转换为模数转换电路可以处理的电压量。电路核心器件模数转换芯片，应考虑系统采样速率、采样精度、器件温度范围以及器件功耗等方面，本设计中选用 TEXAS INSTRUMENTS 公司的 8 位 A/D 转换芯片 TLC0820 作为电流变换采集 A/D 电路的核心芯片，主要性能参数见表 7-14。

表 7-14　TLC0820 主要性能参数

性　　能	参　　数
转换时间/μs	100
供电电压/V	5
供电电流	直流
功耗/mW	100
工作温度/℃	−40～+85
调整误差/LSB	±0.5

图 7-23 为本系统设计的电流变换采集硬件电路中 TLC0820 的接线电路，参考电压 REF+及电源 V_{cc} 接+8V 电压，REF−接地，采集的电流信号由芯片模拟信号输入引脚 AIN 引脚单端输入，在转换时钟控制下并行输出 8 为数字信号。为防止干扰，电压采用稳压块 MC7808T 控制，并设滤波电容。

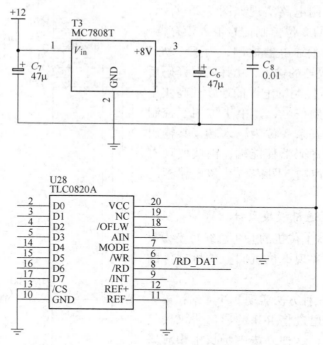

图 7-23　TLC0820 接线电路

7.2.3.6　继电器开关控制模块设计

开关控制电路实现向 80 及以下管脚器件的各个管脚施加并采集信号，提供给电流变换采集模数转换电路，以实现 V-I 曲线分析功能。设计的最大可测试引脚为 80 路，每一路需要一个继电器控制测试信号的通断，则需要 80 个继电器和 80 路信号传输通道，若采用 80 路信号直接传输，则要占用大量的硬件资源，且要生成 80 路控制信号也是难以完成的，因此考虑采用译码器来实现，用较少的资源即可实现多路控制信号的输出。

继电器开关控制电路的原理如图 7-24 所示，译码器 74LS154 为 4 输入 16 输出译码器，其 16 位输出信号相应控制 16 个继电器，相同的译码器共 5 个，能实现 80 个继电器控制，因此电路能实现最大 80 路引脚的集成芯片测试。译码器 74LS138 为 3 输入 8 输出译码器，其输出用于控制 5 个 74LS154 芯片的选通。

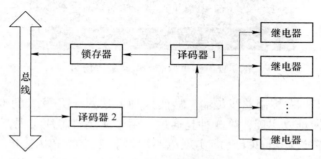

图 7-24　开关板原理框图

　　继电器开关控制电路实现如图 7-25 所示，左图为上一级生成的 8 位控制信号输入锁存器，其中低 4 位信号用于继电器控制，为下一级 5 个并联 4~16 位译码器的输入，由译码器译码后产生最大 80 路信号控制继电器的通断，高 4 位为译码器使能端控制信号，其中 1 位用于控制该译码器使能端，其余 3 位为输入端，其输出用于控制 5 个并联译码器使能端，由此实现对每个继电器通路的控制。图 7-26 为该电路板的实物图。

7.2.3.7　PCI 通讯模块设计

　　PCI 接口电路将上位机的 PCI 总线转换为下位机的本地总线，实现下位机同上位机软件的通信。

　　目前，通常有三种方法实现 PCI 通信：第一种方法是设计人员通过将 PCI 的通信协议栈集成到专用电路实现，这种方法由于技术相对成熟，因此被许多大型批量生产设备的企业所使用，但是这种方式需要通过购买 PCI 的 IP 宏来实现，对普通开发者来说，开发成本太高；第 2 种方法是设计人员自己实现 PCI 的总线接口控

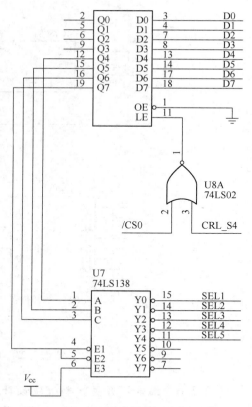

图 7-25　继电器控制信号产生电路

图 7-26　继电器阵列电路板实物图

制，通过 CPLD 或 FPGA 控制总线传输。显然这种方法对于开发者的专业素质要求较高，且开发难度大，短期难以实现；第 3 种是通过专用 PCI 接口芯片实现，开发人员无需深入了解 PCI 规范，只需设计出 PCI 功能实现电路即可。专业的 PCI 接口芯片产品有 PLX 公司的 PCI9052、PCI9054 等和 AMCC 公司的 S5933、S5920、S5930 等。

　　考虑到开发难度及成本问题，在本设计中采用第 3 种方法实现系统的 PCI 通讯，设计

时先对 PCI 芯片进行选型，再根据系统通讯功能需求设计了 PCI 接口电路。

A PCI 芯片选型

由 7.1.2 小节测试系统的功能要求及战技术指标分析，本测试系统上位机与下位机数据传输要求 32 位的数据宽度，并具有计算机通用接口和与下位机实现并口连接。系统使用的 PCI 总线须达到设计的系统测试速度，传输速率不小于 120Mb/s，为节约系统资源，采用地址数据分时复用的方式进行传输，支持即插即用且方便将 PCI 总线转换成其他总线使用的 16 位总线，此外，为提高设计效率，减少设计难度和工作量，被选择芯片还应方便设计者根据自身需求选择合适传输方式，基于以上需求，系统采用 AMCC 公司推出 S5920 作为本系统中 PCI 卡接口芯片。该芯片的特点主要有：

（1）最高传输速率达 132Mb/s。

（2）带 4 个集成 32b 读写 FIFO 直通通道。

（3）支持即插即用功能。

（4）可将复杂的 PCI 总线转换成易于使用的 8/16/32 位用户总线。支持信箱和直通通道两种传输方式。

S5920 目前已经在市场上得到了广泛的运用，性能稳定，且能与 ISA 总线信号相兼容，这个特性可应用于本系统中 PCI 与下位机 ISA 总线的兼容传输，在传输速度和带宽上也能满足本系统的需求。综上，选择 S5920 芯片作为本系统的 PCI 总线芯片。

B PCI 电路设计

S5920 芯片该芯片内部提供 3 个物理接口：PCI 总线接口、外加直线接口和非易失性随机访问存储接口。该芯片还可通过设置相关寄存器的值来对芯片进行初始化，通过内部的信箱寄存器、FIFO 寄存器或者直通寄存器实现 PCI 总线与外部设备的数据传输。S5920 的信号引脚图如图 7-27 所示，芯片采用的是地址/数据信号复用的总线结构，使用较少的信号数量便可完成接口控制，仲裁以及系统功能。

在本设计中，一共用到了 51 个信号，利用 S5920 的一个直通通道实现总线数据传输，表 7-15 列出了设计中用到的引脚，在所有用到的引脚信号中，除 RST#和 INTA#外的信号都是在时钟上升沿处进行采样。

表 7-15 设备所需部分 PCI 引脚及功能

信号名称	类型	功　　能
AD [31; 0]	t/s	地址/数据复用，地址和数据信号在总线引脚分时复用
C/BE [3; 0] #	in	命令/字节使能，总线控制和字节使能信号在相同引脚分时复用
PAR	t/s	奇偶校验，对总线地址/数据和命令/字节使能信号进行奇偶校验
PCLK	in	PCI 时钟，S5920 时钟信号最大频率 33MHz
RST#	in	PCI 复位，将 PCI 置于初始位
PERR#	s/t/s	奇偶校验错误信号
REQ#	out	请求信号，主控设备请求总线控制权
SERR#	s/t/s	系统错误信号，指出地址数据校验错误和其他系统错误
GNT#	t/s	认可信号，允许设备控制总线
DEVSEL#	s/t/s	设备选择信号，由译码和识别总线地址的目标设备驱动
IDSEL	in	初始化设备选择信号

信号名称	类型	功　能
INTA#	o/d	中断信号
FRAME#	s/t/s	总线传输操作起始/终止信号
IRDY#	s/t/s	主控设备初始化准备完毕信号，指示主控设备准备好传输数据
STOP#	s/t/s	停止信号，目标设备请求停止传输
PTMODE	in	直通通道模式，设置直通数据通道模式
TRDY	s/t/s	目标设备初始化准备完毕信号，指示目标设备准备好接收数据
PTATN#	out	直通通道注意信号，发送一个译码的 PCI 至直通通道局部总线
PTBURST#	out	直通脉冲信号
PTRDY#/WAIT#	in	直通通道准备完毕/等待信号
PTNUM [1; 0]	out	直通通道序号，用于识别 4 个通道中正在使用的通道
PTBE [3; 0]	out	直通通道位使能信号
PTADR#	t/s	直通通道地址信号
PTWR	out	直通通道写信号
DXFER#	out	ACTIVE 传递完成信号
SCL	o/d	串行时钟信号
SDA	o/d	串行数据/地址信号

　　总线电路主要由 PCI 芯片和可编程逻辑器件组成，本系统可编程逻辑器件芯片采用 XILIMX 公司生产的 XC9572 芯片，该芯片与同类芯片相比具有较高性能优势，内部包含宏单元、I/O 单元和可编程内部连线三种单元，具有低功耗模式能大大降低器件功耗，系统时钟速度高，提升到了 125MHz，可用来产生本系统中下位机总线的各种控制信号，还能完成对上位机地址信号的译码和数据信号的锁存和缓冲。

　　图 7-27 为本系统接口设计功能框图，该接口扩展卡主要的对外接口控制信号包括选通、读、写、外设和中断请求等。同时，考虑到测试系统下位机传输速度的要求，必须在下位机准备好时才能开始数据传输，因此设置为被动工作模式，置 PTMODE 为高电平，MODE 信号是多路复用信号，这里使用多路复用功能，需要上拉 10kΩ 的电阻至 3.3V 电源，边界扫描功能不使用，引脚 TRST 应该接地。配置存储器采用静态 RAM 芯片 IS61C1024，以便于芯片配置信息的存储以及在设备复位时进行加载，PCI5920 的信号线 SCL 和 SDA 专门用于 RAM 的连接。

7.2.3.8　硬件实现

　　为满足装备维修设备便携性、可靠性地需求，系统硬件为一体式箱体结构，主要由箱体和盖板构成。硬件主体采用加固式高强度铝合金结构，表面进行硬阳极氧化处理，覆以 EMI/RF 保护层，机箱四角、键盘四角设置减震橡胶垫，机箱内部硬盘设置减震橡胶圈，所有板卡设置禁锢用防震压条，以满足在维修车间、工作现场或严酷的野战条件下等多种场合的抗震、抗冲击要求；内部采用板卡紧密式插接结构，与机内的微电脑连接采用 PCI 扩展插槽。配以必要的冷却风扇，配置一个 80mm×80mm 冷却风扇对测试系统进行内部散热；箱体外部主要由电源接口、测试面板和显示终端构成。电源采用 220V 交流供电，测试面板考虑适应不同器件的测试需求，配以测试电源端子、测试信号端子及测试夹插座

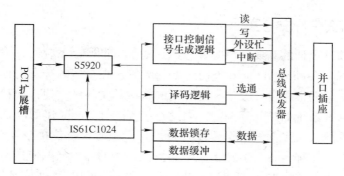

图 7-27 PCI 接口设计原理框图

等，电源端子由+3.3V、+12V、-12V、+5V、-5V 以及接地端子组成，测试信号端子主要用于 V-I 探棒测试电压的输出，测试夹插座用来插接测试电缆和测试夹连接测试器件，实现测试施加和响应的采集通道。显示终端采用 22 寸触摸显示屏，以使测试结果能有效显示和测试软件能便捷触摸操作；盖板采用两块分板折叠设计，上面板集成操作键盘，盖板打开时可以将一块板折叠放置，可有效增加维修人员操作面积，并方便其利用键盘操作。装配如图 7-28 所示，硬件实现效果如图 7-29 所示。

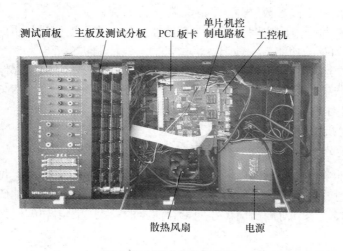

图 7-28 测试系统装配图

图 7-29 测试系统效果图

7.3　测试系统软件开发与实现

在选择系统软件设计的开发环境时，考虑到基于 Windows 系统的开发环境有很多，常用的有微软的 Visual Studio，Borland 公司的 Delphi 等。在众多的开发工具中，Visual Studio 平台结合了面向对象的程序设计方法和可视化的软件开发环境，使得设计人员更易实现对计算机的硬件及软件系统的访问和控制。因此选择 Visual Studio 作为测试系统上位机软件的编程环境，对系统人机界面及测试模块进行设计。检测仪下位机设计在 Quartus II 软件平台上应用 VHDL 文本输入设计方法实现电路测试信号的输出与响应的采集。同时，测试系统利用数据库管理系统主要管理测试结果信息，便于用户对测试信息进行查询和整理，Access 能够满足系统的数据规模要求，且其可视化操作环境方便数据库的建立，因此选择 Access 作为系统软件的数据库开发工具。

7.3.1　下位机软件开发与实现

7.3.1.1　下位机软件功能要求分析

下位机软件模块处于系统软件的最下层，主要是指 CPLD 中的程序，它是硬件系统的控制核心，下位机软件的功能需求如下：

（1）接收上位机测试参数，写入、读取测试向量存储器功能。

（2）将采集信号通过编码写入、读取存储器，并上传至上位机分析的功能。

（3）对 PCI 的驱动功能，实现上、下位机的总线传输功能。

下位机设计中运用了 CPLD 进行逻辑控制，包括测试向量在向量存储器的写入、读出逻辑，以及测试结果的采集和存储，都是在 CPLD 的控制下完成的。本文运用 VHDL 语言在 Quartus II 平台对 CPLD 的控制程序进行了开发。

7.3.1.2　测试信号生成逻辑设计

A　测试向量读写逻辑设计

数字器件功能测试需要对器件输入测试向量。测试向量首先要从上位机下载并写入向量存储器，测试时，在 CPLD 的控制下从存储器中读出，经过格式化编码为测试信号施加给被测器件输入端。本节对测试向量在向量存储器的写入、读出和编码过程的逻辑控制进行了设计。

a　存储器写逻辑设计

存储器写逻辑的时序仿真如图 7-30 所示。

WORKSTATE：写入控制切换，高电平时由 CPLD 控制，低电平时由上位机控制操作；

PCWORKSTATEW：写入状态选择，低电平有效；

CE：存储器片选信号，低电平有效；

ADDRAM：存储器输入地址；

DATA：存储器要存入的数据信息；

S_WE：存储器写操作的选择控制信号，低电平有效；

RAM_DATA：输出到存储器的数据；

RAM_CE：存储器的片选信号；

RAM_DA：输出到存储器的地址。

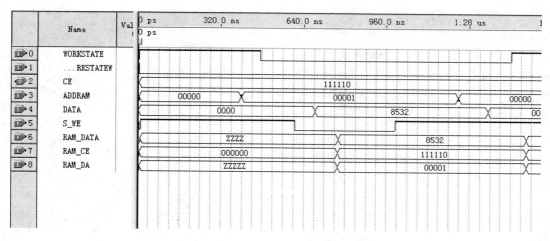

图 7-30 测试向量写入时序仿真波形

控制存储器写入数据的一个完整流程如图 7-31 所示。

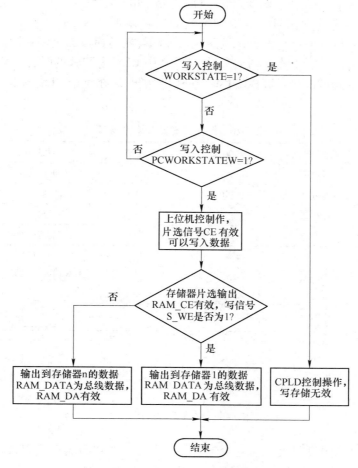

图 7-31 向量写入存储器流程图

b　存储器读逻辑设计

向量写入存储器之后，测试时 CPLD 将自动控制读出向量，经过格式化编码之后施加到被测器件。读取向量的读信号 BUS_RD 信号有效的情况下，输出数据由地址信号 BUS_AD 的输入地址信息控制读取，具体流程如图 7-32 所示。

B　格式化编码逻辑设计

存储器中读出的数据要经过译码、格式化编码，转换成器件管脚能够捕捉的测试信号后，才能进行测试。

a　向量译码逻辑

见表 7-16，器件管脚的输入输出各有 4 种状态。将测试向量译码转换成相应的二进制代码，通过驱动器和比较器的控制，实现测试信号施加和采集。

测试时在上位机软件界面中设置被测器件型号、引脚信息，系统将相应引脚的输入信号经过译码后，以二进制的形式存储在测试向量存储器中。以数字逻辑门电路 7400 为例，该芯片输入输出均为数字信号，其引脚 1 上的信号输入，首先由上位机对其测试信号进行设置，按照表的编码规则转换成二进制编码向量，存入向量存储器。译码的时序逻辑仿真如图 7-33 所示，其中 CLK 为测试的时钟，V-TEST 为引脚 1 测试信号译码后的测试向量。数模转换时钟 SCLK 的时钟在每个 CLK 的上升沿到来时被编译为二进制代码。

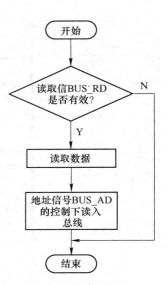

图 7-32　向量存储器
读取流程图

表 7-16　器件管脚输入输出编码

输入	状态	编码	输出	状态	编码
0	低电平	000	L	低电平	100
1	高电平	001	H	高电平	101
X	任意值	010	V	无效	110
Y	任意值	011	Z	高阻	111

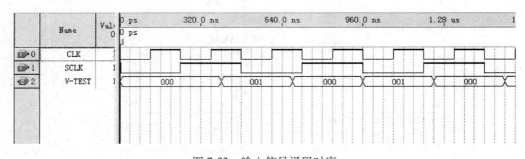

图 7-33　输入信号译码时序

同理，器件的输出响应也要经过译码转换，以二进制代码的形式存入存储器中。如图 7-34 所示。EN_IO 为输入输出状态转换，EN_IO = 1 表示器件输入，反之表示输出。当

EN_IO=0 时,即信号输出状态下,在采集时钟 CLK 的上升沿到来时,将输入信号 BUSY 编译为二进制代码向量。

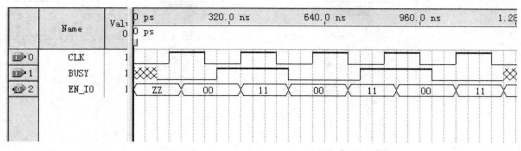

图 7-34 输出信号译码时序

b 格式化编码

测试时,系统从向量存储器中取出测试向量,在输入被测器件引脚之前,先经格式化编码转化为高低电平信号。测试向量在时钟上升沿到来时进行格式化输出。常用的编码方式有归零编码(RZ)、不归零编码(NRZ)、延迟不归零编码(DNRZ)、归一编码(RO)和补码环绕编码(SBC),测试向量编码时,根据不同的需要选择不同的编码方式,如上升沿有效信号一般采用归零编码,下降沿有效信号通常采用归一编码等。本设计对测试向量进行格式化编码,通过总线数据选择编码方式,各编码方式对应的总线代码见表 7-17。

表 7-17 编码方式对应总线代码

编码方式	总线代码
RZ	000
NRZ	001
DNRZ	010
RO	011
SBC	100

在格式化编码启动时钟上升沿到来之前,每一种编码进行初始化编码设置;当启动沿到来之后,开始格式化编码过程,输出的测试信号随着测试向量的变化而变化;当时钟返回沿到来之后,除 DNRZ 和 NRZ 不会发生变化之外,其他编码方式都进行取反操作。

7.3.1.3 测试输出采集逻辑设计

数字信号采集逻辑设计主要实现对器件输出的采集,并将采集到的电平信号转换成二进制代码存入存储器中。

A 采集信号逻辑设计

输出信号采集逻辑主要控制被测器件输出信号的采集。测试系统完成测试信号的施加之后,进入器件输出信号的采集过程,将采集到的输出存储在相应存储器中,等待上位机进行读取。输出采集逻辑时序如图 7-35 所示,采集控制信号 QC_DATA 处于上升沿时对引脚输出的高低电平信号进行采集,即图中的 QH 和 QL 的输出,pin_Q 为输出采集信号,当被测器件的输出信号为无效状态时,系统开始数据的采集操作。

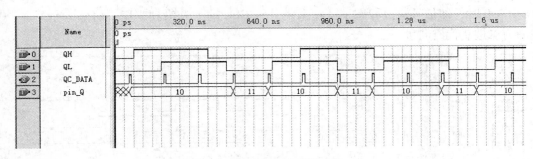

图 7-35 信号采集逻辑时序

B 采集信号存储器读写逻辑设计

a 存储器写逻辑设计

系统采集的数据在存入存储器之前，需进行二进制编码，由表 7-16 可知，器件的输出有低电平（L）、高电平（H）、高阻态（Z）和无效（V）四种状态，分别对其进行二进制编码，见表 7-18。

表 7-18 采集信号的二进制编码

采集输出	编 码
高电平（H）	00
低电平（L）	01
高阻态（Z）	10
无 效（V）	11

采集信号存入存储器的读入逻辑过程与测试信号写入测试向量存储器的过程类似，如图 7-36 所示。

b 存储器读逻辑设计

写入存储器的采集信号要被上位机读取，并在上位机进行分析处理，以完成一个完整的测试过程。读取采集信号的时序波形如图 7-37 所示，图中 WORKSTATE 信号和测试向量的写入定义相同，是写入的控制切换电路，高电平时由 CPLD 控制，读取无效，低电平时上位机控制读取数据；PCWORKSTAGER 为读取使能信号，高电平有效；CE 为存储器片选信号，低电平有效；RAM_DATA 为读取的数据信息；ADD 为存储器地址；RAM_CE 表示输出片选信号，低电平有效；RAM_DA 表示输出地址信号；RD 表示捕捉存储器选择信号，低电平有效；DATA 表示输出数据信息。

采集信号的读取流程如图 7-38 所示。

7.3.1.4 PCI 驱动设计

PCI 设备驱动程序的基本功能是建立 PCI 与计算机的

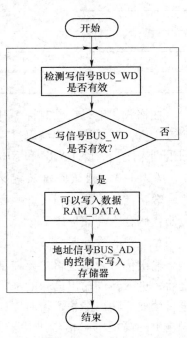

图 7-36 采集信号写入流程图

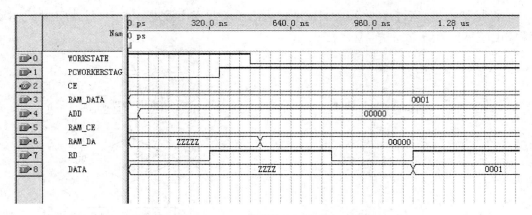

图 7-37 存储器读逻辑时序

正确联系，通过设定一定的配置和控制，保证 PCI 与计算机之间能相互访问，以完成正确的通讯与控制。设计前要对 PCI 所控制的硬件设备的信息进行分析，本系统中，控制的下位机采用 ISA 总线结构，通过 I/O 口进行数据传输，即通过 CPU 的 IN/OUT 指令进行数据读写。驱动程序的设计主要包括设备初始化、端口读写操作、终端设置、响应和调用以及对内存的直接读写等。系统使用专用的驱动编写软件 WinDriver 编写设备 PCI 驱动。

A 驱动程序设计

首先由 WinDriverWizard 代码生成器为 S5920 生成基本的驱动程序框架，该框架中包含了许多访问 PCI 总线的例程，如扫描 PCI 总线的例程、创建设备文件句柄例程、PCI 硬件设备信息获取例程、物理内存读写例程以及中断管理例程等，Windrvr 各例程如图 7-39 所示。

驱动框架的工作流程如下：

（1）总线扫描例程获得 PCI 硬件设备的类型、编号、功能号。

（2）将以上三个参数输入给硬件信息读取例程，获得 PCI 设备的中断号、输入输出端口基地址和物理内存基地址。

（3）将输入输出端口基地址和物理内存基地址输入物理内存、I/O 读写例程，测试系统上位机程序则可通过驱动与下位机硬件通信。

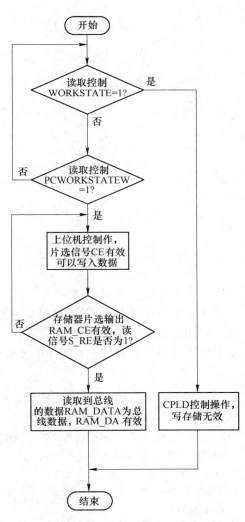

图 7-38 采集信号的读取流程

　　驱动框架构建好后，还需结合测试系统通信需求对程序做进一步编写，PCI 总线驱动流程如图 7-40 所示。

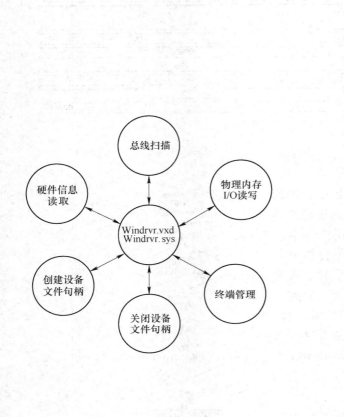

图 7-39　Windrvr 例程关系

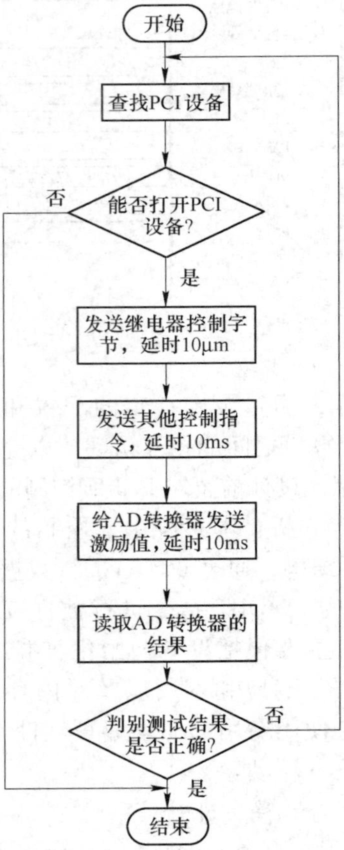

图 7-40　PCI 驱动流程图

B　安装信息文件的编写

　　驱动安装程序是一个 .INF 文件，主要用于将 PCI 硬件的相关信息，包括 PCI 驱动在注册表中的位置和安装目录提供给计算机系统，便于系统管理器在注册表中为 PCI 硬件和驱动添加一些条目，方便驱动程序的安装。为 PCI 硬件设备驱动编写安装程序如下：

```
[Version]
Signature="$WINDOWS_XP$" /文件名称
Class=%StrClass% /系统类名
ClassGuid={EF1317D3-39A5-4d63-92F1-2EC7B79973B2}
Provider=%StrProV-Ider%
[DestinationDirs]
DefaultDestDir = 12
[ClassInstall32]
Addreg=MyClassReg
[MyClassReg]
```

```
HKR , , ,0 ,%StrClass%
HKR , ,Icon , ,-5
［Manufacturer］
%StrProvider% = DeV-Ice
［SourceDiskFiles］
drvxwdm. sys = 1
［SourceDiskNames］
1 = "Install disk" ,
［Device］
%StrDevice% = DeviceInstall ,PCI\VEN_10E8&DEV_5920
［DeviceInstall. NT］
Copyfiles = CopyDriverFile
［DeviceInstall. NT. hw］
AddReg = DeviceAddReg
［CopyDriverFile］
drvxwdm. sys
［DeviceAddReg］
HKR , , "DxName" , , "PCIEVM"
HKR , , "IsrIdOp" ,1 ,03 ,00 ,00 ,00
HKR , , "DmaBufSize" ,1 ,0 ,0 ,0 ,0
［DeviceInstall. NT. SerV-Ices］
AddService = DRVXWDM ,0x00000002 ,DRVXWDM_Service
［DRVXWDM_Service］
DisplayName = "Drvxwdm"
ServiceType = 1 ;SERVICE_KERNEL_DRIVER
StartType = 3 ;SERVICE_DEMAND_START
ErrorControl = 1 ;SERVICE_ERROR_NORMAL
ServiceBinary = %12%\drvxwdm. sys
［Strings］
StrProvider = "SpeedBus Technologies ,Inc. "
StrClass = "General I/O"
StrDevice = "PCIEVM"
```

上述安装程序中，Version 节中指定设备驱动程序名为 WINDOWS_XP，即 XP 系统环境下的驱动程序，系统类名为 StrClass，DestinationDir 中定义 DefaultDestDir = 12，即 Windrvr. vxd 放入 Windows \ System 目录，%StrDevice% = De-viceInstall，PCI \ VEN_10E8&DEV_5920 表示对象为 PCI5920 芯片，以上安装程序和驱动一起放在指定的 PCI_Drivers 目录下。

7.3.1.5 下位机软件的集成与实现

利用 Quartus II 完成了对下位机的逻辑设计，对测试信号在存储器的写入、读取逻辑时序进行了设计，对测试向量进行了格式化编码，以生成测试信号施加给被测器件；对采集输出信号的逻辑进行了设计，实现了对信号的采集、写入、读取等操作。利用 Windriver 对系统 PCI 驱动进行了设计，实现了下位机的功能。

7.3.2　上位机软件开发与实现

7.3.2.1　上位机软件功能要求及总体设计

上位机软件主要完成测试系统和使用人员之间进行交互，同时还要控制下位机完成测试，对测试数据进行查询等。上位机软件的操作界面和测试程序主要由 Visual Studio 平台进行开发，利用 Access 建立测试记录数据库，建立数据源与软件进行关联。上位机软件主要功能要求如下：

（1）用户登录管理功能。

（2）器件测试相关参数设置及测试工程建立功能。

（3）对器件测试和 V-I 曲线测试的数据、实时状态显示，以及测试结果的保存功能。

（4）对操作界面输入参数进行处理，并下载至下位机的功能。

（5）对测试结果进行处理，最后在操作界面进行显示的功能。

（6）对测试过程进行控制的功能。

（7）保存、修改存储在数据库中的测试参数信息的功能。

（8）提供测试结果的管理功能，主要是对数据库中的测试数据进行插入、查询、打印、删除等操作。

上位机软件要求具有友好的操作界面，还要方便维护，特别是对不同型号装备器件测试库的扩充和升级，还要具备较高的测试可靠性。软件结构如图 7-41 所示，主要包含了人机界面、底层测试程序和数据库管理三大部分，将测试程序和数据信息分别处理。由软件自动控制生成测试程序，数据库管理系统管理测试过程中的数据信息。

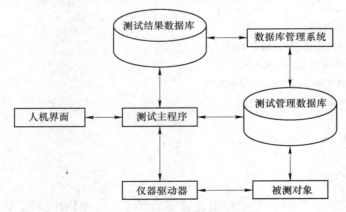

图 7-41　上位机软件原理框图

测试时，依据装备电控设备功能结构组件设置的导航菜单，进入该型装备控设备检测维修库。测试流程如图 7-42 所示。

7.3.2.2　数字功能测试设计

测试时，软件首先调用被测器件在的库中的测试程序，再根据器件自身管脚连接状况，通过软件仿真对测试程序进行修正，最后将修正后的测试程序施加给被测器件，通过比较实测输出与标准代码是否一致判断器件好坏。测试首先要进行建库，本系统使用了两

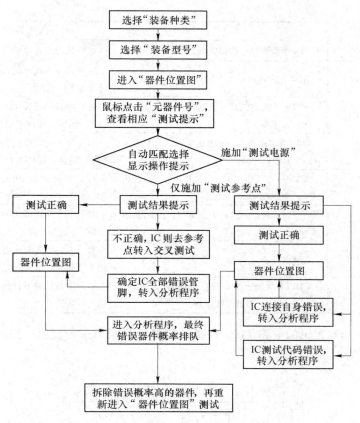

图 7-42 测试流程图

种建库方式：文本输入建库和软件仿真建库。

A 文本输入测试程序建库

为方便对中小规模的数字电路进行测试向量建库，本系统根据硬件描述语言特点，设计了专用的 EXPAND 语言，该语言语法简单，通俗易懂，方便设计人员建立器件测试库，同时使用人员也可以对器件库进行扩充。其语句的语法和作用见表 7-19。

表 7-19 EXPAND 语句语法及功能

序号	语句	语　　法	定义与作用
1	NAME	NAME（器件名：字符串）	设定器件名
2	PINS	PINS（器件管脚总数：数值常数）	定义器件管脚总数
3	VCC	VCC（器件管脚总数：数值常数）	定义器件电源管脚号
4	GND	GND（器件管脚总数：数值常数）	定义器件接地管脚号
5	PIN-GROUP	PIN-GROUP（管脚号 x，管脚号 y，…：数值常数）	标定器件中功能相关管脚
6	PUT-PIN	PUT-PIN（管脚号：数值常数，电平信号）	对器件各输入管脚安排测试数据，一次设定一个管脚
7	BEGIN	BEGIN（电平信号周期数：数值常数）	表明所有输入脚所需测试电平信号均已准备完毕，可以开始测试

序号	语句	语 法	定义与作用
8	PIN	PIN（管脚号：数值常数）	加到某管脚的电平信号
9	NOT	NOT（表达式：布尔型）	对表达式所代表的数据流逐位取反，硬件等效为"非门"
10	AND	ANDn（表达式 1，表达式 2，…，表达式 n：布尔型）	对 n 个表达式所代表的 n 个数据流进行"与"运算，硬件等效为"与门"
11	OR	ORn（表达式 1，表达式 2，…，表达式 n：布尔型）	对 n 个表达式所代表的 n 个数据流进行"或"运算，硬件等效为"或门"
12	NAND	NANDn（表达式 1，表达式 2，…，表达式 n：布尔型）	对 n 个表达式所代表的 n 个数据流进行"与非"运算，硬件等效为"与非门"
13	NOR	NORn（表达式 1，表达式 2，…，表达式 n：布尔型）	对 n 个表达式所代表的 n 个数据流进行"或非"运算，硬件等效为"或非门"
14	XNOR	XNOR（表达式 1，表达式 2：布尔型）	对 2 个表达式所代表的数据流进行"异或非"运算，硬件等效为"异或非门"
15	CHECK	CHECK（输出管脚号：数值常数；表达式：布尔型；测试失败信息：字符串）	表示该器件输出管脚与各输入管脚的布尔逻辑表达式

以数字器件 TTL 逻辑门电路 7400 为例对 EXPAND 语言进行说明，图 7-43 为逻辑门电路 7400 的逻辑结构图。

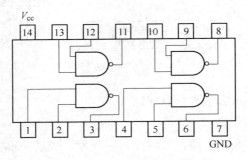

图 7-43　7400 逻辑结构图

段落 1：NAME（7400）

　　　　PINS（14）

　　　　VCC（14）

　　　　GND（7）

段落 2：PIN-GROUP（1，2，3）

　　　　PIN-GROUP（4，5，6）

　　　　PIN-GROUP（8，9，10）

　　　　PIN-GROUP（11，12，13）

段落 3：PUT-PIN（1，（0011））

　　　　PUT-PIN（2，（0101））

　　　　PUT-PIN（4，（XXXX0011））

　　　　PUT-PIN（5，（XXXX0101））

　　　　PUT-PIN（9，（XXXXXXXX0011））

                    PUT-PIN（10，（XXXXXXXX0101））

                    PUT-PIN（12，（XXXXXXXXXXX0011））

                    PUT-PIN（13，（XXXXXXXXXXX0101））

段落4：BEGIN（1）

段落5：CHECK（3，NAND2（PIN（2），PIN（1）），PIN3 FAILS）

                 CHECK（6，NAND2（PIN（4），PIN（5）），PIN6 FAILS）

                 CHECK（8，NAND2（PIN（10），PIN（9）），PIN8 FAILS）

                 CHECK（11，NAND2（PIN（13），PIN（12）），PIN11 FAILS）

为便于说明程序结构，将逻辑门电路7400的测试程序分成5个段落，通常器件的测试程序都由这5个部分组成。

（1）定义被测器件命名和定义电源等管脚。

（2）定义与各个输出管脚相关联的管脚。

（3）定义各个输入管脚的测试数据。

（4）只有一条语句，表示一切准备完毕，可以开始测试，BEGIN后面括号中的"1"表示测试1个数据流周期。对于一般的测试程序而言，在这里都是填写"1"。

（5）定义各个输出管脚与相关联管脚之间的逻辑关系。

器件库建立后，软件可直接对其调用，用户自行扩充编程的器件测试程序将保存在"＼SOURCE"子目录下，扩充完成即可用于对该型号器件的测试。

B 软件仿真测试向量建库

对大规模集成电路的测试，文本建库的方法工作量大，过程复杂，因此考虑用软件仿真进行建库。这种方法最关键的就是测试向量的生成策略问题，它直接关系到测试的故障覆盖率及测试速率。目前测试向量生成算法主要有布尔差分法、结构化D算法以及仿生算法，如遗传算法、蚁群算法等。

a 几种典型生成方法

（1）布尔差分法。布尔差分法是最基本的测试向量生成方法，通过代数的方法对逻辑电路的布尔函数进行求解，是一种严密、准确的理论性方法。具体实现方法是先列出电路的输出函数$f(x_1, x_2, \cdots x_n)$，当输入端存在故障∂时，有电路输出函数为$f_\partial(x_1, x_2, \cdots, x_n)$，显然，若要将故障测出，必须使故障在电路的输出中反映出来，即x必须取与它故障值不同的值，此时有等式（7-1）：

$$f(x_1, x_2, \cdots x_n) \oplus f_\partial(x_1, x_2, \cdots, x_n) = 1 \tag{7-1}$$

式中，$\oplus$为异或运算符号，两值相异时结果为真。

由推导过程可知，布尔差分法求向量推理过程严谨，能准确地将所有测试向量求出，但该方法存在运算量过大的问题，对于复杂逻辑的集成电路，使用该方法的运算量大、过程复杂。

（2）结构化算法。结构化算法是基于电路的网络拓扑结构进行求解的一种算法。相对于布尔差分法求向量，结构化算法无需直接化解复杂的布尔逻辑方程，而是通过一定的数据结构表示电路，用网表和模块库描述电路功能，通过多种分析类型来加速界定基本电路分支结构，因此是一种回溯搜索算法。结构化算法主要通过激活、驱赶、蕴含、确认四种操作实现。代表性的结构化算法有D算法和改进型PODEM算法等。

以 D 算法为例，首先定义 D 立方的概念，D 立方是指一个具有 n 个输入的逻辑函数的最小项，其余非最小项叫奇异 D 立方。在一个含故障的逻辑电路中，由于存在故障，对某一输入向量 x，其错误输出会出现两种情况，一种是正常输出为 1，故障输出为 0，这种错误情况称为 $D=1/0$；反之正常输出为 0，故障输出为 1，称之为 $\overline{D}=0/1$。由于故障的存在，在输入 x 条件下在输出端产生了错误信号，故障 D 立方就是使得在输出端产生错误信号的输入所组成的函数的立方。设正常电路的奇异立方为 ∂，故障电路奇异立方为 θ。

在对 D 立方求解时，在故障 D 立方中任取一输入向量 x，使之既要满足正常输出为 $1(\partial_1)$，又要满足故障输出为 0（θ_0）。所以有：

$$x = \partial_1 \cap \theta_0 \tag{7-2}$$
$$D = \partial_1 \cap \theta_0 \tag{7-3}$$

在对 $\overline{D}$ 立方求解时，在故障 $\overline{D}$ 立方中任取一输入向量 x，使之既要满足正常输出为 0（∂_0），又要满足故障输出为 $1(\theta_1)$。

$$x = \partial_0 \cap \theta_1 \tag{7-4}$$
$$\overline{D} = \partial_0 \cap \theta_1 \tag{7-5}$$

结构化算法通常先解决有唯一结果的问题，再回溯检测相容性，若相容则算法报告成功；若不相同则算法失败，测试不通过。因此该算法的核心思想是将问题划分为各个子问题，因此对各种问题的划分，紧密依赖于电路的具体结构分析。

（3）仿生算法。仿生算法是通过模拟自然界生物现象的一种搜索算法，现已证明在解决复杂组合优化问题方面具有优势。测试向量生成就是要通过向量将电路故障在输出端反映出来，用最少的向量测得最多的故障，因此也是一种组合优化的问题。目前很多仿生算法已经应用于测试向量的生成，如遗传算法、粒子群算法和蚁群算法等。蚁群算法由于具有较好的通用性和鲁棒性，因此在本文研究过程中用于测试向量的生成，并对其进行了改进，使之避免陷入局部最优解，提高了测试生成的效率和故障覆盖率。

b　蚁群算法基本原理

蚁群算法是受蚂蚁寻找食物这一现象启发而创造出来的算法，蚂蚁在觅食时会释放信息素以记录行踪。蚁群算法描述的具体现象如图 7-44 所示，图中蚁穴为出发点，食物为目的地，二者之间有一障碍物。要绕过障碍物，有 ABC 和 ADC 两种路径可供选择，且 ABC 比 ADC 距离要近。当第一批蚂蚁到达 A 时，蚂蚁按照相同概率选择路径 ABC 和路径 ADC，并释放信息素。设蚂蚁的行进速度相同，则相同时间内路径 ABC 通过的蚂蚁数量比路径 ADC 多，因此路径 ABC 会保留更多的信息素。后续蚂蚁选择信息素多的路径的概率大，因而 ABC 上信息素越来越多，最终所有数蚂蚁都会选择路径 ABC。

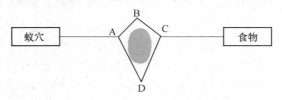

图 7-44　蚁群觅食路线模拟

c 数学模型建立

设蚂蚁的数量为 M，t 时刻路径上有信息素 $T_{ij}(t)$，第 k 只蚂蚁根据信息素的多少决定走哪条路径，用 $P_{ij}^k(t)$ 表示第 k 只蚂蚁在 t 时刻选择由 i 到 j 路径的概率，$P_{ij}^k(t)$ 按式（7-6）计算。

$$P_{ij}^k(t) = \begin{cases} \dfrac{-b \pm \sqrt{b^2 - 4ac}}{\sum\limits_{k \in A} T_{ij}^{\partial}(t) \eta_{ik}^{\beta}} & \text{当 } j \in A \\ 0 & \text{当 } j \notin A \end{cases} \tag{7-6}$$

式中，∂ 为启发因子；β 为期望启发因子；$\eta_{ij}(t)$ 表示启发因数，为相邻两节点距离的倒数；A 表示第 k 只蚂蚁在 t 时刻下一步可以选择的节点。为避免信息素残留过多掩盖启发信息，需不断对残留信息进行更新，则 $t+n$ 时刻信息量可以按照式（7-7）进行调整。

$$T_{ij}(t + n) = (1 - \rho) \cdot T_{ij}(t) + \Delta\tau_{ij}(t) \tag{7-7}$$

式中，$\Delta\tau_{ij}(t) = \sum\limits_{k=1}^{m} \Delta\tau_{ij}^k$；$\rho$ 为挥发系数，取 0 到 1 之间的常数；$\Delta\tau_{ij}^k$ 是第 k 只蚂蚁在节点 i 到 j 的信息量，由公式 $\Delta\tau_{ij}^k = \dfrac{Q}{L_k}$ 确定；L_k 表示第 k 只蚂蚁走过的路径总长度。

d 基于改进的蚁群算法的测试向量生成

蚁群算法具有通用性和鲁棒性强的特点，将其运用到系统的数字电路测试向量生成时，具有较高的测试生成速度，同时，为克服蚁群算法易于陷入局部最优解问题，对算法进行了改进，具体实现过程如下。

对于电路网络图 $G = \{\text{Cube}_1, \text{Cube}_2, \cdots, \text{Cube}_n\}$ 及功能表 $F = \{F_1, F_2, \cdots, F_n\}$，其中 $F_i = F_i(\text{Cube}_1, \text{Cube}_2, \cdots, \text{Cube}_n)$，且有 $1 \leqslant i \leqslant m$，$1 \leqslant j \leqslant k$，$k \leqslant n$，若存在 T，且 T 满足有且仅有 2 个节点分别连接电路的基本输入输出端，T 上的值只能沿着唯一 Cube 由输入端传送到输出端，则 T 称为蚂蚁的一条路径，如图 7-45 所示的 1-7-11-13-15 和 4-5-10-12-14-15 都可以作为蚂蚁路径。此外，定义路径上非控制点为使能点，如 1-10-22 路径上，节点 8 是节点 1 的使能点。定义某个节点到输入节点的最少距离为该节点的深度，如节点 23 的深度为 2。

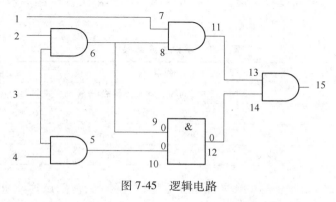

图 7-45 逻辑电路

测试向量生成算法描述为：

（1）被测电路初始化，设有 M 只蚂蚁。

（2）随机产生初始测试向量，施加给被测电路进行模拟，将能检测出故障的测试向量加入到测试集中，计算各个 P_I 节点的信息素。

（3）第一只蚂蚁根据上一步骤中计算出的信息素选择走哪条节点路径。

（4）将上一步中蚂蚁选择的路径在故障模拟器中进行模拟，对模拟结果进行分析。

（5）若路径能将故障驱赶到 P_O 输出端，则将该条路径加入到测试集，并对信息素进行更新；反之则放弃此路径，进行下一只蚂蚁的路径选择，直到 M 只蚂蚁全部选择完毕，得出测试集。

在运用蚁群算法对向量进行求解时，为防止搜索过程陷入局部最优解，对蚁群算法模型进行了改进。假设共有 M 只蚂蚁，电路中共有 n 个 P_I 节点，由于整个路径是由各个节点"0"或"1"构成，蚂蚁的选择就必须是这 n 个节点的"0"或"1"，直到选完 N 个节点组成一条路径，节点 i 的第 k 只蚂蚁根据式（7-8）规则来选择"1"或"0"：

$$P_i^k = \begin{cases} 1 & \text{当 } \tau_i^k > \beta \\ 0 & \text{当 } \tau_i^k \leqslant \beta \end{cases} \tag{7-8}$$

式中，$\beta = \gamma / s$，s 为故障数，值为"1"表示值不变，为"0"则取反。

为简化模型，设定电路中相连的节点间路径长度均为 1，先按输入扇出锥的划分法对每个节点得到的信息素数量范围进行划定，由某个 P_I 出发，向 P_O 进行正向搜索，只要和 P_I 有逻辑关联，都在以 P_I 为锥顶的输入扇出锥范围内。将这个范围内的故障数看做蚂蚁在经过该路径所获得的食物，再对各个 P_I 节点进行信息素的标注，并由根据更新规则，对各节点的信息素不断更新，更新规则如式（7-9）所示：

$$\tau_i^k = (1 - \rho) \cdot \tau_i^{k-1} + \frac{f_i}{f_{n-i}} \tag{7-9}$$

式中，τ_i^k 为第 k 只蚂蚁经过时释放的信息素；ρ 是系数，取 0 到 1 之间常数，本设计中，根据实测经验取最优值 $\rho = 0.8$。

设计中通过组合电路进行了仿真，并将改进后的测试结果跟之前的结果进行了比较，见表 7-20。

表 7-20　测试生成结果比较

电路序号	门数	故障数	蚁群算法		改进的蚁群算法	
			测试时间/s	故障覆盖率/%	测试时间/s	故障覆盖率/%
1	5	3	0.529	100	0.486	100
2	8	14	2.366	99.6	2.352	98.9
3	32	54	6.552	96.2	6.235	86.7

由表 7-20 可知，用改进后的蚁群算法，测试时间减少，测试速率和故障覆盖率有显著提高。利用 Quartus II 进行测试向量的仿真建库。在 Quartus II 中编辑出波形 .vwf 文件，再通过解析倒入到测试软件中，仿真流程如图 7-46 所示。

7.3.2.3　V-I 曲线测试设计

A　V-I 曲线测试功能设计

V-I 曲线测试时将节点或者器件的第一个引脚到最后引脚每个脚的实测曲线与标准曲线进行对比。通过学习功能建立的 V-I 曲线测试库，将无故障电路中的节点或器件引脚的 V-I 曲线特性保存到测试库中，测试时系统首先将器件的学习曲线及实测曲线的数据、引脚数、标准门限值、允许误差范围等存放在插件中，并计算学习曲线和实测曲线在每个测点的差值，将差值与标准门限值进行比较，若与门限值的差值大于最大允许范围，则认为是坏点，将全部测点比较之后得到坏点总数，总数大于允许数量则不合格，反之则合格。两条 V-I 特征曲线的比较流程如图 7-47 所示。

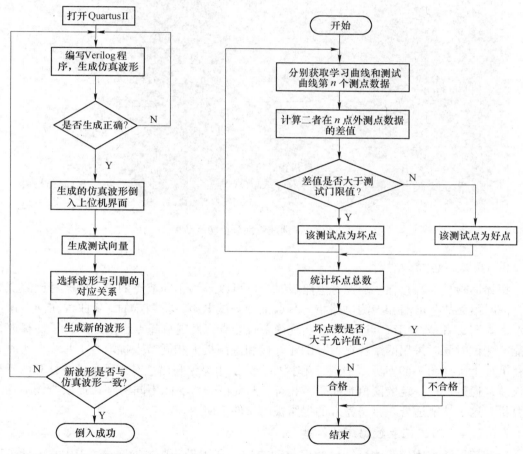

图 7-46　测试向量仿真流程　　　　　　　图 7-47　V-I 特性曲线比较流程图

在 V-I 曲线状态显示页面设计中主要使用了 NTGraph 控件，该控件是画二维特征曲线的常用控件，通过大量二维坐标绘制曲线，实时更新数据变换曲线形态，设计时可自行设定曲线的名称、样式、宽度等，给设计者提供了一种简单直观的二维数据可视化手段。控件的接口函数非常简单，只需调用几个函数就能实现需要的功能，在本设计中主要用到的函数有如 m_ Graph. SetXGrid-Number（）来设置 X 轴的等分点数，即网格宽度；m_ Graph. SetXGridLabel（）设置横轴的名称；m_ Graph. SetRange（）设置横轴和纵轴范围等。

V-I 曲线的结果的显示界面如图 7-48 所示，图中每个小方块内的曲线分别显示了第 1 脚到第 24 脚的曲线对比图，每个脚都给出了误差值，系统最终通过坏点的数量判断该器件的曲线测试是否合格。

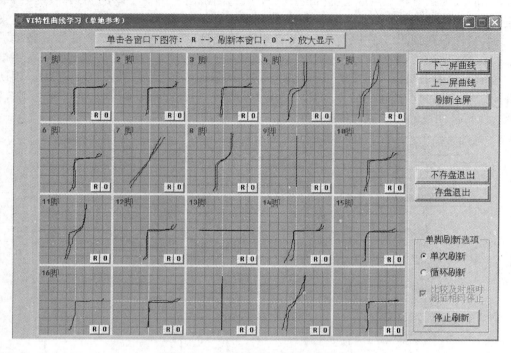

图 7-48　V-I 曲线特性分析功能结果

B　探棒巡检功能设计

探棒巡检功能当存在一块完好电路板时，还可以采用相同节点的 V-I 特性对比测试方法，同时给无故障电路和待测电路相同节点施加测试电压，将测点的 V-I 曲线在同一窗口显示，观察二者是否相符。这种方法实现简单且能直观发现故障点，因此设计了探棒巡检功能，测试时同时采用两个探棒，分别在好板和待测板上相同节点提取 V-I 曲线，实时显示在屏幕上。如图 7-49 所示，探棒 1 和探棒 2 分别用绿色和白色对比显示，并计算两者相对误差，通过设定一定的阈值判断是否相符。与前面分析功能不同的是，提取曲线不存入计算机，这一功能适合在具备完好的电路板的条件下使用。

7.3.2.4　测试记录数据库的构建

测试记录数据库用于测试结果的保存和查询，利用最新版本 Access 2010 的设计了用户测试记录表，如图 7-50 所示，用户信息管理表用于管理用户信息，测试记录表记录测试的相关信息。

测试软件要实现对数据库表的操作，还需要在 Visual Studio 6.0 软件开发环境中对数据库进行关联，工作流程如图 7-51 所示，需要完成的步骤如下：

（1）建立数据源。测试软件实现对数据库的操作，需要首先关联 Access 数据源，系统软件在进行初始化时，首先判断数据源是否存在，如若不存在，则先建立数据源，系统创建一个名为"电路测试数据源"的 Access 数据源。通过调用 SQLConfigDataSource（）函

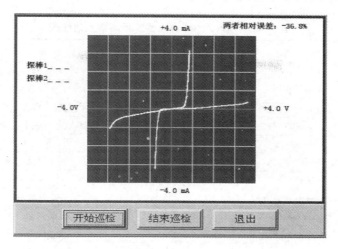

图 7-49　探棒巡检

字段名称	数据类型	说明
ID	自动编号	
测试时间	日期/时间	
装备型号	文本	
分机型号	文本	
电路板号	文本	
器件位置编号	文本	
器件类型	文本	
器件型号	文本	
操作人员ID	文本	
是否合格	是/否	

图 7-50　测试记录表设计视图

数建立，该函数的原型为 BOOL SQLConfigDataSource（HWND hwndParent，UINT fRequest，LPCSTR lpszDricer，LPCSTRIpszAttributes），其中参数 hwndParent 设置为 NULL，即不显示有关对话框；fRequest 设置为 ODBC_ADD_DSN 增加一个数据源；lpszDricer 为数据库引擎名称，IpszAttributes 为一连串的"KeyName = value"字符串，主要为新数据源缺省的驱动程序。

（2）关联数据库表。关联数据库表要用到 CRecordset 类，它代表一个记录集，构造一个 CRecordset 派生对象，然后通过调用 Open（）成员函数，查询数据源中的结果从而创建记录集。调用函数 CRecordset（CDatabase ∗ pDatabase = NULL），参数 pDatabase 指向一个 CDatabase 对象，如果该对象还未与数据源建立连接，则 Open（）会建立连接。

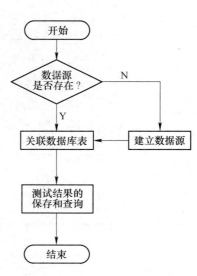

图 7-51　Access 使用流程

（3）对数据库表的操作。通过上面两个步骤，利用 CRecordset 类的成员函数，测试软件可以对数据库表进行添加、删除、查询等操作。CRecordset 类主要的成员函数及功能见表 7-21。

表 7-21　CRecordset 类主要成员函数及功能表

函　　数	功　　能
Open（）	打开数据库表
Close（）	关闭数据库表
IsOpen（）	判断数据库表是否被打开
IsECF	判断数据库表中记录是否结束
AddNew（）	添加新记录
Delete（）	删除记录
Edit（）	编辑记录
Update（）	更新数据库表
MoveFirst（）	移动到第一条记录
Movenext（）	移动到下一条记录
Movelast（）	移动到最后一条记录
Requery（）	查询记录

7.3.2.5　上位机软件实现

在 Visual Studio 开发平台上利用 Visual C++语言开发了人机界面等程序模块，以实现系统的人机交互功能，界面主要有用户登录、参数设置、测试界面和测试记录等。利用 Visual Studio 基础类库 MFC 内的大量 Windows 句柄封装类和控件和组件封装类，用到的控件包括文本框、状态条、按钮、菜单等，在 Visual Studio 平台对系统登录界面的设计情况如图 7-52 所示。

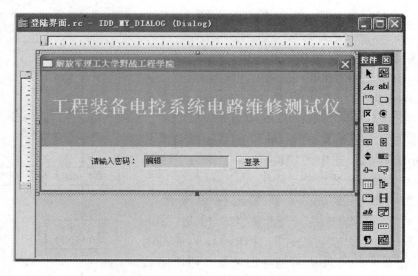

图 7-52　登录对话框设计界面

A　登录界面设计

用户登录界面的如图 7-53 所示，界面显示测试系统名称、研制单位，以及密码输入。用户可以通过设置密码，使系统具有一定的使用权限，方便管理。

图 7-53 测试系统软件登录界面

B 主测试界面设计

登录界面密码输入通过后，进入主测试界面。如图 7-54 所示，主测试界面包含 3 大部分：菜单栏、工具栏、测试工作区。菜单栏包括 "大型装备专用测试"、"集成器件功能测试"、"分立元件功能测试"、"元器件特性分析" 等，可分别进入型号装备测试、集成、分立等器件功能测试，以及进行网络测试和查阅器件电子手册等；工具栏提供各种类型器件的快捷操作按钮；测试工作区为测试装备图片、测试参数和测试结果的显示区。

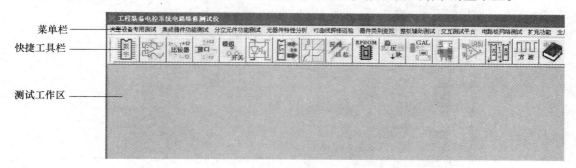

图 7-54 测试主窗口

C 参数设置界面设计

测试时按照以下步骤进行设置，首先确定待测电路在库中的位置，再对参数进行设置后连接电路进行测试。

（1）定位电路板。如图 7-55 所示，以测试某型登陆破障艇磁梯度检测机箱板号为 "X 测量 0501057-05" 的电路板为例，按照设备型号→选择分机型号→电路板号的顺序，找到库中相应的测试库，主测试界面显示该板图片。

（2）数字器件功能测试参数设置。如图 7-56 所示。

（3）V-I 曲线模拟通道测试参数设置。V-I 曲线测试设置页面如图 7-57 所示，设置完毕通过探棒或测试夹将器件管脚或者电路节点的特征曲线提取出来，并在显示终端上显示，最后将曲线存入计算机并建立特性分析测试库。测试时将存入计算机的 V-I 曲线和新测到的 V-I 曲线同时在显示终端显示，通过比较二者是否相同发现器件或电路故障节点。

D 测试结果显示界面设计

（1）功能测试结果显示界面设计。功能测试结果显示如图 7-58 所示，图中所示型号

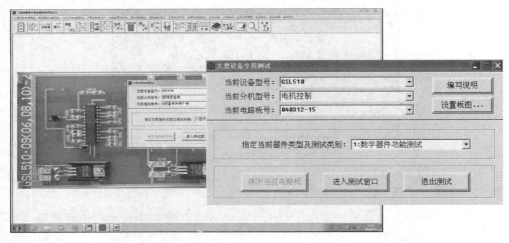

图 7-55　大型装备专用测试窗口

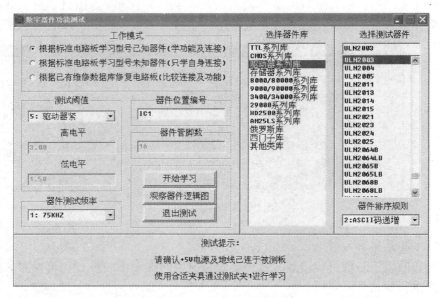

图 7-56　数字功能测试窗口

为 74175 芯片的功能测试结果，从逻辑图上可以看出，管脚 16 在电路板上接+5V 电源，管脚 8 接地，L 下标相同的管脚在电路板上相互连接（管脚 2 和 5 连接，管脚 12 和 13 连接），功能测试正确，表示被测器件的逻辑功能正常。

各管脚逻辑波形图波形含义为：

黑色（所加输入）"■■■"：表示施加了高电平信号，即逻辑"1"；

绿色（测试输出）"■■■"：表示实测输出为高电平（高于阈值高），即逻辑"1"；

红色（标准输出）"■■■"：表示理论值应为高电平，即逻辑"1"；

黑色（所加输入）"＿＿＿"：表示施加了低电平信号，即逻辑"0"；

绿色（测试输出）"＿＿＿"：表示实测输出为低电平（低于阈值低），即逻辑"0"；

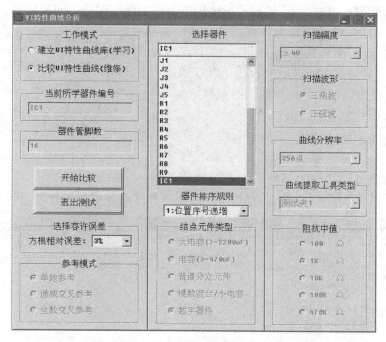

图 7-57　V-I 曲线设置页面图

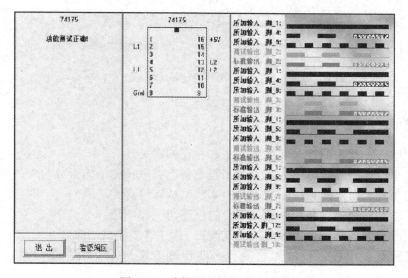

图 7-58　功能测试结果显示界面

红色（标准输出）"▬▬▬"：表示理论值应为低电平，即逻辑"0"；

黑色"▨▨▨"：表示施加了"三态"电平信号，即介于阈值高和阈值低之间的电平；

绿色"▨▨▨"：表示实测输出为"三态"电平，即介于阈值高和阈值低之间的电平；

红色 "▓▓▓▓▓"：表示此段标准输出值以上对应的测试无效，不用比较。

（2）V-I 曲线测试结果显示界面设计。V-I 曲线测试结果显示界面如图 7-59 所示，图中点击 "是" 按钮，系统将显示图所示的界面，可以观察每条引脚的实测曲线与已学标准曲线的对照情况。

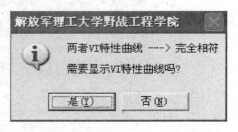

E　测试记录查看界面设计

软件提供维修日记功能，可利用维修日记来记录维修经验、故障现象、故障原因分析、解决措施等，使维修过程摆脱了纸和笔，方便维修人

图 7-59　V-I 曲线测试结果显示界面

员进行经验积累和总结，也可为其他维修人员提供参考。日记编辑界面如图 7-60 所示。

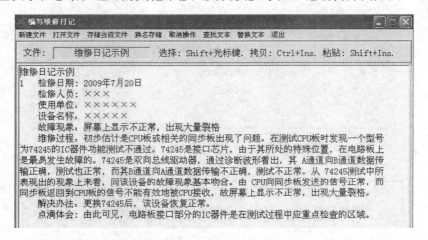

图 7-60　维修日记编辑界面

7.4　习题

7-1　试分析电路在线检测技术的主要方法和存在的不足。

7-2　简述本章所述登陆破障艇为代表的工程装备电控系统的结构组成与失效机理。

7-3　试说明工程装备电路板故障的主要因素及其故障检测方法。

7-4　简述工程装备电控设备检测硬件平台的组成与工作原理。

7-5　试说明工程装备电控系统故障的功能测试、V-I 曲线测试的原理。

7-6　思考工程装备电控系统故障检测有哪些检测方法，并说明在线检测有什么优点和不足？

7-7　简述工程装备电控系统故障检测软件平台的组成与特点。

第8章 两栖工程作业车电控系统维修模拟训练平台

两栖工程作业车是工程兵部队近年来列装的重点装备，电控系统是该装备作业装置控制的核心部分，系统结构复杂、集成度高、高新设备元件多。在滨海等特殊使用环境条件，以及高速运动振动冲击作用下，电控系统线路、元器件故障概率增大、故障机理复杂、故障模式多样，同时整装电控系统整体性强，故障现象不是十分明显，部分元器件价格昂贵，不便进行拆换检查，系统故障定位困难。基层部队在组织装备使用和维修训练过程中受装备数量、训练场地和设备设施等因素制约，只能运用录像、文字资料或结合实装进行反复的操作、拆装、试修以提高人员的技术水平。这些训练方式通常存在训练效果差，器材、摩托小时消耗严重等不足，甚至会因操作不当导致新装备报废或造成人员安全事故。同时基层官兵对 PLC 等新的控制系统元件接触少，甚至未曾见过。为降低该装备操作使用与维护保养人才培养过程中对实装的依赖程度，有效解决实装训练中存在的高消耗、危险性和不可及或不可逆等问题，需要通过人机交互、虚拟仿真等模拟训练技术手段，生成逼真的装备实践教学环境，使受训人员在安全环境下，突破实装、场地、环境、设备设施、经费、气候条件等限制，快速提高该型装备电控系统使用与维修训练水平，加深原理知识的理解与认识，促进电控系统使用操作和维修技能的掌握。本章即在此基础上，论述电控系统维修模拟训练平台的研制过程。

8.1 两栖工程作业车电控系统故障常用检修方法和步骤

电控系统故障检查排除一般按照先简单后复杂；先初步检查、后进一步检查；先大范围、后小范围；最后排除故障的步骤进行。

根据前述分析，电控系统故障的实质不外乎断路、短路、接触不良、搭铁等，按其故障的性质分成两种故障：机械性故障和电气性故障。电控系统线路发生故障，其实就是电路的正常运行受到了阻碍（断路或短路）。分析故障其实就是运用电路原理图，并结合工程装备电路的实际情况，来推断故障点位置的过程。

电控系统故障判断首要的就是考虑以下三个方面的问题：电源是否有电、线路是否畅通以及电器部件工作是否正常，从这三个方面来判断电气故障，既简单方便，又有效快捷。

8.1.1 电控系统故障排除的一般步骤

根据电控系统故障的复杂程度和难易程度，电控系统故障排除一般分为外观直接检查、利用检测设备检查、综合工作原理和电路原理图解析三个层次。

8.1.1.1 检查电源

检查电源简易的办法是在电源火线的主干线上测试，如蓄电池正负极桩之间、起动机火线接柱与搭铁之间、交流发电机电枢接柱与外壳搭铁之间、熔断器盒的带电接头与搭铁之间和开关火线接柱与搭铁之间。测试工具可用试灯，两栖工程作业车电控系统的电压是24V，采用24V同功率的灯泡为宜，这是因为电压与所测系统电压一致是最适合的。

测试中还可以利用导线划火，或拆下某段导线与搭铁作短暂的划碰，实质是短暂的短路。这种做法比较简单，但对于某些电子元件和继电器触点有烧坏的危险。在24V电路中，短路划火会引起很长的电弧不易熄灭。

测试工具最精确的当然是仪表，如直流30~50V电压表，直流30~100A电流表，测电压、电阻和小电流使用数字万用表最方便。

8.1.1.2   检查线路

看电源电压能否加到用电设备的两端以及用电设备的搭铁是否能与电源负极相通，可用试灯或电压表检查，如果蓄电池有电，而用电设备来电端没电，说明用电设备与电池火线之间或用电设备搭铁与电池搭铁之间有断路故障。在检查线路是否畅通的过程中应注意以下几点：

（1）保险丝连接是否可靠。两栖工程作业车电控系统电路较为复杂，保险丝既相对集中于电源控制盒，但各分系统和箱体也设有专用的保险丝，保险丝具体管哪条电路一般都有标注，如未标明，也可自己查明做好标记，进而检查其是否连接可靠。

（2）插接器件接触的可靠性。优质的插接器件拆装方便、连线准确、接触紧密、十分可靠。两栖工程作业车电控系统电路中，一条分支电路就要经过3~6个插接器才能构成回路。由于使用日久，接触面间积聚灰尘、油垢，或渐湿生锈，就会发生接触不良的可能。在判断线路是否畅通时，如有必要可以用带针的试灯或万用表在插接件两端测试，也可以拔开测试。

（3）开关挡位是否确切。有些电路开关如电源开关、车灯开关、转向灯开关、变光开关，由于铆接松动、操作频繁，磨损较快而发生配合松旷、定位不准确，这在线路断路故障中所占比率较高。

（4）电线的断路与接柱关系。两栖工程作业车电控系统电路中，接线柱有插接与螺钉连接等多种形式，电器元件本身的接线端是否坚固，有些接线柱因为接线位置关系，操作困难，形成接线不牢，时间长了便发生松动，如电流表上的接线。

有些电线因为受到拉伸力过大或在与车身钣金交叉部位磨漏而断路或短路。蓄电池的正极桩与火线之间，负极桩与车架搭铁之间，因为锈斑或油漆，都容易形成接触不良。

8.1.1.3   检查电器

如果电源供电正常，线路也都畅通而电器不能工作，则应对电器自身功能进行检验。检验的方式常有以下几种：

（1）就装备检验。优点是方便、迅速，但易受装备上其他因素的影响。如检查发电机是否发电，可以观察电流表、充电指示灯，也可以熄火后取下"B"柱上的接线，在运转状态下，用灯泡或电压表测试其与搭铁之间的电压。

（2）从装备上拆下检验。当必须拆卸电器内部才能判断电路故障时，则需将电器从装备上拆下来单独检测。单独检测某一电器是将其周围工作条件进行"纯化处理"，使故障分析的范围大大缩小。如发电机电枢绕组是否损坏、前后轴承是否松旷等都要拆卸检测。有些电器设备，仅用仪表作静态检查还是不能发现本质问题，必须进行动态检测。如发电机的发电能力就要在试验台上进行。

8.1.2 电控系统故障常用检修方法

在对电源、线路和电器进行初步判排，排除较为明显的故障基础上，电控系统维修人员主要依托电路原理图，根据电控系统工作原理，对相关部位的电压、电流情况进行检查，然后结合电路图逐步缩小故障原因范围，排除干扰因素，逐渐确定故障部位。因此，电路原理图在电控系统检测与维修当中具有非常重要作用，属于电控系统检测与维修的核心要素。

在实际的故障判排过程当中，维修人员面对的是静态的电路原理图，要根据实际检测的情况进行标注，逐渐缩小范围。教师在教学过程中，也往往是通过现场描述的方式来描述相关操作后电路的状态。如果能够实时用较为直观形象的手段来描述电路原理图中各个部件、各条线路、各个节点的得电状态，将非常有利于电控系统的教学及实际的故障判排。

同时，电控系统测试检修方法很多，具体采用哪种方法较为切实有效，需要在长时间维修训练或维修实践的基础上，不断总结、灵活运用，归结起来其中电控系统常用的测试检修方法主要包括直觉检查法、信号寻迹法、信号注入法、同类比对法、波形观察法、在线（在路）测试法、交流短路法、分割测试法、更新替换法和内部调整法等，具体如图8-1所示。

8.2 电控系统使用与维修模拟训练平台需求分析

根据电控系统常见的检修步骤及检修方法分析，可知通过电控系统电路实时状态能快速反映出电路系统各节点的得电和失电情况，从而可以为快速的故障定位提供基础，因而全面实时反馈电控系统电路状态是整个电控系统使用与维修模拟训练平台的重点。

8.2.1 主要功能需求分析

两栖工程作业车电控系统使用与维修模拟训练系统主要用于院校和部队及相关训练机构针对某型工程装备电控系统开展系统全面的教学与考核，不考虑具体部件及元器件的教学，因此模拟训练平台应着重满足以下功能需求：

（1）人机交互界面虚拟显示与控制。尽量与原装一致的显示与操控方式是提高模拟逼真度的重要影响因素。两栖工程作业车作业装置电控系统包括有驾驶舱操纵显示盒、作业舱操纵显示盒，上述显示盒除了可以操控以外，还可以进行相关信号状态的显示与报警等，并且上述设备原厂价格较高，应考虑运用虚拟仪表技术研发相应的模拟器进行替代，以降低相关费用，并便于故障设置时对其进行软件控制。

对于纯操控的中央控制盒，同样也可以采用虚拟仪表的方式研制相应的模拟器进行替代，也可以为了满足实操效果，研制相应的硬件模拟器进行替代。

上述模拟器与中央服务器通过通信协议控制来模拟实现原有仪表与PLC的通信及控制。同时上述模拟器应满足触控输入的需要，可以在平面实现的基础上，再去考虑三维控制的方式。

对于实装上的手柄，选用结构类似的通用手柄，进行二次开发，模拟替换，降低平台

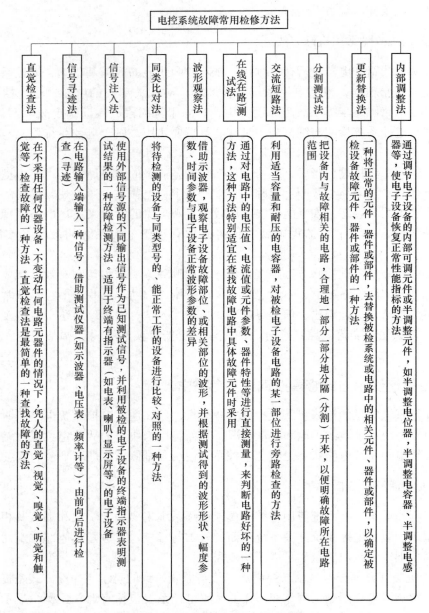

图 8-1　电控系统故障常用检修方法

电控系统故障常用检修方法

- **直觉检查法**：在不采用任何仪器设备、不变动任何电路元器件的情况下，凭人的直觉（视觉、嗅觉、听觉和触觉等）检查故障的一种方法。直觉检查法是最简单的一种查找故障的方法
- **信号寻迹法**：在电路输入端输入一种信号，借助测试仪器（如示波器、电压表、频率计等），由前向后进行检查（寻迹）
- **信号注入法**：使用外部信号源的不同输出信号作为已知测试信号，并利用被检的电子设备的终端指示器（如电表、喇叭、显示屏等）的电子设备，试结果的一种故障检测方法。适用于终端有指示器
- **同类比对法**：将待检测的设备与同类型号的、能正常工作的设备进行比较、对照的一种方法
- **波形观察法**：借助示波器，观察电子设备故障部位、或相关部位的波形，并根据测试得到的波形形状、幅度参数、时间参数与电子设备正常波形参数的差异
- **在线（在路）测试法**：通过对电路中的电压值、电流值或元件参数、器件特性等进行直接测量，来判断电路好坏的一种方法，这种方法特别适宜在查找故障电路中具体故障元件时采用
- **交流短路法**：利用适当容量和耐压的电容器，对被检电子设备电路的某一部位进行旁路检查的方法
- **分割测试法**：把设备内与故障相关的电路，合理地一部分一部分地分隔（分割）开来，以便明确故障所在电路范围
- **更新替换法**：一种将正常的元件、器件或部件，去替换被检系统或电路中的相关元件、器件或部件，以确定被检设备故障元件、器件或部件的一种方法
- **内部调整法**：通过调节电子设备的内部可调元件或半调整元件，如半调整电位器，半调整电容器、半调整电感等，使电子设备恢复正常性能指标的方法

硬件成本，并在开发过程中，实现自定义设置功能，提高平台的通用。

（2）电路实时动态分色显示及检测。实时掌握工作装置电控系统对应整装电路各部分的实际状态，如有电压有电流、有电压无电流、无电压等，并且采用不同的颜色进行显示，对于学生了解电控系统工作原理及故障判排具有十分重要的意义。同时，应根据学生对应技术等级及考核的需要，对于是否分色显示进行灵活控制。

（3）网络化、信息化教学。两栖工程作业车电控系统模拟训练平台应克服以往单纯实装或实物模拟无法满足多人同时进行教学与考评的缺陷，以软件控制为核心，以单服务器、多客户端的方式进行开发，从而实现模拟训练的网络化、信息化。

（4）教学考评一体化。在传统的实物教学或实物模拟教学过程中，往往教师需要现场结合实物设置题目，如多名学生在一套模拟系统上连续进行考试，则在教师设置故障时，学生需进行回避，同时学生也可能会进行对硬件实物进行全部置通或断的方式，误打误撞来解决问题。为了更好发挥两栖工程作业车工作装置电控系统模拟训练教学平台的功能，提高训练效益，平台应设计为教学与考评一体化模式，即平台的各部分既能满足课堂教学需要，如教师课堂通过终端设定题目，面向在线学生发布不同题目；学生在线结合操控查看各自电控系统对应的电路状态自行作答；教师在线查看学生回答情况；学生课后自行选择题目进行自学，并自行进行故障判排，系统自行判断问题回答情况，并进行标准答案参考；平台同时又要满足在线考核的需要，即教师可以事先命题、组卷，面向学生发布不同试卷，学生在线自行作答。

8.2.2　硬件外设需求分析

根据上述功能需求分析，两栖工程作业车工作装置电控系统使用与维修模拟训练平台应该包括以下硬件：

（1）1台70英寸左右、具有触控交互功能的超高清显示终端，用于整装电路状态实时显示与触控操作。

（2）3个手柄分别用于模拟推土作业手柄、挖掘作业左手柄和挖掘作业右手柄。

（3）3台12英寸左右、具有触控交互功能的显示终端，分别用于模拟驾驶舱操纵显示盒、作业舱操纵显示盒和中央控制盒。

（4）1台性能较好的主机作为服务器及客户端，带有两个网卡，分别用于连接单套模拟系统平台和多套互联。条件许可时，可以增配1台机器作为客户端。

上述硬件在统一的软件平台下，按照设定的通信协议协调配合进行工作。

8.2.3　关键技术需求分析

为了实现两栖工程作业车工作装置电控系统模拟训练平台的上述功能，在上述硬件的基础上，需要重点解决以下技术：

（1）通信协议设置。

（2）虚拟仪表技术。开发相应的模拟器。

（3）数据库及管理信息系统开发技术。用于解决相应的信息化管理问题。

（4）图形化处理技术。用于解决实时分色显示问题，该技术要重点设计好相关算法，确保更新时间时画面无卡滞、停顿等不良现象。

8.2.4　软件子系统需求分析

根据上述功能需求和相关技术，在平台中初步需要开发以下软件子系统：

（1）操控模拟器软件系统。用于将上述三类模拟器的操控动作信号发送至学生机主机，并接收学生机主机数据库的信息更新显示终端信息。

（2）电路状态实时分色显控系统。用于整机电路状态的实时分色显示，并将用户的触控信号发送给学生机主机。

（3）电控系统模拟训练中央控制系统。用于对整个平台进行管控，及时将教师机、学生机和服务器进行通信处理。

（4）电控系统教学考评管理信息系统。含教师子系统、学生子系统和管理员系统。

8.3　电控系统使用与维修模拟训练平台设计与实现

8.3.1　电控系统使用与维修模拟训练平台总体结构设计

根据两栖工程作业车作业装置电控系统的操控特点，基于局域网构建了分布式的使用与维修模拟训练平台硬件架构，整个系统由驾驶舱操纵盒模拟器、主控制盒模拟器、作业舱操纵显示盒模拟器、控制系统电路模拟装置等硬件节点和数据库、教师子系统、学生子系统等软件节点构成，如图 8-2 所示。

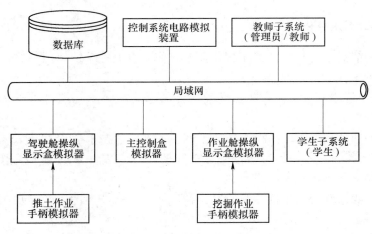

图 8-2　使用与维修模拟训练平台总体结构

控制系统电路模拟装置包括控制电路交互式触控白板和控制电路模拟软件，具体结构如图 8-3 所示。

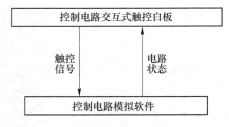

图 8-3　两控制系统电路模拟装置框架结构

8.3.2　电控系统使用维修模拟训练平台操控模拟终端设计

各模块的设计采用了面向对象设计方法及模块化设计思想，主要包括开关、指示灯和仪表三类控件。

8.3.2.1　开关公用控件 TSwitch 设计

通过对两栖工程作业车控制系统的分析，开关主要有三种类型，如图 8-4 所示。

 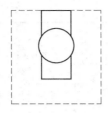 

图 8-4 开关类型

图 8-4 表明, 电控系统开关控件模型包含开关名称、圆形开关状态图、开关指示等。

A 开关控件结构设计

开关公用控件模拟电控系统真实开关。开关控件检测用户的模拟操作, 只有当开关处于得电激活状态且用户操作有效时, 方可将用户操作内容 (开关索引、开关状态) 发送给业务处理主控模块以便更新电路状态。

B 开关控件属性设计

开关公共控件处理事件、属性见表 8-1、表 8-2。

表 8-1 开关控件处理事件

事 件	说 明
Mouse Down	鼠标按下事件, 启动手势识别
Mouse Up	鼠标松开事件, 结束手势识别
Mouse Move	鼠标移动事件, 记录鼠标信息
Mouse Leave	鼠标离开控件事件, 结束手势识别
5	铲刀上下动作控制信号
6	铲刀浮动控制开关量信号

表 8-2 开关公共控件属性

属 性	含 义	说 明
Power	得电属性	得电
Status	开关状态	向上、居中、向下
Style	开关类型	二态或三态开关, 三态模拟如悬挂充、放
Code	开关编码	开关编码
TitlePos	开关标题位置	无、靠上、靠下
TitleHigh	开关标题高度	开关标题高度
TitleFont	开关标题字体	开关标题字体
Title	开关标题	开关标题
IndicatePos	指示位置	居中、靠左、靠右
IndiSize	指示尺寸	居中时指示高度, 两边指示宽度

属　性	含　义	说　明
IndiFont	指示字体	指示字体
IndiAlign	指示对齐方式	指示对齐方式
IndiUp	开关向上指示	开关向上指示
IndiDown	开关向下指示	开关向下指示
SwitchSize	开关位图尺寸	开关位图尺寸
SwitchImages	开关位图	上、下、中

8.3.2.2　指示灯公用控件设计

两栖工程作业车控制系统的指示灯主要有红色、绿色、黄色指示灯和告警闪烁指示灯等。指示灯控件属性见表 8-3。

表 8-3　指示灯控件属性

属　性	含　义	说　明
PowerON	得电标记	得电标记
Style	类型	类型
Flash	闪烁类型	闪烁类型
LampRadius	灯大小	灯大小
ONColor	灯亮颜色	灯亮颜色
OFFColor	灯灭颜色	灯灭颜色
TitlePos	标题位置	无标题、上、下
TitleHigh	标题高度	标题高度
Title	标题	标题

8.3.2.3　温度计、里程表、压力计控件设计

在两栖工程作业车控制系统中温度计、里程表、压力计等仪表起着重要的作用，这些仪表主要用于装备工作过程中相应参数的实时显示与超限报警，采用虚拟仪器风格的刻度计和表盘表现形式。温度计、转速表、压力计的显示效果如图 8-5 所示。

图 8-5　温度计、转速表、压力表示意图

根据上述虚拟仪表建模结果，设计出驾驶舱操纵显示盒模拟器、作业舱操纵显示盒模拟器、中央控制盒模拟器，如图 8-6~图 8-8 所示。

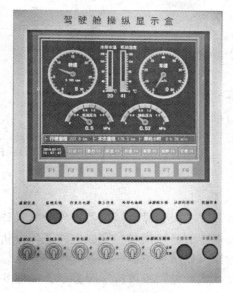

图 8-6 驾驶舱操纵显示盒模拟器

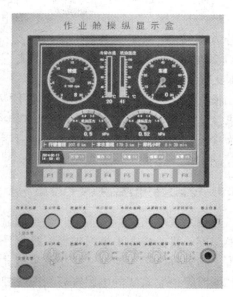

图 8-7 作业舱操纵显示盒模拟器

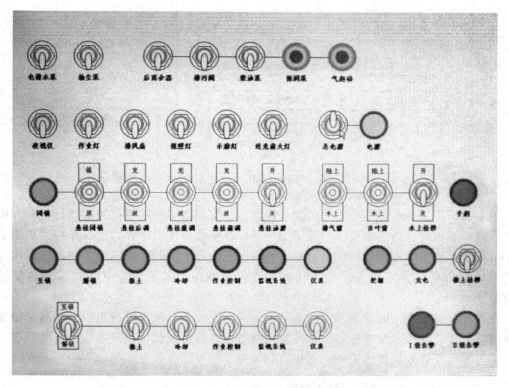

图 8-8 中央控制盒模拟器

8.3.2.4　模拟推土作业手柄选用及二次开发

北通天影 BTP-4328 飞行摇杆含 4 轴 12 个可编辑按键、1 个开火键、1 个小拇指开关、静电磁环、8 个方向苦力帽按键、USB1.1/2.0 接口，支持 Windows 98/2000/XP/2003/Vista/7 等操作系统。飞行摇杆的实物如图 8-9 所示。

图 8-9　北通天影 BTP-4328 飞行摇杆

根据推土作业手柄盒、挖掘作业手柄盒的实际功能需求及运用分析，可选用北通天影 BTP-4328 飞行摇杆作为推土作业的模拟操作手柄，并通过后台程序二次开发控制实现上述推土作业操控要求。

8.3.3　控制系统电路模拟装置设计

控制系统电路模拟装置接收主控制盒模拟器、驾驶舱操纵显示模拟器、作业舱操作显示模拟器、推土作业手柄模拟器、挖掘作业手柄模拟器的操控信号，完成电路逻辑分析与处理，将处理结果反馈至主控制盒模拟器、驾驶舱操纵显示模拟器、作业舱操作显示模拟器，同时将控制系统的电路实时状况在控制电路交互式触控白板进行实时显示，如图 8-10 所示。

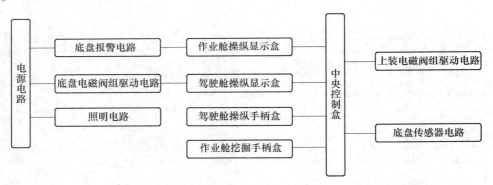

图 8-10　两栖工程作业车控制系统电路交互式触控白板功能框图

为了使模拟训练平台具有更好的交互性能，在控制系统电路模拟装置设计时一方面采取高清触控显示屏作为终端显示，使得用户可以直接通过显示屏界面进行操控，更加贴近实装电控系统的实际检测等训练；另外一方面，在编码实现时，通过主控中心及时接收模拟终端的检测点设置等信号，实现触控交互快速响应、电控系统电路实时分色显示等功能。

在实现电路状态实时分色显示的基础上，为了进一步对软件进行集成，对驾驶舱显示盒模拟器、作业舱显示盒模拟器、主控制盒模拟器进行集成优化，并增设作业效果显示窗口，使得平台操控效果更为直观，更加有利于提高模拟训练效果。

8.3.4　仿真教学考评管理信息系统设计

仿真教学考评管理信息系统以 SQL Server 数据库为后台，采用 Visual C#语言开发，主要包括教师子系统和学生子系统两部分。

8.3.4.1　仿真教学考评管理教师子系统

仿真教学考评管理教师子系统主要包括系统管理、教师管理、期班管理、试卷管理、成绩查询、故障统计和数据库管理等模块，其功能结构如图 8-11 所示。

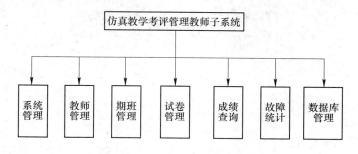

图 8-11　仿真教学考评管理教师子系统功能结构图

8.3.4.2　仿真教学考评管理学生子系统

仿真教学考评管理学生子系统主要包括系统管理、学生管理、成绩查询、故障统计和数据库管理等几个模块，其功能结构模块如图 8-12 所示。

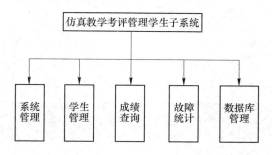

图 8-12　仿真教学考评管理学生子系统功能结构

8.4　电控系统使用与维修模拟训练平台集成与实现

8.4.1　操控模拟终端模块集成设计

根据综合集成的需要，将驾驶舱操控显示模拟器、作业舱操控显示模拟器、中央控制盒模拟器和操控效果显示窗口进行了集成，同时为便于拓展，进一步设计了手柄设置功能界面，集成效果如图 8-13 所示。操控模拟终端采取自顶向下式安装方式设计加工。

8.4.2　电路分析与实时显示系统集成设计

电路分析与实时显示系统基于操控终端输入结果和设置的故障及检测点信息，实时分析计算反馈整装电控系统电路状态，为便于教学，采取分色显示：红色表示有电压，蓝色表示既有电压也有电流，黑色表示电路不通；用户可根据需要关闭分色显示功能。

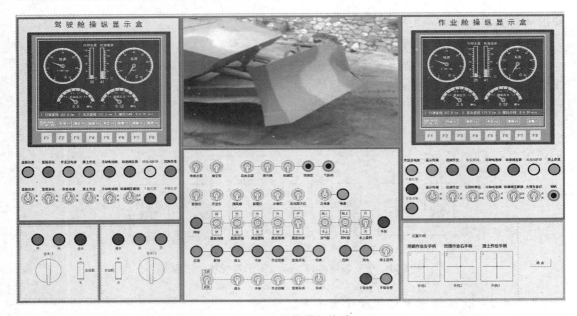

图 8-13　操控模拟终端

8.4.3　教师（管理员）系统软件模块集成设计

平台在硬件子模块集成的基础上，也进行了管理软件和功能软件等模块的集成，主要包括管理员系统、教师系统和学生系统软件模块，从而实现了对电控系统教学、考核与管理的全面支持。管理员系统和教师系统集成界面如图 8-14 所示。

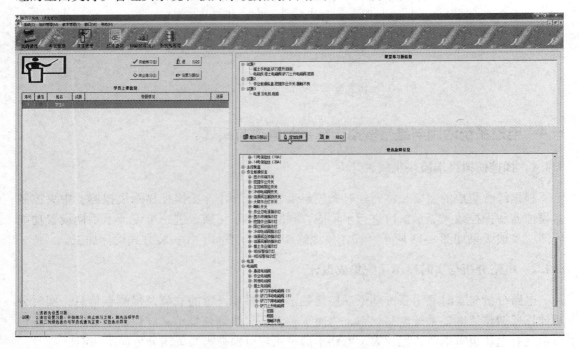

图 8-14　教师（管理员）系统界面

8.4.4 学生系统软件模块集成设计

学生系统主要有课堂练习、课后练习和考试管理等功能模块，学生通过课堂练习模块，根据教师发布的练习题来判断和排除故障、提交答案。系统软件集成界面如图 8-15 所示。

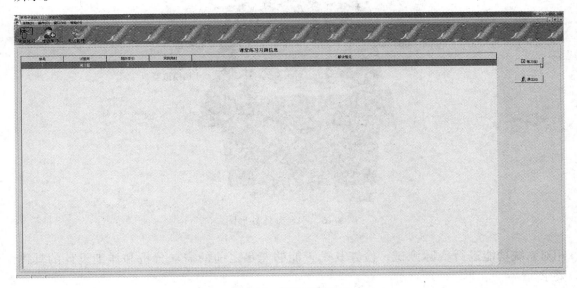

图 8-15 学生系统界面

8.4.5 系统总体集成设计

在上述各个模块集成设计的基础上，完成了电控系统使用与维修训练平台的总体软硬件集成，最终效果如图 8-16 所示。

整机技术指标如下：

外形尺寸：长 875mm　　　　　　整机重量：85kg

　　　　　宽 792mm　　　　　　外接电源：AC220V

　　　　　高 1045mm（运输状态）　距地高度：110mm

　　　　　1700mm（作业状态）

相关主要集成硬件选型与设计：

电路状态分析与实时显示屏幕最低分辨率须在 1920×1080 以上，最好为 4K 显示，并且最好具有触控功能，以便实时通过屏幕设置故障，查看电路状态。

模拟器集成显示屏幕，必须具备触控功能，最低分辨率须为 2560×1440。

受整机尺寸限制，上述显控终端尺寸均为 27 英寸，通过厂家定制解决。

8.5 电控系统使用与维修模拟训练平台使用效果测试分析

该平台面向教师、学生和管理员三类用户，主要支持课堂教学、课后自学和网络考评三种教学应用场景，在完成对教师、学生和教学期班进行编码管理的基础上，结合上述应

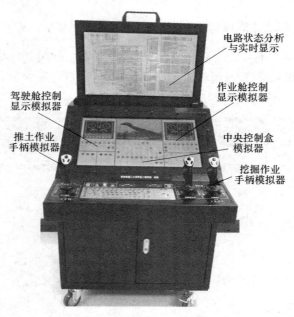

电路状态分析
与实时显示

驾驶舱控制
显示模拟器

作业舱控制
显示模拟器

推土作业
手柄模拟器

中央控制盒
模拟器

挖掘作业
手柄模拟器

图 8-16　平台整体外形图

用对系统功能进行实际测试，检查其是否能够满足之前的需求分析和详细设计的具体
要求。

8.5.1　教师课堂教学应用测试

平台在教师课堂教学中主要应用于两个方面，一方面是教师通过平台，结合操作进行
电控系统的理论讲解教学；另一方面是在讲解的基础上，向课堂在线的学员指定发布不同
的习题，学员进行现场操作，实现基于平台的电控互动教学。具体如下。

8.5.1.1　教师讲解

教师可以通过平台，结合操作对电控系统平台的结构组成、工作原理及故障判排技巧
等知识进行全面讲解。通过操控及电路与效果显示，便于更好地将每个动作所对应的电路
走向及工作原理讲解清楚，同样可以为故障判排讲解提供很好的支持。具体步骤及场景如
图 8-17 所示。

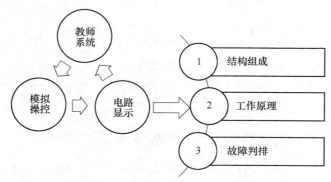

图 8-17　教师讲解界面

第一步：教师登录教师系统；

第二步：打开融驾驶舱操纵显示盒模拟器、作业舱操纵显示盒模拟器和主控制盒模拟器于一体的显控模拟系统；

第三步：打开电路状态分析与实时显示系统，查看各终端连接情况；

第四步：按照实装操作流程，操控显控模拟系统的各虚拟仪表开关和作业手柄模拟器，对照电路图讲解电控系统结构组成及工作原理。同时可以根据教学需要，通过电路状态分析与实时显示系统，设置检测点，查看各节点的电压电流信号。

上述实际操作测试中的相关结果分析如下：

（1）各界面操控结果及逻辑关系与实际装备电控系统操控结果一致，如推土挖掘油源阀互锁时，推土和挖掘不能同时作业。

（2）推土、挖掘等手柄操控时，电路图状态实时更新时间为毫秒级，画面流畅无卡滞。

（3）对电路图中的线路、开关等电控元件现场设置故障后，电路状态相应的实时予以更新，如设置某线路为短路后，在接通电源的情况下，故障点后的该通路颜色立即显示为黑色，即无电压无电流状态，符合装备实际情况。

8.5.1.2 定向练习

除了教师讲解示范之外，为了促进学生对相关知识的理解与掌握，还需要进行一定练习。教师可以通过系统向不同的学生发布相同的或不同的练习题目，学生依托系统自行进行判排，教师通过系统可以查看学生判断的结果，具体步骤及场景如图 8-18、图 8-19 所示。

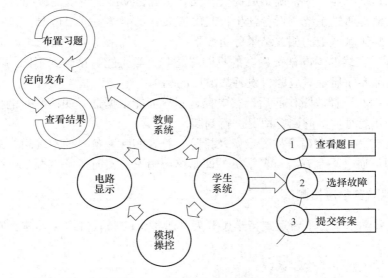

图 8-18　课堂定向练习示意图

第一步：各学生分别登录学生系统，进入课堂练习模块；

第二步：教师登录教师系统，进入课堂练习模块，设置习题，并根据教学需要向在线的学生发布同样的或不同的练习题，各学生子系统同步接收教师布置的练习题；

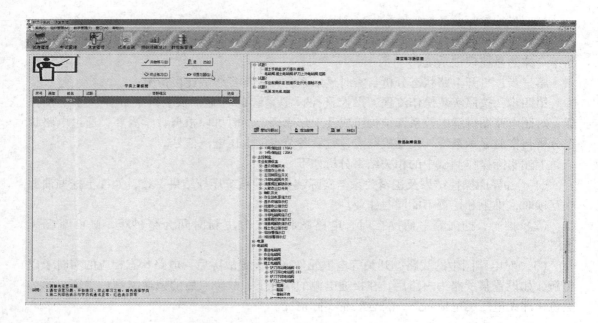

图 8-19　课堂设置并定向发布练习界面

第三步：学生通过学生子系统课堂练习模块，点击开始练习，然后通过各自终端的电路状态分析与实时显示系统，结合显控模拟系统和模拟手柄的操作实时查看电路状态，判断故障现象，判别故障原因，确定后提交答案，系统自动给出设置的故障；

第四步：教师通过系统查看各学生提交的答案，了解学生练习情况。

上述实际操作测试中的相关结果分析如下：

（1）教师对在线的不同学员发布的不同习题时，学生能够接收到不同的习题，并且其对应的电控显示界面显示对应题目设置故障后的结果。

（2）学生判断选择故障作答后，其电控显示界面能根据选择的情况对电控系统状态进行更新显示，并能对学生的回答情况进行判断。

（3）平台支持对多重组合故障设置及排除，符合实际装备电控系统组合故障情况。

（4）教师可通过平台查看每名学员的课堂练习情况，实时了解掌握学生练习进度。

8.5.2　学生课后自学应用测试

除了课堂教学以外，平台还支持学生开展基于平台的课后自学。具体步骤及场景如图 8-20 所示。

第一步：学生登录学生子系统；

第二步：打开显控模拟系统；

第三步：打开电路分析与实时显示系统，查看各手柄终端连接情况；

第四步：学生开展自学，学生可自行设置电路状态图是否分色显示；

第五步：系统根据学生回答情况，自行进行评判，并给出正确答案。

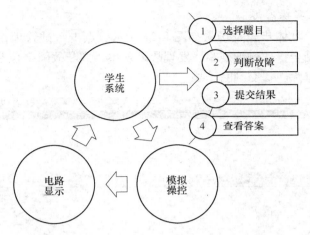

图 8-20　课后自主练习示意图

8.5.3　网络考评管理应用测试

在课堂教学辅助和课后自学支持的基础上，平台设计了模拟实装电控系统故障设置与判排的考核模式，设计了基于平台模拟的网络化考评管理功能，提高了电控系统考评的自动化、信息化、网络化水平。具体如下。

8.5.3.1　教师命题组卷

在实际考核之前，教师登录系统，出具考试题目，具体步骤及场景如图 8-21 所示。除了可以设置组合故障判排以外，还可根据题目难度设置排除时间，然后基于试题进行组卷，并根据需要进行发布，发布后试卷不可更改。

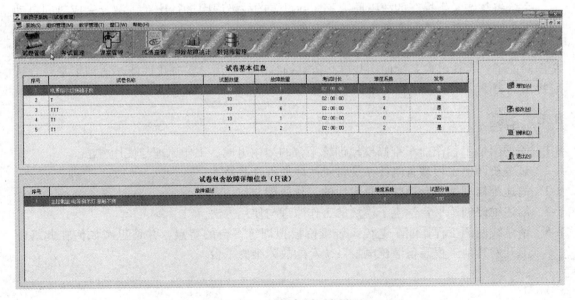

图 8-21　教师命题组卷界面

8.5.3.2　学生实操答题

学生登录系统，具体步骤及场景如图 8-22 所示。点击考试管理，类似课堂练习模块一样，选择考题，结合操作仔细观察，发现故障现象，判断故障部位及原因，选择故障原因，判断故障是否排除，提交判断结果。

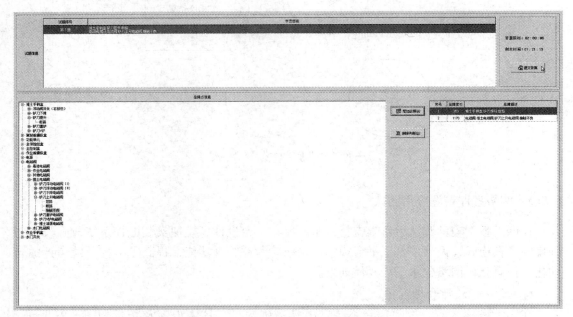

图 8-22　学生判断提交故障界面

8.5.3.3　自动评判打分

系统将每题学生提交的故障原因和实际设置的故障原因进行比对，结合完成时间自动给出综合评分，并反馈学生所提交的答案和正确答案。

通过教师、学生两种身份进行课堂教学、课后自学和网络考评管理的实际应用测试，全面验证了平台在电控系统使用与维修仿真训练的网络化、实时化性能，达到了平台分析所提出的要求，实现了平台的设计功能。

8.6　习题

8-1　简述两栖工程作业车维修模拟训练平台的结构组成、工作原理与使用方法。

8-2　试分析两栖工程装备电控系统常见故障原因及其特点。

8-3　简述维修训练平台教师讲解模块的工作原理与使用方法。

8-4　简述维修训练平台学生子模块的工作原理与使用方法。

8-5　请总线两栖工程作业车电控系统维修模拟训练平台的特点，并请思考如何在此基础上开发其他工程装备液压电控系统等的故障维修平台。

参 考 文 献

［1］军事工程百科全书编审委员会．军事工程百科全书［M］．北京：兵器工业出版社，2012．

［2］杨小强，李焕良，李华兵．机械参数虚拟测试实验教程［M］．北京：冶金工业出版社，2016．

［3］王洪龄．汽车电控系统原理与检测技术［M］．济南：山东科学技术出版社，2007．

［4］晏江华．基于 dSPACE 的汽车电控系统半实物仿真测试技术研究［D］．天津：河北工业大学，2014．

［5］张蕾．HIL 测试技术在基于 dSPACE 的车身电控系统的应用研究［D］．天津：河北工业大学，2015．

［6］潘海荣．电控发动机故障检测技术分析［J］．科学中国人，2016（10X）．

［7］汪文忠．汽车电控系统故障自诊断技术［J］．客车技术，2016（3）：47-48．

［8］姜婷，张少华．挖掘机电气电控系统实训台的故障设置与排除［J］．机械管理开发，2016（12）：42-43．

［9］孙志勇，杨小强，朱会杰．机械设备电控系统元器件在线故障检测系统研制［J］．机械制造与自动化，2017，46（2）：177-180．

［10］杨小强，韩金华，李华兵，等．军用机电装备电液系统故障监测与诊断平台设计［J］．工兵装备研究，2017，36（1）：61-65．

［11］韩金华，杨小强，张帅，等．基于虚拟仪器技术的布雷车电控系统故障检测仪［J］．工兵装备研究，2017，36（2）：55-59．

［12］杨小强，张帅，李沛，等．新型履带式综合扫雷车电控系统故障检测仪［J］．工兵装备研究，2017，36（2）：60-64．

［13］孙琰，李沛，杨小强．机电控制电路在线故障检测系统研制［J］．机械与电子，2015（10）：34-37．

［14］Zhao Yong, Yang Xiaoqiang. Fault Diagnosis of New Mine Sweeping Plough's Electircal Control System Based on Data Fusion［C］. Applied Mechanics and Materials. 2015,713~715：539-543.

［15］Ren Yanxi, Yang Xiaoqiang. Fault Diagnosis System of Engineering Equipment's Electrical System Using Dedicated Interface Adapter Unit［C］. Key Engineering Materials. 2013, 567：155-160.

［16］Xiong Yun, Yang Xiaoqiang. Fault Test Device of Electrical System Based on Embedded Equipment［J］. Journal of Theoretical and Applied Information Technology. 2015, 45（1）：58-62.

［17］Cao Guohou, Yang Xiaoqiang. Intelligent Monitoring Systgem of Special Vehicle Based on the Internet of Things［C］. Proceedings of Internatonal Conference on Computer Science and Information Technology, Advances in Intelligent and Computing 255, Springer 2013：309-316.

［18］Han Jinhua, Yang Xiaoqiang. Error Correction of Measured Unstructured Road Profiles Based on Accelerometer and Gyroscope Data［J］. Mathematical Problems in Engineering, 2017.